179 页

148 页

144 页

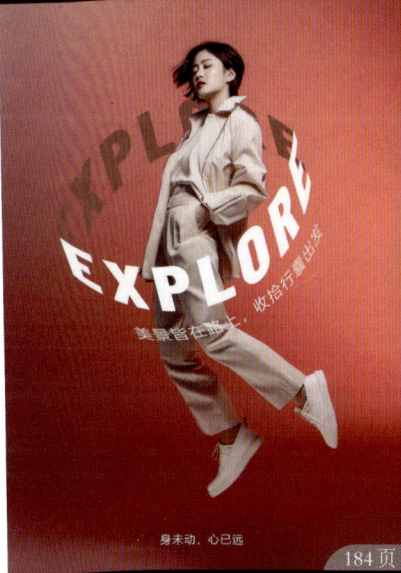

184 页

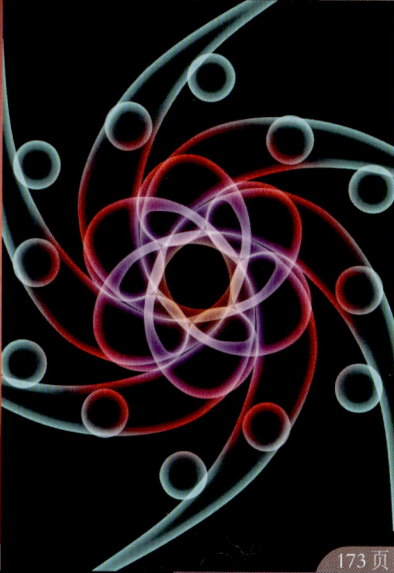

173 页

163 页

114 页

137 页

151 页

61 页

40 页

174 页

127 页

160 页

199 页

99 页

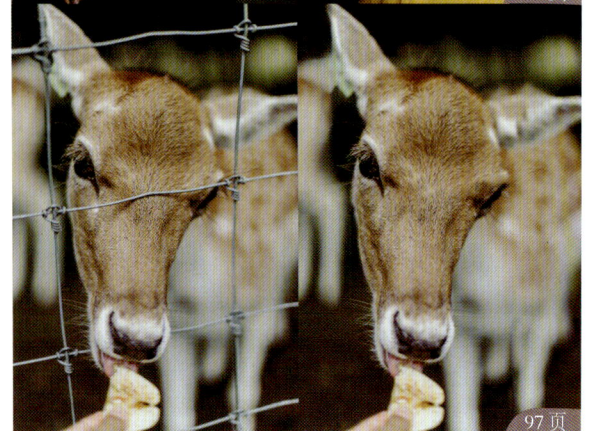
97 页

86 页

87 页

78 页

67 页

139 页

177 页

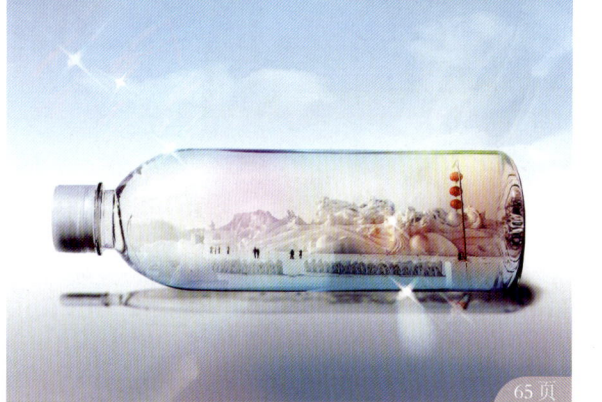

65 页

146 页

PS

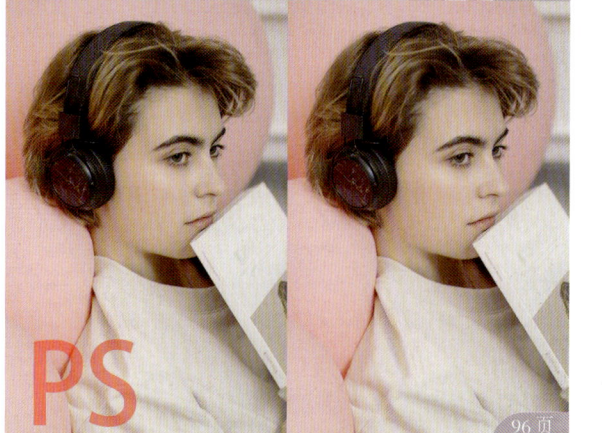

96 页

172 页

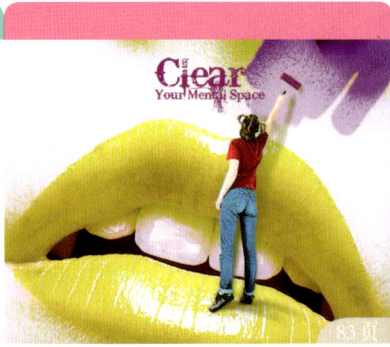

83 页

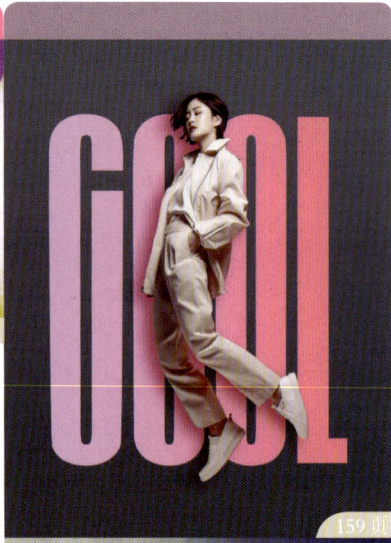

COOL

159 页

麻 辣 鲜 香

63 页

57 页

嫁给福我!

125 页

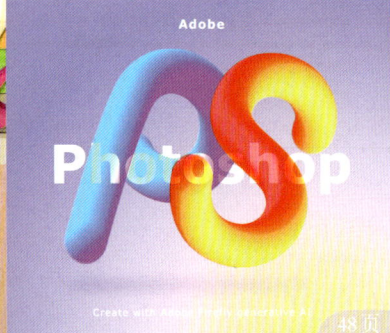

Adobe

Photoshop

Create with Adobe Photoshop

48 页

美丽微整形
逆转时光

154 页

46 页

中秋节

132 页

摄影
培训

49 页

限惊
倚栏杆·
沉吟亭北

全都商品
5折起

156 页

新阳光食品

42 页

31 页

21 页

人早餐

165 页

11.11
预付定金立减100
全球好物
50%
SALES
169 页

LIVING
YOUR UNIQUE
ATTITUDE

182 页

紫瑰

62 页

时 尚 / 别 致 / 简 约
FASHION/CHIC/SIMPLE

20%OFF·新款特惠

鞋帽专区   上装专区   下装专区   其他专区

20   50

NEW·热卖爆款

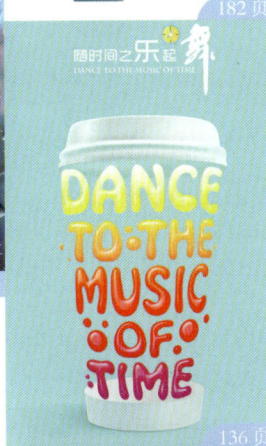

随时间之乐起舞
DANCE TO THE MUSIC OF TIME

DANCE TO·THE MUSIC OF TIME

136 页

20%OFF
成立5年 巨惠5天
8月11日-15日官方旗舰店限时5折
51.7 K   901   79

20%OFF
成立5年 巨惠5天
8月11日-15日官方旗舰店限时5折
51.7 K   901   79

12 页

9:41 AM

UI 设计作品

服务   朋友   我的

193 页

20%OFF
加入会员，享受6大权益及专属折扣

跑步

速度   心率
16千米/小时   135次/分

日   周 月 年

45 页

时装新品会
--全场7折起--
叠加：满300减50，满500返100

133 页

186 页

55 页

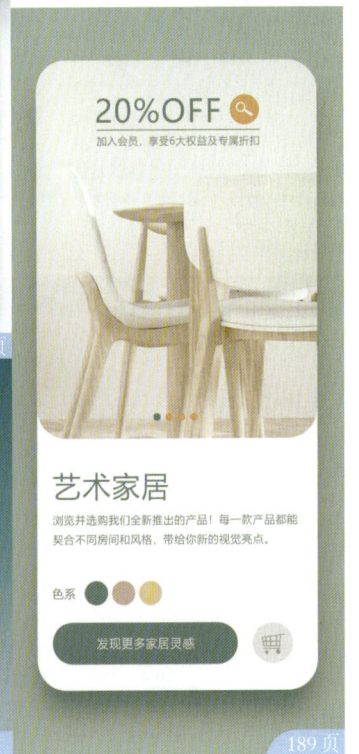

艺术家居

浏览并选购我们全新推出的产品！每一款产品都能
契合不同房间和风格，带给你新的视觉亮点。

色系

发现更多家居灵感

189 页

RAINBOW

RAINBOW

76 页

98 页

59 页

77 页

103 页

Taurus
April 20 - May 20

47 页

102 页

78 页

80 页

112 页

94 页

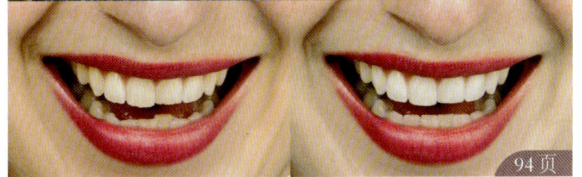

73 页

135 页

附赠
78个视频
◥ 课后作业视频
◥ 多媒体课堂——视频教学65例

■ 电子书　　　　　■ 画笔库
■ 形状库　　　　　■ 样式库
■ 渐变库　　　　　■ 照片处理动作库

"渐变库"文件夹中提供了500个超酷渐变颜色。"形状库"文件夹中提供了几百种样式的矢量图形。"画笔库"文件夹中提供了几百种样式的高清画笔笔尖。"照片处理动作库"文件夹中提供了各种调色动作，可以自动将照片处理为影楼后期的流行效果。使用"样式库"文件夹中的各种样式，只需单击样式，就能为对象添加金属、水晶、纹理、浮雕等特效。

   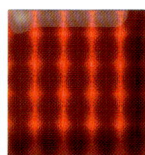 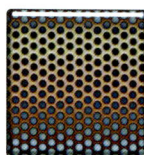  

附赠《外挂滤镜使用手册》《UI设计配色方案》《网店装修设计配色方案》《色彩设计》《图形设计》《创意法则》《CMYK色谱手册》《色谱表》等8本电子书。

色谱表（电子书）

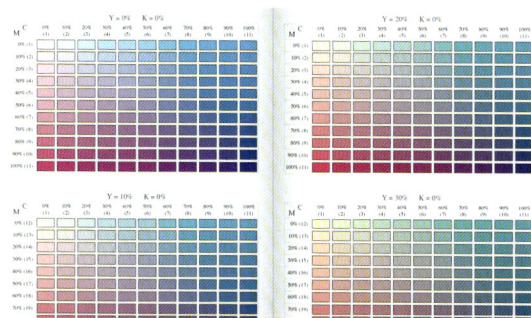

CMYK色谱手册（电子书）

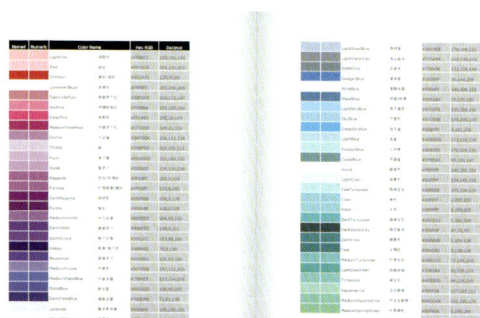

UI 设计配色方案

网店装修设计配色方案

外挂滤镜使用手册

电子书为PDF格式，需要使用Adobe Reader观看。登录Adobe官方网站可以下载免费的Adobe Reader。

平面设计与制作

突破平面

Photoshop 2025
设计与制作剖析

李金蓉 / 编著

清华大学出版社
北京

内容简介

本书是初学者快速学习Photoshop的经典实战教程。书中采用从设计理论到软件讲解，再到实例制作的渐进方式，将Photoshop各项功能与平面设计工作紧密结合，实例数量多达104个，其中既有抠图、蒙版、绘画、修图、照片处理、文字、滤镜、人工智能等Photoshop功能学习型实例，也有网店装修、影楼修图，以及UI、VI、包装、海报、插画、网页等设计项目的实战型案例。本书实例经典、技法全面，具有较强的针对性和实用性。读者在动手实践的过程中可以快速掌握软件的使用技巧，了解设计项目的制作流程，充分体验学习和使用Photoshop的乐趣，并做到学以致用。

本书适合广大Photoshop爱好者，以及从事广告设计、平面创意、网店装修、影楼修图、包装设计、插画设计、UI设计和网页设计的人员学习参考，也可作为相关院校和培训机构的教材。本书还提供了PPT教学课件，方便老师教学使用。

图书在版编目（ＣＩＰ）数据

突破平面Photoshop 2025设计与制作剖析 / 李金蓉编著.
北京 : 清华大学出版社，2025. 7. -- (平面设计与制作). --ISBN 978-7-302-69727-5
Ⅰ. TP391.413
中国国家版本馆CIP数据核字第2025B2Q885号

责任编辑：陈绿春
封面设计：潘国文
责任校对：胡伟民
责任印制：沈露

出版发行：清华大学出版社
　　　　　网　　　址：https://www.tup.com.cn，https://www.wqxuetang.com
　　　　　地　　　址：北京清华大学学研大厦A座　　　邮　　编：100084
　　　　　社 总 机：010-83470000　　　　　　　　邮　　购：010-62786544
　　　　　投稿与读者服务：010-62776969，c-service@tup.tsinghua.edu.cn
　　　　　质 量 反 馈：010-62772015，zhiliang@tup.tsinghua.edu.cn
印 装 者：北京博海升彩色印刷有限公司
经　　销：全国新华书店
开　　本：188mm×260mm　　　印　张：13　　　插　页：4　　　字　数：545千字
版　　次：2025年9月第1版　　　印　次：2025年9月第1次印刷
定　　价：69.00元

产品编号：105237-01

前言 PREFACE

笔者非常乐于钻研Photoshop。此软件就像阿拉丁神灯，可以帮助我们实现自己的设计梦想，而且学习和使用Photoshop都是令人愉快的事。

任何一款软件，想学会其实都不难，但要做到精通就不太容易了，Photoshop也是如此。要想将其学好，一是培养兴趣，二是多实践。没有兴趣，就没有动力，也体验不到学习的乐趣；不实践，则无法将所学知识同设计工作很好地结合起来。

基于此，本书每章会先介绍设计理论；之后讲解Photoshop功能并提供相应的实例，这些实例兼具实用性与趣味性，或展现软件功能的应用，或者用来完成一项设计任务。第1~10章结尾布置了课后作业和复习题，第11章为综合实例。全书力求在一种轻松、快乐的学习氛围中，带领读者逐步深入地了解Photoshop，并通过实践掌握其在平面设计领域的应用。

内容安排上，本书侧重于实用性强的功能，以便让读者更加快速地掌握软件的使用技巧。技术设置上，不仅深入地挖掘了Photoshop的潜力，还突出了各功能之间的横向联系，以增强读者使用多种功能进行创作的能力。104个不同类型的实例和78个教学视频，能让读者了解设计项目的制作流程并亲自动手操作，真正做到学以致用。

配套资源

本书配套资源包含实例资源、附赠资源、复习题答案和PPT教学课件。实例资源包括实例的素材文件、最终效果文件、课后作业的视频教学。附赠资源则包括照片处理动作库、画笔库、形状库、渐变库和样式库，以及大量的学习资料，包含《UI设计配色方案》《网店装修设计配色方案》《色彩设计》《图形设计》《创意法则》《CMYK色谱手册》《色谱表》《外挂滤镜使用手册》(包含KPT7、Eye Candy 4000、Xenofex等经典外挂滤镜)等8本电子书，以及"多媒体课堂——Photoshop视频教学65例"。

技术支持

配套资源请扫描右侧的二维码进行下载，如果在下载过程中碰到问题，请联系陈老师，邮箱：chenlch@tup.tsinghua.edu.cn。

希望本书能帮助您轻松、愉快地学会Photoshop。由于笔者水平有限，书中难免有疏漏之处。如果您在学习过程中遇到问题，请扫描技术支持二维码，联系相关人员解决。

作者

2025年8月

目录

第1章
入门：Photoshop 基本操作

1.1 创造性思维

思维是人脑对客观事物本质属性和内在联系的概括和间接反映。以新颖、独特的思维活动揭示事物的本质及内在联系，并指引人们去获得新的答案，从而产生前所未有的想法，这就是创造性思维。其包含以下几种形式。

1. 多向思维

多向思维也叫发散思维，表现为思维不受点、线、面的限制，不局限于一种模式，既可以是从尽可能多的方面去思考同一个问题，也可以从同一思维起点出发，让思路呈辐射状，形成诸多系列。

2. 侧向思维

侧向思维又称旁通思维，是沿着正向思维旁侧开拓出新思路的一种创造性思维。正向思维遇到问题，是从正面去想，侧向思维则是避开问题的锋芒，在次要地方做文章。侧向思维用在广告创意上也会收到很好的效果。图1-1所示为大众原装配件广告——狐狸积木刚好可以填充在鸡形的凹槽里，但狐狸遇到鸡，必定会将其吃掉，所以，为避免潜在的危险，还是应该用原装配件，毕竟安全第一。图1-2所示也是侧向思维广告创意——问路时遇到太多的热心肠，以至于不知道怎么选择，这时要有一个摩托罗拉GPS该有多好。

图1-1

图1-2

英国著名作家毛姆曾巧妙地运用侧向思维为自己的小说打开销路。20世纪初的一天，英国突然沸腾了起来，所有的女性都在为一则征婚广告而兴奋和激动。那则广告是这样写的："本人喜欢音乐和运动，是个年轻而有教养的百万富翁，希望能找到与毛姆小说中的女主角完全一样的女性结婚"。一时间，所有的人都在讨论这则广告。女性读者想看一看这个富翁心中的理想对象是怎样的，就跑去书店抢购此书。在短短的几天内，该书就销售一空，虽然出版商多次加印，但仍出现断货的情况。这则广告的刊登者正是毛姆本人，他巧妙地把卖书广告变成了征婚广告。从思维方式的角度来看，这正是兴奋点的侧向导引，是迂回前进的侧向思维。

3. 逆向思维

日常生活中，人们往往有一种习惯性思维，即只看事物的一方面，而忽视了另一方面。如果逆转正常的思路，从反面想问题，便能有创新性的设想。

图1-3所示为Stena Lines客运公司广告——父母跟随孩子出游可享受免费待遇。广告运用了逆向思维，将孩子和父母的身份调换，创造出生动、新奇的视觉效果，让人眼前一亮。

4. 联想思维

联想是由所感知或所思的事物、概念或现象的刺激而想到其他的与之有关的事物、概念或现象的思维过程。联想思维就是指由某一事物联想到另一事物。

图1-4所示为Covergirl睫毛刷产品广告——请选择加粗。图1-5所示为BIMBO Mizup方便面广告，顾客看到龙虾自然会联想到方便面的口味。

图1-3

图1-4

图1-5

1.2 Photoshop 2025新增功能

1987年秋，美国密歇根大学博士研究生托马斯·洛尔（Thomas Knoll）编写了一个名为Display的程序，用于在黑白位图显示器上呈现灰阶图像。这款用于实验的小软件，后来逐步演变为Photoshop。经过30多年的发展，Photoshop从最初的简单工具成长为图像编辑领域的霸主。如今，Photoshop 2025带来了更多的新增功能，让图像处理变得更加强大与高效。

● 选区画笔工具 ：该工具能让选区以蒙版的形式呈现，为选区的创建、观察和编辑提供了方便。

● 调整画笔工具 ：该工具可通过绘画的方式，直接在图像上进行调色、调亮度等操作。而且，它将选择、遮盖和应用等工作流程合并为一个步骤，从而简化了局部调整的方式。

● 干扰移除功能：可自动检测背景中不需要的元素，如电线和多余的人物，用户只需单击一下便可将这些多余的内容删除。

● 生成背景功能：用户可以使用生成的内容替换图像背景。生成的背景与主体分离，因此，可以单独调整主体的大小、位置等。

● 更强大的生成式填充功能：借助 Adobe Firefly 图像模型的强大生成式填充功能，可以生成更丰富、更逼真的图像。例如，图 1-6 所示为原图像，图 1-7 所示为使用生成式填充功能为人物换装的效果（方法见 6.5.4 节）。更让人惊喜的是，在 Photoshop 2025 中，用户可提供一幅图像作为参考，让人工智能生成与之相似的图像，如图 1-8 所示（方法见第 11.12 节）。将这种技术应用到广告、包装、插画、影视后期等领域，能极大地提高创作效率。由于采用了最新的 Adobe Firefly Image 模型，Photoshop 2025 不仅提升了输出质量，还能更好地理解复杂的提示，生成多种变体以供用户选择。

提示词　　　　　　　　　　　　　　　　　参考图像

人工智能生成的图像
图 1-8

● 更强大的生成式扩展功能：借助最新的 Adobe Firefly 图像模型，可对现有的图像内容进行扩展，生成与之匹配的、类似的图像。

图 1-6　　　　　　　　图 1-7

1.3　Photoshop 2025 工作界面

Photoshop 的工作界面非常友好，初学者很快就能上手操作。而且 Adobe 软件大都采用相同的界面，因此学会 Photoshop 后，再学其他 Adobe 软件也能节省很多时间。

1.3.1　主页

运行 Photoshop 2025 后，首先显示的是主页，如图 1-9 所示，创建和打开文件，也可以了解 Photoshop 的新增功能及搜索资源。单击"学习"选项卡，则可以显示学习页面，其中有很多练习，单击一个，可在 Photoshop 中打开相关素材及"发现"面板，用户按照"发现"面板的提示去操作，可以学习 Photoshop 的入门知识，以及完成一些实例。单击视频可链接到 Adobe 网站，在线观看视频。按 Esc 键可以关闭主页。需要它显示时，单击工具选项栏左端的 ⌂ 按钮即可。

在主页中打开文件、新建文件，或关闭主页后，会进入 Photoshop 工作界面，它由文档窗口、菜单栏、工具选项栏和各种面板等组成，如图1-10所示。默认的界面是黑色的，如果想调整其亮度，可按Alt+Shift+F2（由深到浅）或Alt+Shift+F1（由浅到深）快捷键。

图1-9

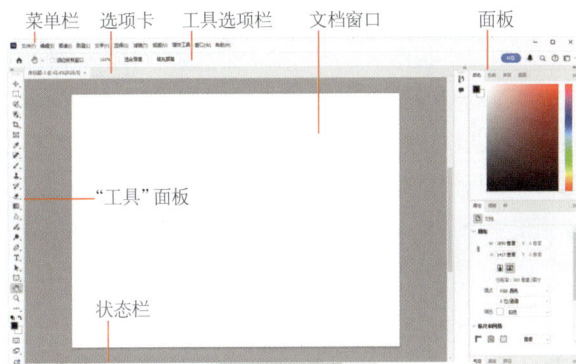

图1-10

1.3.2 文档窗口

文档窗口是编辑图像的区域。如果打开了多幅图像，则会全部停放在选项卡中，单击一个文件的名称，可将其设置为当前操作的窗口，如图1-11所示。按Ctrl+Tab快捷键，可按照顺序切换各窗口。

图1-11

如果觉得文档窗口固定在选项卡中不方便，可以将光标放在文档窗口的标题栏上，将其从选项卡中拖出来，成为浮动窗口，如图1-12所示。浮动窗口可以最大化、最小化或移动到任何位置，还可以重新固定到选项卡中。单击窗口右上角的 ✕ 按钮，可以关闭该窗口。如果要关闭所有窗口，可在其中一个文件的标题栏上右击，在弹出的快捷菜单中执行"关闭全部"命令。

图1-12

文档窗口底部是状态栏，其文本框中显示了文档窗口的视图比例。单击状态栏右侧的 ❯ 按钮打开下拉列表，可以让状态栏显示其他信息。

1.3.3 菜单栏

Photoshop中有11个菜单，将命令分为11大类。例如，"文件"菜单包含与设置文件有关的各种命令，"滤镜"菜单包含各种滤镜命令。单击菜单的名称，可将其打开。带有黑色三角标记的命令包含级联菜单，如图1-13所示。显示为灰色的命令表示当前不能使用。例如，未创建选区时，"选择"菜单中的多数命令都不能使用。如果命令右侧有"…"符号，则表示执行该命令时会弹出对话框。

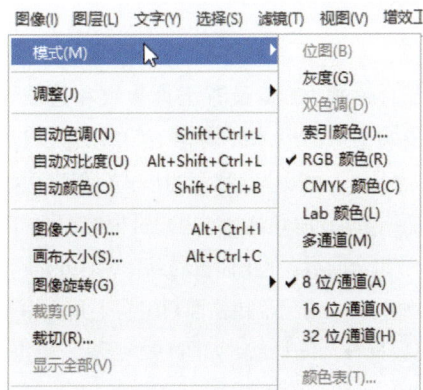

图1-13

选择某一命令即可执行该命令。如果有快捷键，则可通过按快捷键的方式执行该命令。例如，按Ctrl+A快捷键可以执行"选择"|"全部"命令，如图1-14所示。有些命令只提供了字母，要通过快捷方式执行命令，可按快捷键Alt+主菜单的字母+命令后面的字母。例如，按Alt+L+D快捷键，可以执行"图层"|"复制图层"命令，如图1-15所示。

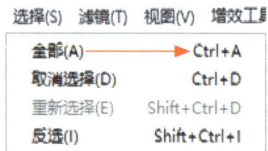

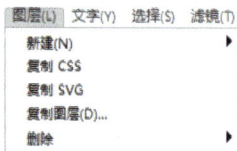

图1-14 图1-15

提示

需要注意，应先切换到英文输入法状态，然后才能正常使用快捷键。本书中提供的是Windows快捷键，macOS用户需要进行转换——将Alt键转换为Opt键，将Ctrl键转换为Cmd键。如快捷键Alt+Ctrl+Z，macOS用户应按Opt+Cmd+Z快捷键来操作。

在文档窗口的空白处，或者在对象或面板上右击，可以弹出快捷菜单，如图1-16和图1-17所示。

图1-16 图1-17

1.3.4 面板

面板用于配合编辑图像、设置工具参数和选项。Photoshop提供了20多个面板，在"窗口"菜单中可以将它们打开。默认情况下，面板以选项卡的形式成组出现，并停靠在窗口右侧，如图1-18所示。用户可根据需要打开、关闭或是自由组合面板。单击面板的名称，即可显示面板中的选项，如图1-19所示。单击面板组右上角的 ◀◀ 按钮，可以将面板折叠为图标状，如图1-20所示。单击图标可以展开相应的面板，再次单击，可将其关闭。

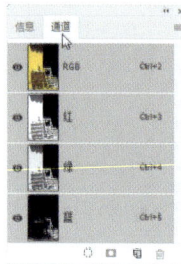

图1-18 图1-19 图1-20

拖曳面板左侧边界可以调整面板组的宽度，让面板的名称显示出来，如图1-21所示。将光标放在面板的标题栏上，向上或向下拖曳光标，可重新排列面板的组合顺序，如图1-22所示。如果向文档窗口中拖曳面板名称，则可将其从面板组中分离出来，使之成为可以放在任意位置的浮动面板，如图1-23所示。单击面板右上角的 ≡ 按钮，可以打开面板菜单，如图1-24所示。菜单中包含与当前面板相关的各种命令。在面板的标题栏上右击，可以弹出快捷菜单，如图1-25所示，执行"关闭"命令，可以关闭该面板。

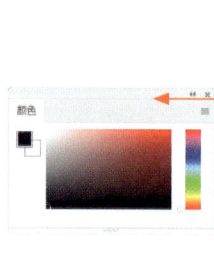

图1-21 图1-22 图1-23

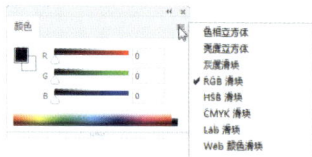

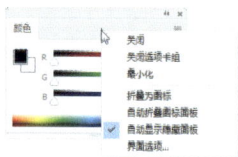

图1-24 图1-25

1.3.5 "工具"面板

"工具"面板包含了用于创建和编辑图像、图稿、页面元素的工具和按钮，如图1-26所示。它们按用途划分可分为7大类，如图1-27所示。

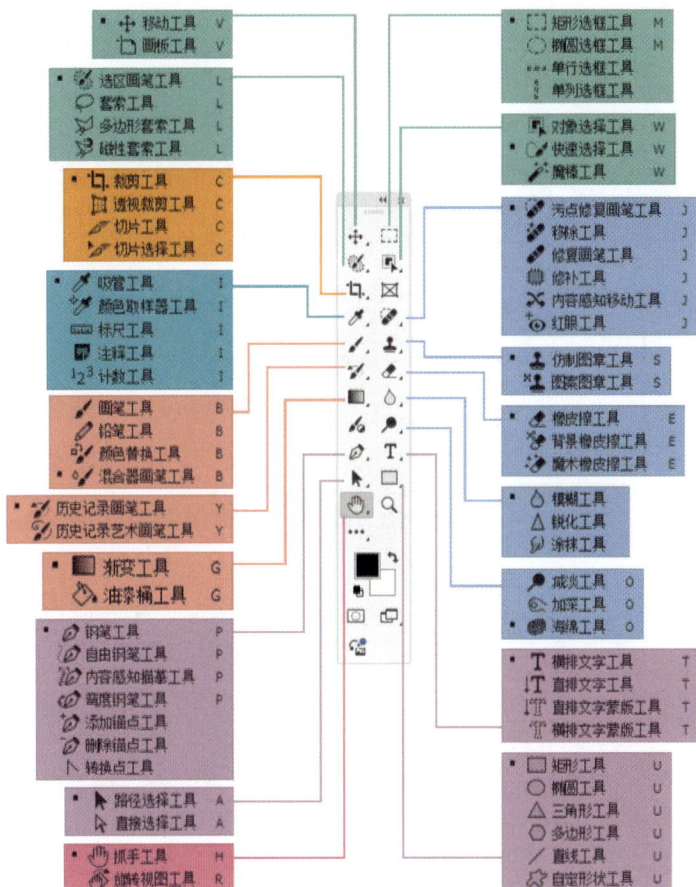

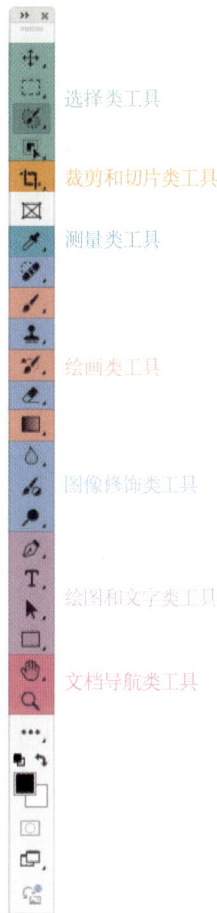

选择类工具

裁剪和切片类工具

测量类工具

绘画类工具

图像修饰类工具

绘图和文字类工具

文档导航类工具

图1-26 图1-27

需要使用一个工具时，单击它即可。右下角有三角形图标的是工具组，在其上方按住鼠标左键不放，可以显示其中隐藏的工具，如图1-28所示；将光标移动到一个隐藏的工具上，然后释放鼠标左键，可以选择该工具，如图1-29所示。将光标停放在工具上方，可以显示工具的名称和快捷键，以及使用方法的简短视频，如图1-30所示。

图1-28 图1-29 图1-30

> **提示**
>
> 按Shift+工具快捷键，可在一组隐藏的工具中循环选择各工具。默认状态下，"工具"面板停放在文档窗口左侧。如果想将其摆放到其他位置，在其顶部进行拖曳即可。单击"工具"面板顶部的 ◀◀（或 ▶▶）按钮，可将其切换为单排（或双排）显示。

单击"工具"面板中的 ••• 按钮打开下拉列表，执行"编辑工具栏"命令，可以打开"自定义工具栏"对话框，如图1-31所示。左侧列表是"工具"面板中显示的工具，将不常用的工具拖曳到右侧，如图1-32所示，"工具"面板中会隐藏该工具。左侧列表中每个窗格代表一个工具组，通过拖曳的方法可以重组工具组，如图1-33和图1-34所示。如果想创建新的工具组，可将工具拖曳到窗格外。需要使用被隐藏的工具时，可单击 ••• 按钮。如想恢复为Photoshop默认的工具配置，可单击"恢复默认值"按钮。

图1-31

图1-32

图1-33　　　　　　图1-34

> **提示**
>
> 按Shift+Tab快捷键可以隐藏面板。按Tab键可以隐藏"工具"面板、工具选项栏和所有面板。再次按相应的快捷键，可以重新显示隐藏的对象。

1.3.6 工具选项栏

选择一个工具后，可以在工具选项栏中设置其属性。图1-35所示为渐变工具 的选项栏。单击 按钮，可

以打开下拉列表。在文本框中单击，然后输入数值并按Enter键，可以调整数值。如果文本框旁边有 按钮，则单击该按钮显示滑块后，拖曳滑块也可以调整数值。

图1-35

1.3.7 实例：用"发现"面板学习Photoshop

"发现"面板为用户了解Photoshop提供了有效帮助。例如，可通过它搜索Photoshop中的功能介绍、观看视频演示，以及快速进行图像编辑等。

01 运行Photoshop。按Esc键关闭主页，进入Photoshop工作界面。在菜单栏中执行"帮助"|"Photoshop帮助"命令，如图1-36所示，打开"发现"面板，如图1-37所示。

图1-36

图1-37

02 单击"了解Photoshop"条目，可以查看生成式AI（人工智能）功能在Photoshop中的使用情况，如图1-38和图1-39所示。单击"实操教程"条目，可以选择其中的教程并打开相应的素材，依照提示进行练习，如图1-40和图1-41所示。

图 1-38   图 1-39   图 1-40   图 1-41

1.4 文件基本操作

使用 Photoshop 时，用户可以创建一个全新的空白文件，也可打开计算机中的文件进行编辑。Photoshop 支持绝大多数图形和图像格式，并可以将文件保存为不同的格式，以便在其他软件中使用。

1.4.1 新建文件

如果想创建一个空白文件，可以执行"文件"|"新建"命令（快捷键为 Ctrl+N），打开"新建文档"对话框。对话框顶部的选项卡内包含了不同设计工作所需要的项目文件。例如，如果想做一幅 A4 大小的海报，可以单击"打印"选项卡，在其下方选择 A4 预设，如图 1-42 所示，再单击"创建"按钮，基于此预设创建文件。如果想按照自己需要的尺寸、分辨率和颜色模式创建文件，可在对话框右侧的选项中进行设置。

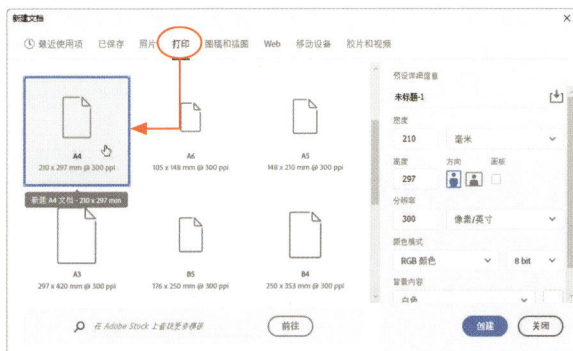

图 1-42

- 未标题 -1：可输入文件的名称。创建文件后，文件名会显示在文档窗口的标题栏中。保存文件时，文件名会自动显示在存储文件的对话框内。文件名可以在创建时输入，也可以使用默认的名称（未标题 -1），保存文件时，再设置正式的名称。

- 宽度 / 高度：可以输入文件的宽度和高度。在右侧的选项中可以选择一种单位，包括"像素""英寸""厘米""毫米""点""派卡"。

- 方向：单击 按钮或 按钮，可以将文件的页面方向设置为纵向或横向。

- 画板：勾选该复选框，可以在文件中创建画板。进行网页设计、UI 设计和移动设备界面设计时，如果需要为不同的显示器和移动设备提供不同尺寸的设计图稿，可以使用画板工具创建多个画板，以承载不同的图稿。

- 分辨率：可设置文件的分辨率，常用单位为"像素 / 英寸"，也可选择"像素 / 厘米"选项。网页、App 界面的分辨率一般为 72 像素 / 英寸，照片、海报及需要打印的文件则应设置为 300 像素 / 英寸。

- 颜色模式：可以为创建的文件选择颜色模式，在其右侧的选项中可以选取位深。颜色模式决定了文件中的颜色数量、通道数量和文件大小。RGB 颜色模式最为常用。创

建文件后也可以执行"图像" | "模式"子菜单中的命令应用其他颜色模式。位深也称像素深度或色深度。位深为1的图像只有黑、白两色，位深每增加一位，颜色数就增加一倍。8位/通道的RGB图像用途最广，数码照片、网上的图片等大都属于此类。使用数码相机拍摄的RAW格式的照片为16位/通道的图像。32位/通道的图像为高动态范围图像（High Dynamic Range Imaging, HDRI），只在影片、3D作品及某些相对专业的领域使用。

- 背景内容：可以为"背景"图层选择颜色，也可以选择"透明"选项，创建透明背景（即无背景图层）。
- 高级选项：单击 ❯ 按钮，可以显示两个隐藏的选项，其中"颜色配置文件"选项可以为文件指定颜色配置文件。

1.4.2 打开文件

Photoshop不仅能编辑图像，还可处理其他类型的文件，如矢量图形、PDF文件、GIF动画和视频等。需要打开以上文件时，可以执行"文件" | "打开"命令（快捷键为Ctrl+O），弹出"打开"对话框后，选择文件（按住Ctrl键单击可选择多个文件），如图1-43所示，再单击"打开"按钮或按Enter键即可。

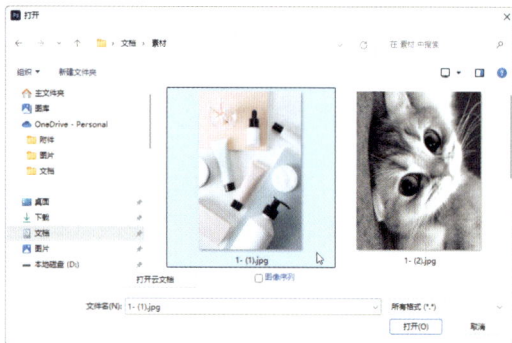
图1-43

在Photoshop中还有一些打开文件的快捷方法。例如，执行"文件" | "最近打开文件"命令能打开最近使用过的文件；在Windows资源管理器中找到文件后，将其拖曳到Photoshop窗口中，可将其打开；未运行Photoshop时，将文件拖曳到计算机桌面的Photoshop应用程序图标 **Ps** 上，可运行Photoshop并打开文件。

> **提示**
>
> 如果文件夹中的文件格式较多，查找困难，可在"文件类型"下拉列表中选择一种格式，将其他格式的文件屏蔽。

1.4.3 置入文件

在Photoshop中新建或打开文件后，执行"文件" | "置入链接的智能对象"命令，可以将JPEG、TIFF、GIF、EPS、PDF、AI等格式的文件置入当前文件中，并创建为智能对象。执行"文件" | "置入嵌入对象"命令，则可将其嵌入Photoshop文件中。

> **提示**
>
> 智能对象是一种特殊的图层，可包含位图图像和矢量图形。将普通对象先转换为智能对象再进行变换和变形操作，能最大程度地减少对图像的损害。不仅如此，用"置入链接的智能对象"命令创建的智能对象还可替换内容、更新内容，以及进行还原操作（方法见1.4.8节）。

1.4.4 保存文件

执行"文件" | "存储"命令（快捷键为Ctrl+S），在弹出的"另存为"对话框中输入文件名称，选择保存位置及文件格式，如图1-44所示，单击"保存"按钮，可以保存文件。如果要将当前文件保存为另外的名称和其他格式，或者存储到其他位置，可以执行"文件" | "存储为"命令，将文件另存。

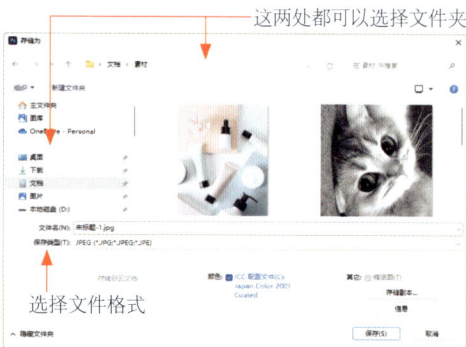
图1-44

1.4.5 文件格式选择技巧

文件格式决定了数据的存储方式（作为像素还是矢量）、压缩方法、支持哪些Photoshop功能，以及能否被其他软件使用。

正确的保存习惯是，在Photoshop中对文件进行编辑初期，就应以PSD格式保存一次文件，此后在编辑过程中，每次完成重要操作，都应按Ctrl+S快捷键保存当前效果。以避免因断电、计算机故障或Photoshop意外崩溃而丢失操作结果。图1-45所示为Photoshop中的文件可以保存的几种格式。

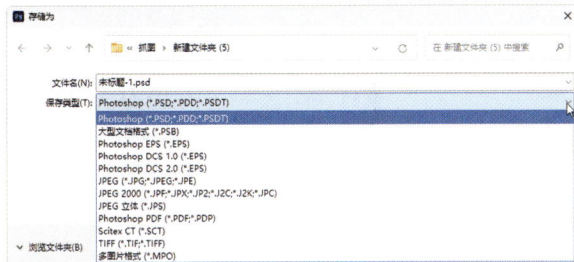

图1-45

其中，PSD格式（扩展名为.psd）最为重要，它能保存Photoshop文件中的所有内容（如图层、蒙版、通道、路径、可编辑的文字、图层样式、智能对象等），将文件存储为该格式后，以后不论何时打开文件，都可以对其中的内容进行修改。不仅如此，Adobe其他程序（如Illustrator、InDesign、Premiere、After Effects等）也支持PSD文件。这有很多好处，例如，文字可以修改、路径可以编辑。此外，在这些软件中使用透明背景的PSD文件时，其背景也是透明的，而在不支持PSD格式的软件中，图层会被合并，透明区域以白色填充。

由于文件的使用场景不同，完成编辑工作后，除保存好PSD格式，以便于今后修改外，还可根据用途另存一份文件。例如，如果文件用于打印，或通过邮箱传送，以及用于手机、平板电脑等设备，可以保存为JPEG格式；如果图像用于网络传输，可以选择JPEG格式或者GIF格式；如果要为那些没有Photoshop的用户选择一种文件格式，可以使用PDF格式，利用免费的Adobe Reader软件便可显示图像。

1.4.6 用Bridge浏览及管理文件

AI、PSD和EPS等格式的文件在Windows和macOS系统中无法预览，如图1-46所示，这会给查找和管理素材带来不便。

图1-46

Photoshop中有一个非常好用的文件浏览工具——Bridge。执行"文件"|"在Bridge中浏览"命令，便可使用其预览图像、RAW格式照片、AI和EPS矢量文件、PDF文件、动态媒体文件等Photoshop支持的文件，如图1-47所示。

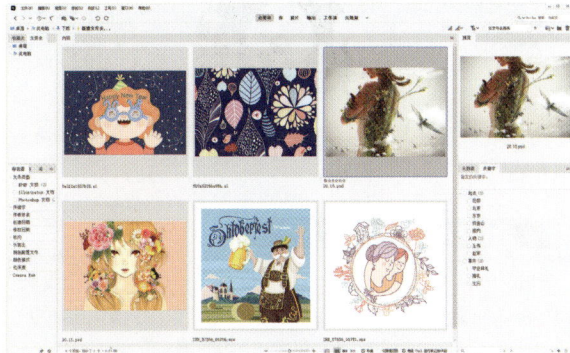

图1-47

双击文件可在其原始应用程序中将其打开。如果想使用其他软件打开文件，可单击文件，然后在"文件"|"打开方式"菜单中选择相应的软件。由于Bridge能提供文件预览，所以用其管理各种素材也特别方便。

1.4.7 实例：置入Illustrator矢量素材

Illustrator是一款矢量软件，绘图、排版和文字处理功能非常强大。很多设计工作需要Photoshop和Illustrator协作才能完成。本实例介绍怎样将Illustrator中的矢量图形置入Photoshop文件中。

01 运行Illustrator并打开素材。使用选择工具▶选择图形，如图1-48所示，按Ctrl+C快捷键复制。

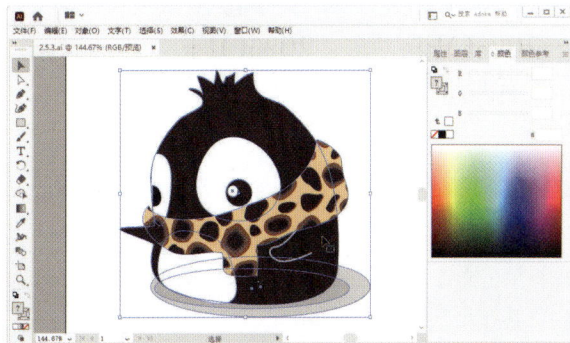

图1-48

02 运行Photoshop。新建或打开一个文件，按Ctrl+V快捷键粘贴，弹出"粘贴"对话框，选择"智能对象"选项，如图1-49所示，单击"确定"按钮，可以将矢量图形粘贴为智能对象，如图1-50和图1-51所示。选择"路径"选项，则可将图形转换为路径。其他两个选项是粘贴为图像及转换为形状图层。

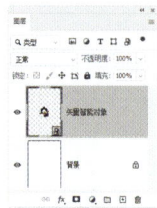

图1-49　　　　图1-50　　　　图1-51

> **技巧放送 通过拖曳的方法置入文件**
>
> 在Illustrator中，使用选择工具可以将矢量图形直接拖曳到Photoshop文件中，也可将其创建为智能对象。只是用这种方法无法将对象设置为路径、图像和形状图层。

1.4.8 实例：用智能对象更换App主图

在设计图稿中，可能会经常更换某些内容，以满足甲方要求。本实例介绍怎样置入智能对象，并进行效果的更新，以及替换内容，效果如图1-52所示。掌握此方法，可以让工作变得更加简单、高效。

图1-53　　　　　　　　　图1-54

图1-55　　　　　　　　　图1-56

图1-52

图1-57　　　　图1-58

01 执行"文件"|"打开"命令，弹出"打开"对话框，单击文件，如图1-53所示，按Enter键，在Photoshop中将其打开，如图1-54所示。

02 执行"文件"|"置入链接的智能对象"命令，在弹出的对话框中选择素材，如图1-55所示，按Enter键，将其置入当前文件中，如图1-56所示，按Enter键进行确认并创建为智能对象，如图1-57和图1-58所示。

03 置入链接的智能对象与源文件保持链接关系，处理智能对象不会影响其源文件，而编辑源文件，Photoshop中的智能对象会自动更新到与之相同的效果。例如，按Ctrl+O快捷键，打开智能对象的源文件，如图1-59所示。执行"图像"|"调整"|"色相/饱和度"命令，选择"红色"选项，调整"色相"参数，将红色改为橙色，如图1-60和图1-61所示，按Ctrl+S快捷键保存修改结果后，智能对象会自动更新，如图1-62所示。

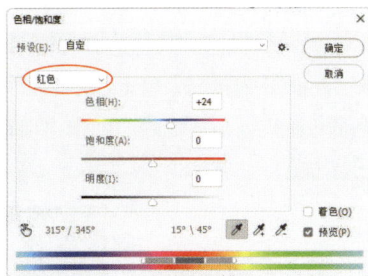

然后将源文件关闭。

05 智能对象还可替换内容。例如，执行"图层"|"智能对象"|"替换内容"命令，可用另一个素材替换当前智能对象，如图1-63和图1-64所示。

图1-59　　　　　　图1-60

图1-63　　　　　　　　图1-64

> **提示**
>
> 执行"图层"|"智能对象"|"栅格化"命令，可将智能对象栅格化，即转换为图像并存储在当前文件中。

06 执行"文件"|"存储为"命令，将文件保存为PSD格式，然后关闭。

图1-61　　　　　　图1-62

04 按Ctrl+Z快捷键撤销调色操作，按Ctrl+S快捷键保存，

1.5 查看图像

查看图像也称文档导航，包括调整文档窗口的视图比例，使画面变大或变小，以及移动画面，以方便观察和编辑图像的不同区域。

1.5.1 用缩放工具查看图像

打开一个文件时，其会在窗口中完整显示，如图1-65所示。选择缩放工具 🔍，将光标放在画面中（光标会变为 🔍 状），单击可以放大窗口的显示比例，如图1-66所示。按住Alt键（光标会变为 🔍 状）单击，可缩小窗口的显示比例，如图1-67所示。按住鼠标左键向左、右滑动，可以快速缩放文档；在一个位置按住鼠标左键单击，可以动态放大文档。

图1-65　　　　　图1-66　　　　　图1-67

1.5.2 用抓手工具查看图像

当窗口中不能显示完整的图像时，如图 1-68 所示，使用抓手工具 🖑 在窗口中拖曳光标，可以移动画面，如图 1-69 所示。按住 Ctrl 键单击并向右侧拖曳光标，可以放大窗口的显示比例，向左侧拖曳光标则可缩小窗口的显示比例。

图 1-68   图 1-69

使用其他工具时，按住 Ctrl 键，再连续按 + 键，也可以放大视图；按住空格键（临时切换为抓手工具 🖑 ）拖曳光标可移动画面；按住 Ctrl 键，再连续按 − 键，可以缩小显视图比例；双击抓手工具 🖑 或按 Ctrl+0 快捷键，图像会满屏显示；双击缩放工具 🔍 或按 Ctrl+1 快捷键，图像以 100% 的比例显示。

1.5.3 用"导航器"面板查看图像

"导航器"面板与抓手工具 🖑 类似，也集缩放和定位

功能于一身，但更适合画面很大的情况，因为其可以快速放大视图并定位画面中心。

该面板提供了完整的图像缩览图，如图 1-70 所示。将光标放在缩览图上单击，或者进行拖曳，可以快速移动画面，让红色矩形框内的图像出现在文档窗口的中心位置，如图 1-71 所示。

图 1-70

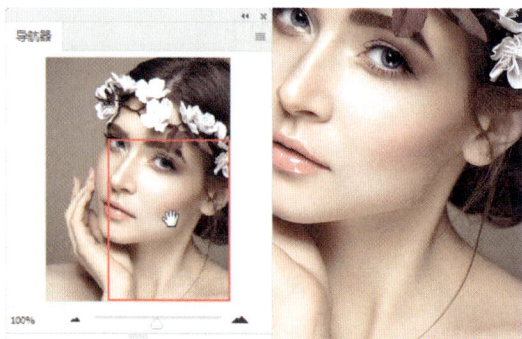

图 1-71

1.6 撤销操作

编辑图像的过程中，如果出现操作失误或对当前效果不满意，可以用不同的方法撤销操作，将图像恢复到某一步的编辑状态或初始状态。

1.6.1 撤销操作与恢复文件

如果要返回上一步编辑状态，可以执行"编辑" | "还原"命令（快捷键为 Ctrl+Z），连续按 Ctrl+Z 快捷键，则可依次向前还原。如果要恢复被撤销的操作，可以执行"编辑" | "前进一步"命令（快捷键为 Shift+Ctrl+Z，可连

续按）。如果想要将图像恢复到最后一次保存时的状态，可以执行"文件" | "恢复"命令。

1.6.2 用"历史记录"面板撤销编辑

编辑图像时，每进行一步操作，Photoshop 都会将其

记录到"历史记录"面板中，如图1-72所示。单击面板中操作步骤的名称，可将图像还原到该步骤所记录的状态，如图1-73所示。该面板顶部有图像缩览图，那是打开图像时Photoshop为其创建的快照，单击缩览图可以撤销所有操作，图像会恢复到打开时的状态。

图1-72

图1-73

> **提示**
>
> 默认状态下，"历史记录"面板可保存50步历史记录。如果想增加数量，可以执行"编辑"|"首选项"|"性能"命令，打开"首选项"对话框，在"历史记录状态"选项中进行设置。需要注意的是，历史记录的数量越多，越占用内存。

1.7 作业与习题

本章介绍了Photoshop的界面及基本操作方法。下面是课后作业和复习题，有助于读者巩固本章所学知识。

1.7.1 课后作业：修改工作区

在Photoshop的工作界面中，只有菜单是固定的，文档窗口、面板、工具选项栏都可以移动和关闭。本作业要求按照自己的使用习惯配置常用面板并摆放在顺手的位置，不常用的面板则关闭，然后执行"窗口"|"工作区"|"新建工作区"命令，打开"新建工作区"对话框，输入名称，如图1-74所示，将当前工作区保存。这样做的好处在于，以后不管是自己还是其他人修改了工作区，只要在"窗口"|"工作区"菜单中找到该工作区，如图1-75所示，便可将面板等恢复为原状。

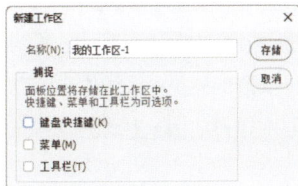

图1-74

图1-75

执行"窗口"|"工作区"命令，在级联菜单中执行"删除工作区"命令，可删除自定义的工作区。如果要恢复为默认的工作区，可以执行"基本功能（默认）"命令。

1.7.2 复习题

1. 哪种颜色模式用于手机、电视机和计算机？哪种颜色模式用于印刷？

2. Photoshop默认的文件格式是什么？

3. JPEG是使用最为广泛的文件格式之一，请说出其优点。

4. 查看图像时，缩放工具 🔍、抓手工具 🖐 和"导航器"面板分别适合在什么样的情况下使用？

5. 历史记录暂存于内存中，关闭文件时就会将其删除。有没有办法可以永久保存历史记录？

注：复习题答案在配套资源中

第2章
构成设计：图层、选区与变换

2.1 构成设计

构成是指将不同形态的两个以上的单元重新组合，成为一个新的单元，并赋予其视觉化的概念。

2.1.1 平面构成

平面构成是视觉元素在二次元的平面上按照美的视觉效果和力学原理进行编排与组合。点、线、面是平面构成的主要元素。点是最小的形象组成元素，任何物体缩小到一定程度，都会变成不同形态的点，当画面中只有一个点时，这个点会成为视觉的中心，如图2-1所示；当画面有大小不同的点时，人们首先注意到的是大的点，而后视线会移向小的点，从而产生视觉的流动，如图2-2所示。当多个点同时存在时，会产生连续的视觉效果。

图2-1　　　　　　　　　　图2-2

线是点移动的轨迹，如图2-3所示。线的连续移动形成面，如图2-4所示。不同的线和面具有不同的情感特征，如水平线给人以平和、安静的感觉，斜线代表了动力和惊险；规则的面让人感觉简洁、秩序，不规则的面则显得活泼、生动。

图 2-3

图 2-4

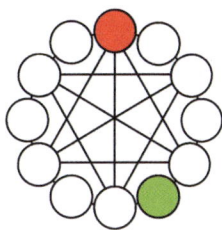

对比色对比

图 2-7

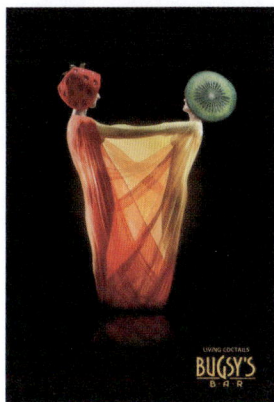

2.1.2 色彩构成

色彩构成是从人对色彩的知觉和心理效果出发，用科学分析的方法，把复杂的色彩现象还原为基本要素，利用色彩在空间、量与质上的可变换性，按照一定的规律去组合各构成要素之间的相互关系，再创造出新的色彩效果的过程。

当两种或多种颜色并置时，因其性质不同而呈现的色彩差别现象称为色彩对比，包括明度对比、纯度对比、色相对比和面积对比。图 2-5~图 2-8 所示为色彩对比的具体表现。

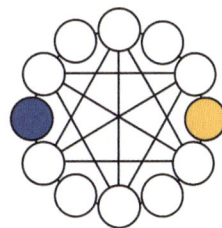

互补色对比

图 2-8

如果两种或多种颜色有序而协调地组合在一起，使人产生愉悦、舒适的感觉，则称为色彩调和。色彩调和的常见方法是选一组邻近色或同类色，通过调整纯度和明度来协调色彩效果，保持画面的秩序感、条理性，如图 2-9 和图 2-10 所示。

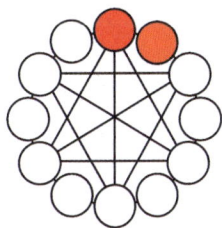

同类色对比

图 2-5

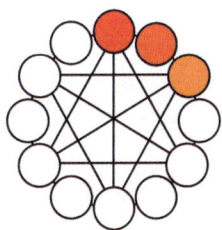

邻近色对比

图 2-6

AT&T广告（面积调和）

图 2-9

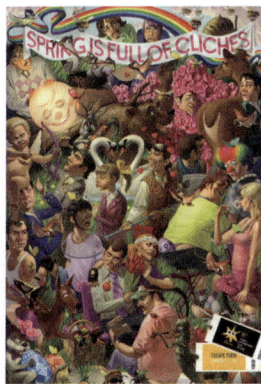

维尔纽斯国际电影节海报（明度调和）

图 2-10

2.2 图层

使用 Photoshop 编辑对象时，首先要选择对象所在的图层。图层是 Photoshop 的核心功能，其既能承载对象，也可以调色、制作特效。如果不会操作图层，在 Photoshop 中几乎"寸步难行"。

2.2.1 什么是图层

Photoshop 可以编辑不同类型的文件，如图像、矢量图形、视频等，这些对象由各自专属的图层来承载。Photoshop 中还有很多功能是通过图层应用的，如文字、蒙版、填充图层、调整图层等，因此，图层的种类非常多，如图 2-11 所示。所有图层都通过"图层"面板进行管理，如图 2-12 所示。在该面板中，图层名称左侧的缩览图显示了图层中包含的对象，缩览图中的棋盘格代表了透明区域。

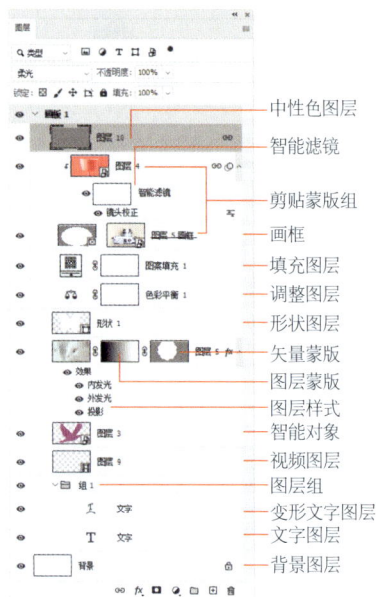

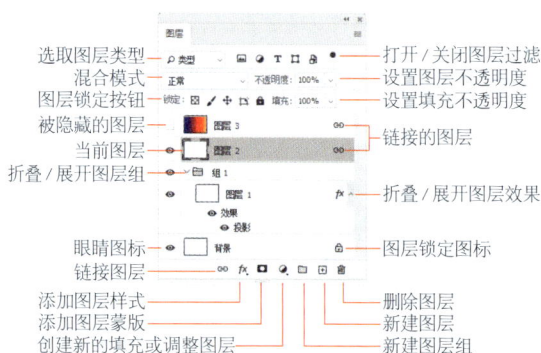

图 2-11　　　　　　　　　　　　　　图 2-12

图层如同堆叠在一起的透明纸，每一张纸（图层）上保存着不同的对象，透过上面图层的透明区域，可以看到下面的图层。当单独处理一个图层中的对象时，不会影响其他图层，如图 2-13 所示。如果没有图层，所有对象就都位于同一个图层中，想编辑局部内容，需要先将其选中，否则将影响整幅图像。

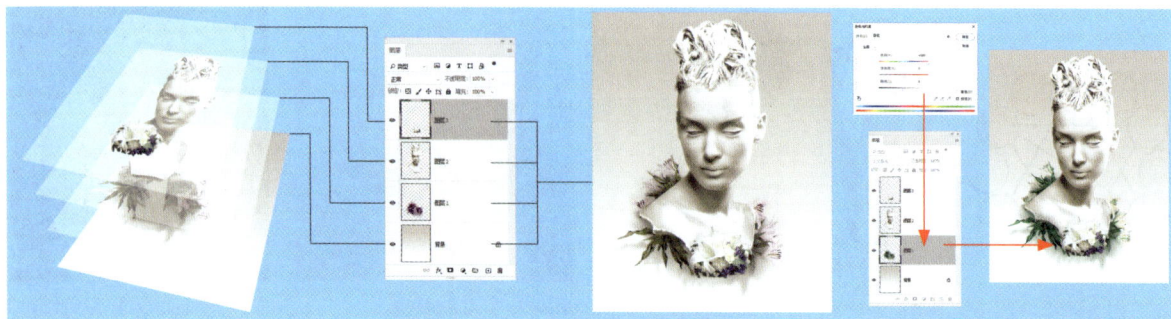

图层原理　　　　　　　　　"图层"面板　　　　　　　图像效果　　　　　　可单独调整一个图层的颜色

图 2-13

2.2.2 选择与链接图层

单击"图层"面板中的一个图层，即可将其选择，如图2-14所示。所选图层称为"当前图层"。

在Photoshop中进行移动、旋转、缩放、倾斜、复制、对齐和分布等操作时，可同时应用于多个图层。如果要同时选择多个图层，可以按住Ctrl键分别单击它们，将其一同选取，如图2-15所示。选取后，还可单击"图层"面板底部的 ∞ 按钮，将这些图层链接，如图2-16所示；此后，选择其中的一个图层并进行上述操作（复制除外）时，会应用到所有与之链接的图层上，这样就不必单独处理各图层。如果要取消一个图层与其他图层的链接，可单击该图层，再单击 ∞ 按钮。

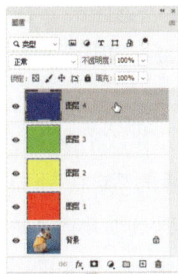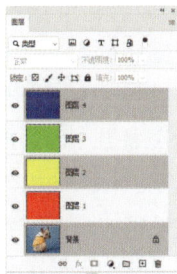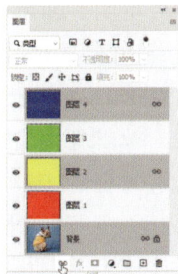

图2-14   图2-15   图2-16

2.2.3 创建与复制图层

单击"图层"面板底部的 田 按钮，可在当前图层上方新建一个图层，且新建的图层将自动成为当前图层，如图2-17所示。如果想在当前图层下方新建图层，可以按住Ctrl键单击 田 按钮（"背景"图层下方不能创建图层）。将一个图层拖曳至 田 按钮上，可以复制该图层，如图2-18所示。按Ctrl+J快捷键，可复制当前图层。

图2-17   图2-18

2.2.4 显示与隐藏图层

单击一个图层左侧的眼睛图标 ◉ ，可以隐藏该图层

及文件画面中相应的内容，如图2-19所示。在原图层眼睛图标 ◉ 处单击，可重新显示图层，如图2-20所示。

图2-19

图2-20

在眼睛图标 ◉ 上单击并向上或向下拖曳光标，可以快速隐藏（或显示）多个相邻的图层。按住Alt键单击一个图层的眼睛图标 ◉ ，可以将其他图层隐藏（按住Alt键再次单击同一眼睛图标 ◉ ，可以恢复其他图层的显示）。

2.2.5 调整图层的堆叠顺序

"图层"面板中的图层是按照创建的先后顺序堆叠排列的，就像搭积木一样，一层一层地向上搭建。将一个图层拖曳到另一个图层的上方或下方，可调整其堆叠顺序。需要注意的是，由于上下遮挡关系发生改变，将影响图像的显示效果，如图2-21和图2-22所示。

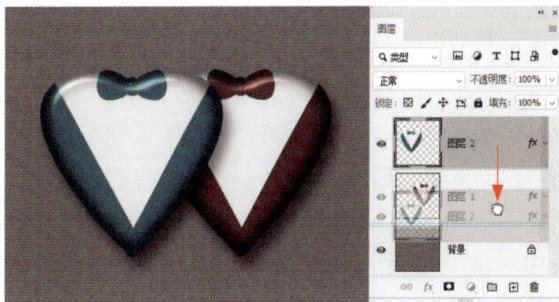

图2-21

图 2-22

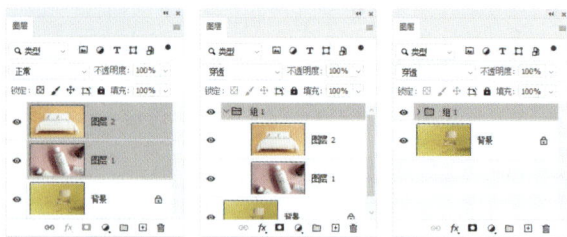

图 2-25　　　　图 2-26　　　　图 2-27

2.2.6　修改图层的名称和颜色

随着编辑的深入进行，图层的数量会越来越多，这会给选择图层带来不便。下面介绍两种方法，可以使比较重要的图层更易于识别。

在图层的名称上双击，显示文本框后输入特定名称并按 Enter 键确认，可修改名称，如图 2-23 所示。也可在图层的缩览图上右击，在弹出的快捷菜单中选择一种颜色来标记图层，就像用记号笔在书中画出重点一样，如图 2-24 所示。

图 2-23　　　　　图 2-24

2.2.7　编组

当图层数量较多时，可以使用图层组进行管理。它类似于 Windows 系统中的文件夹，能分门别类地"收纳"图层。

选择多个图层，如图 2-25 所示，执行"图层"|"图层编组"命令（快捷键为 Ctrl+G），可将其编入一个图层组中，如图 2-26 所示。单击 》按钮，将图层组关闭，图层列表中就只显示组的名称，如图 2-27 所示。创建图层组后，单击 ⊞ 按钮，可在图层组中新建图层。采用拖曳的方法，可以将其他图层拖入组中，或从组内拖曳出图层来。

2.2.8　筛选和过滤图层

想要在众多图层中快速找到某种类型的图层，可以单击"图层"面板顶部的图层类型过滤按钮。例如，单击 T 按钮，面板中就只显示文字类图层，而将其他图层屏蔽，如图 2-28 所示；▦ 按钮用于只显示普通图层；◐ 按钮用于只显示填充图层和调整图层；⊡ 按钮用于只显示形状图层；⬚ 按钮用于只显示智能对象。

如果想要找的图层添加了图层样式、修改了混合模式，或者是智能对象等，可在"图层"面板的"类型"下拉列表中选择此类图层。例如，选择"效果"选项并指定一种图层样式，"图层"面板中就只显示添加了该效果的图层，如图 2-29 所示。此后 ● 按钮会变为 ● 状，单击 ● 按钮，可重新显示所有图层。

图 2-28　　　　图 2-29

2.2.9　锁定图层

进行绘画、修饰、填色和删除图像等操作时，如果想对图层施加一些保护，可以使用"图层"面板中的锁定图层功能，如图 2-30 所示。

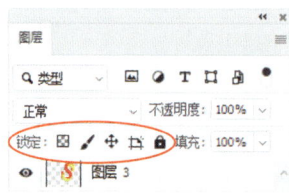

图 2-30

- 锁定透明像素按钮 ▨ ：单击该按钮，可保护图层中的透明区域，使其不受编辑操作影响。
- 锁定图像像素 ✎ ：单击该按钮后，不能在图层上进行绘画、擦除或应用滤镜操作。
- 锁定位置 ✛ ：单击该按钮后，图层不能移动。
- 锁定画板 ⌗ ：可防止在画板内外自动嵌套。
- 锁定全部 🔒 ：可锁定以上全部属性。

2.2.10 合并、盖印与删除图层

如果图层、图层组和图层样式等过多，会使计算机的运行速度变慢。将相同属性的图层合并，或者将多余的图层删除，可以减小文件的大小。

- 合并所有可见的图层：执行"图层"|"合并可见图层"命令（快捷键为Shift+Ctrl+E），所有可见图层会合并到"背景"图层中。
- 合并多个图层：按住Ctrl键单击两个或多个图层合并，执行"图层"|"合并图层"命令（快捷键为Ctrl+E），可以将它们合并，如图2-31和图2-32所示。

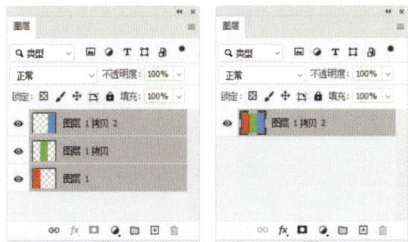

图2-31　　　　　图2-32

- 盖印图层：按Alt+Shift+Ctrl+E快捷键，可将所有可见图层盖印到一个新的图层中，如图2-33所示。按住Ctrl键并单击选择多个图层，将它们选择，如图2-34所示，按Alt+Ctrl+E快捷键，可将它们盖印到一个新的图层中，如图2-35所示。进行盖印时，原图层保持不变，因而会增加图层数量。

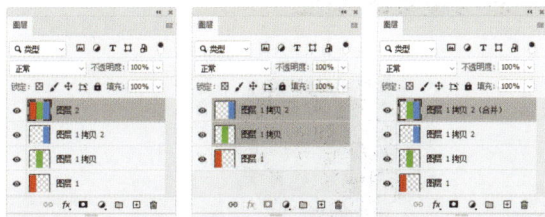

图2-33　　　　图2-34　　　　图2-35

- 删除图层：将一个图层拖曳到"图层"面板底部的 🗑 按钮上，可删除该图层。此外，选择一个或多个图层后，按

Delete键也可将其删除。

2.2.11 调整图层的不透明度和混合模式

不透明度和混合模式可以混合像素或图层中的对象，在图像合成、特效制作方面很有用。

选择图层后，如图2-36所示，调整"不透明度"参数，可以让所选图层中的对象呈现透明效果，如图2-37所示。单击"图层"面板顶部的 ∨ 按钮，打开下拉列表，选择一种混合模式，则可让当前图层与下方所有图层产生特殊的混合效果，如图2-38所示。

图2-36

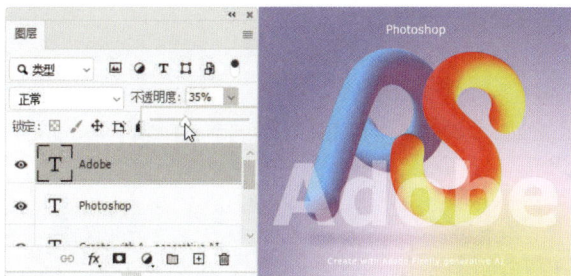

图2-37

图2-38

2.2.12 实例：快速为T恤贴图案

本例学习怎样将图片贴在T恤上，并能显示T恤的高光和阴影，效果如图2-39所示。

图2-39

图 2-40

图 2-41

01 打开素材。使用移动工具 ✛ 将图案拖曳到T恤文件中，设置"不透明度"为85%，如图2-40和图2-41所示。

02 单击"背景"图层，按Ctrl+J快捷键复制，按Ctrl+]快捷键移至顶层。设置图层的混合模式为"变暗"，即可将图案的白色背景隐藏，T恤的光影也会投射到图案上，如图2-42和图2-43所示。

图 2-42

图 2-43

2.3 选择类工具和命令

使用 Photoshop 编辑图像时，无论是进行图像修复、色彩调整，还是影像合成和抠图等，都会直接或间接用到选区。可以说，编辑效果的好与坏，很大程度上取决于选区是否准确。

2.3.1 选区的用途

在画面上，选区是一圈闪烁的边界线，如同蚂蚁行军一般，如图2-44所示。它能将编辑范围限定在选区内部。例如，想将彩色图像中的人物调整为黑白效果，可通过创建选区将人物选取，再进行调色，效果如图2-45所示。如果没有创建选区，则会将整幅图像都调整为黑白效果，如图2-46所示。

图 2-45

图 2-44

图 2-46

选区除限定编辑范围外，还可以分离图像。例如，想要为人物换一个背景，可用选区将其选中，再通过创建图层蒙版，或按Ctrl+J快捷键复制选中的图像等方法，将人物与背景分离（此过程称为"抠图"），然后在其下方加入新的背景素材，效果如图2-47所示。

图2-47

2.3.2 羽化选区

创建选区后，还可对其进行羽化，使其只能"部分"地选取图像。在这种状态下，调色时，选区内图像的颜色会完全改变，在选区边界处，调整效果会出现衰减并逐渐消失，如图2-48~图2-50所示；抠图时，图像的边缘呈现柔和的半透明效果，如图2-51所示。

创建矩形选区
图2-48

进行羽化
图2-49

调色
图2-50

抠图
图2-51

使用套索类或选框类工具时，可以在工具选项栏中的"羽化"选项中提前设置"羽化"值（以像素为单位），如图2-52所示。此后创建的就是自带羽化的选区。

创建选区后，也可执行"选择"|"修改"|"羽化"命令，设置羽化值，如图2-53所示。或者执行"选择"|"选择并遮住"命令，然后在"属性"面板的"羽化"选项中设置羽化值。

图2-52

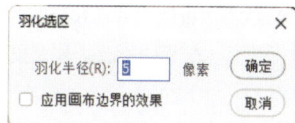

图2-53

2.3.3 选框工具组

选框工具组中的工具可以创建矩形和圆形选区。

● 矩形选框工具[]：拖曳光标可以创建矩形选区；按住Shift键并拖曳光标，则创建正方形选区；按住Alt键并拖曳光标，能以拖曳起点为中心向外创建选区。图2-54所示为照片素材，图2-55所示为使用该工具选择图像后，用移动工具拖入画框内的效果。

图2-54

图2-55

- 椭圆选框工具 ⬭：可创建椭圆形选区。按住 Shift 键并拖曳光标则创建圆形选区。图 2-56 和图 2-57 所示为使用该工具选择图像并合成到钟表内的效果。

图 2-56　　　　图 2-57

- 单行选框工具 ⬌ 和单列选框工具 ⋮：单击可分别创建高度为 1 像素的行选区和宽度为 1 像素的列选区。

2.3.4　套索工具组

套索工具组中的工具可以围绕对象创建不规则选区。

- 套索工具 ⬭：拖曳光标可依照光标的运行轨迹绘制选区。拖曳光标时，到起点后释放鼠标左键，可封闭选区。如果中途释放鼠标左键，则会在当前位置与起点之间创建一条直线来封闭选区。图 2-58 所示为选取的人物，图 2-59 所示为制作的 App 页面。

图 2-58　　　　　　图 2-59

- 多边形套索工具 ⬭：在不同的位置单击，可创建一段一段的、由直线连接成的几何形选区。图 2-60 所示为使用该工具选取图像制作成的画册。

图 2-60

> **提示**
>
> 使用多边形套索工具 ⬭ 时，按住 Shift 键单击，能以水平、垂直或以 45° 角为增量的方向进行绘制。如果选区不准确，可以按 Delete 键依次向前删除。按住 Alt 键并拖曳光标，可临时切换为套索工具 ⬭；释放 Alt 键，则恢复为多边形套索工具 ⬭。

2.3.5　自动选择工具

下面介绍几个能自动识别对象并生成选区的工具。

- 魔棒工具 ⚲：在图像上单击，可选择与单击点色调相似的像素，如图 2-61 所示。
- 快速选择工具 ⚲：魔棒工具 ⚲ 的升级版，可以像画笔工具那样通过拖曳的方法使用，但"画"出来的是选区，如图 2-62 所示。

图 2-61　　　　　　图 2-62

- 对象选择工具 ⬚：一个运用了 Adobe Sensei 人工智能的

工具，适合处理定义明确的对象，如人物、汽车、家具、宠物、衣服等。使用时，将光标移动到对象上面，可自动检测对象位置并覆盖蒙版，如图2-63所示，单击可创建选区，如图2-64所示。也可通过拖曳的方法使用。

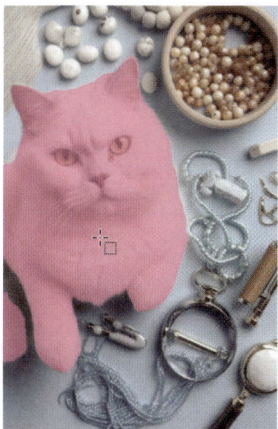

图2-63 图2-64

2.3.6 选区运算

选区运算是指存在选区的情况下，使用选框类工具、套索类工具和魔棒类工具创建新选区时，在新选区与现有选区之间进行运算，生成的选区。图2-65所示为工具选项栏中的选区运算按钮。

```
添加到选区 ────┐        ┌──── 从选区减去
    新选区 ──┐  │        │  │ ┌── 与选区交叉
```

图2-65

- 新选区 ▣：单击该按钮后，如果图像中没有选区，可以创建选区，图2-66所示为创建的矩形选区；如果图像中有选区存在，则新创建的选区会替换原有的选区。
- 添加到选区 ▣：单击该按钮后，可在原有选区的基础上添加新的选区，图2-67所示为在现有的矩形选区基础上添加的圆形选区。

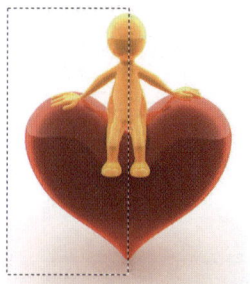

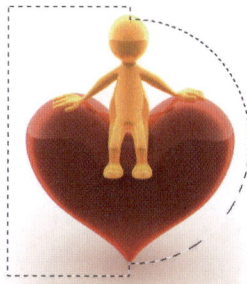

图2-66 图2-67

- 从选区减去 ▣：单击该按钮后，可在原有选区（矩形选

区）中减去新创建的选区（圆形选区），如图2-68所示。
- 与选区交叉 ▣：单击该按钮后，画面中只保留原有选区（矩形选区）与新创建的选区（圆形选区）相交的部分，如图2-69所示。

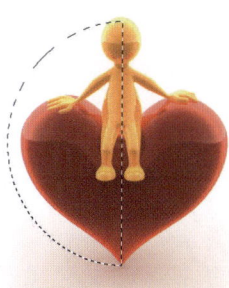

图2-68 图2-69

> **提示**
>
> 创建选区后，如果"新选区"按钮 ▣ 为激活状态，则使用选框、套索和魔棒工具时，将光标放在选区内，拖曳光标便可移动选区。如果要轻微移动选区，可以按→、←、↑、↓键。

2.3.7 全选、反选与取消选择

执行"选择"|"全部"命令（快捷键为Ctrl+A），可以选择当前文档边界内的全部图像。选择部分图像后，如图2-70所示（选择的咖啡杯），执行"选择"|"反向"命令或按Shift+Ctrl+I快捷键，可以反转选区（选取背景），如图2-71所示。

图2-70 图2-71

创建选区后，执行"选择"|"取消选择"命令（快捷键为Ctrl+D），可以取消选择。如果要恢复被取消的选区，可以执行"选择"|"重新选择"命令。

2.3.8 存储与载入选区

创建选区后，单击"通道"面板底部的"将选区存储为通道"按钮 ◻，可以将选区保存到 Alpha 通道中，如图2-72所示。如果要从通道中调出选区，可以按住 Ctrl 键并单击 Alpha 通道，如图2-73所示。

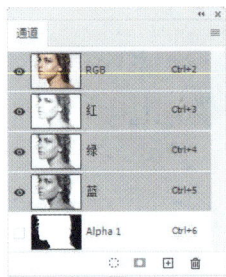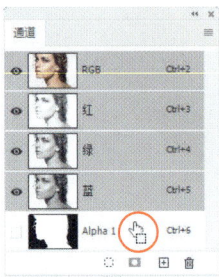

图2-72   图2-73

2.3.9 实例：春天的色彩

01 打开素材，如图2-74所示。选择魔棒工具 ✎，在工具选项栏中将"容差"设置为32，在白色背景上单击，选中背景，如图2-75所示。背景上有漏选区域，可按住Shift键在漏选区域依次单击，将其添加到选区中，如图2-76和图2-77所示。

图2-74   图2-75

图2-76   图2-77

02 执行"选择"|"反向"命令，反转选区，选中手、油漆桶和油漆，如图2-78所示。按Ctrl+C快捷键复制选中的图像。打开另一个文件，按Ctrl+V快捷键，将复制的图像粘贴到该文件中。使用移动工具 ✛ 将其拖曳到画面的右上角，如图2-79所示。

图2-78   图2-79

03 单击"图层"面板底部的 ◻ 按钮，添加图层蒙版，此时前景色会自动变为黑色。选择画笔工具 ✐，在工具选项栏中选择柔边圆笔尖，设置工具的"不透明度"为50%，在油漆底部拖曳光标涂抹黑色。所涂黑色会应用到图层蒙版中，并将所绘区域的图像遮盖住，如图2-80和图2-81所示。

图2-80   图2-81

04 单击"背景"图层，如图2-82所示。选择矩形选框工具 ⬚，拖曳光标创建选区，如图2-83所示。

图2-82   图2-83

> **提示** ——————————————
>
> 使用矩形选框工具 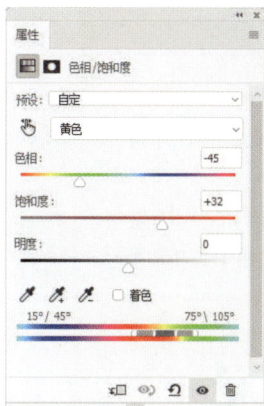 和其他选框类工具创建选区的过程中，按住空格键并拖曳光标，可以移动选区。

05 单击"调整"面板中的 按钮，创建"色相/饱和度"调整图层。在"属性"面板中选择"黄色"选项，将选中的树叶调整为红色，如图2-84和图2-85所示。

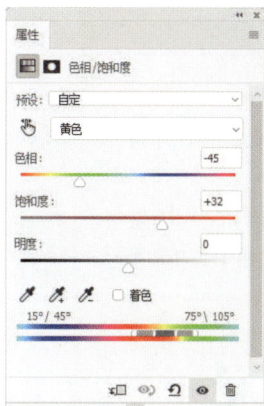

图2-84

图2-85

06 使用画笔工具 在草地上涂抹黑色，通过蒙版遮盖调整效果让草地恢复为黄色，如图2-86和图2-87所示。

图2-86   图2-87

2.4 变换与变形

移动、等比缩放、旋转和翻转操作可以改变对象的位置、大小和角度，属于变换操作。拉伸和扭曲会改变对象的形状，属于变形操作。这些操作都可应用于图层、图层蒙版、选区、路径、矢量形状、矢量蒙版和 Alpha 通道。

2.4.1 移动与复制

在"图层"面板中单击要移动的对象所在的图层，如图2-88所示，然后使用移动工具 在文档窗口中拖曳光标，即可移动对象，如图2-89所示。按住Alt键拖曳光标，可以复制对象，如图2-90所示。

图2-89   图2-90

如果创建了选区，如图2-91所示，则将光标放在选区内，单击并拖曳光标，可以移动选中的图像，如图2-92所示。

图2-88

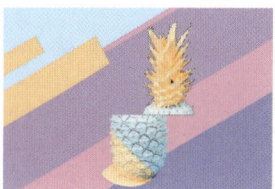

图2-91   图2-92

2.4.2 在多个文件间移动

使用移动工具 ✛ 可将图像、选中的图层、调整图层等拖曳到其他文件中。

操作时，打开两个或多个文件，选择移动工具 ✛，将光标放在画面中，单击并拖曳光标至另一个文件的标题栏，如图2-93所示，停留片刻可切换到该文件，将光标移动到画面中，然后释放鼠标左键，便可将图像拖入该文件，如图2-94和图2-95所示。

图2-93   图2-94

图2-95

2.4.3 旋转、缩放与拉伸

选择移动工具 ✛ 后，当前图层所承载的对象上会显示定界框，其四周有控制点。将工具选项栏最左侧的复选框勾选以后，对象中心还会显示参考点，如图2-96所示。

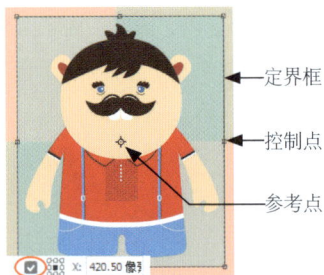

图2-96

在定界框外拖曳光标，可进行旋转，如图2-97所示。

如果将参考点从对象中心拖曳到其他位置，则会改变旋转的基准点，如图2-98所示。进行其他变换和变形操作时也是如此。

旋转   参考点在定界框左下角

图2-97   图2-98

拖曳控制点，可进行等比缩放，如图2-99所示。按住Shift键操作，则可拉伸对象，如图2-100所示。

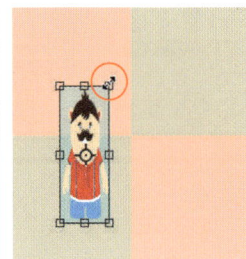

图2-99   图2-100

2.4.4 斜切、扭曲与透视扭曲

将光标靠近水平定界框，按Shift+Ctrl快捷键并进行拖曳，可沿水平（光标为 ▸ 状）或垂直（光标为 ▸ 状）方向斜切，如图2-101和图2-102所示。

图2-101   图2-102

将光标放在定界框4个角的某一控制点上，按住Ctrl键（光标变为 ▷ 状）并拖曳光标，可以进行扭曲，如图2-103所示。按住Ctrl+Alt快捷键操作，可以对称扭曲，如图2-104所示。按住Shift+Ctrl+Alt快捷键（光标变为 ▷ 状）操作，可进行透视扭曲，如图2-105所示。

图2-103

图2-104

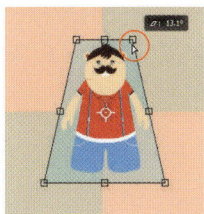
图2-105

要对象，可将其选取并将选区保存到Alpha通道中，再用Alpha通道保护图像。下面介绍操作方法。

01 打开素材，如图2-108所示。这幅图像接近于方形构图，要将其调整为A4大小的横幅画面，需要扩展画布和画面内容。按住Alt键双击"背景"图层，解除其锁定，它的名称会变为"图层0"，如图2-109所示。

图2-108

图2-109

> **提示**
>
> 变换或变形操作完成以后，按Enter键可进行确认。按Esc键则取消操作。

2.4.5 操控变形

使用操控变形功能可以修改对象的动态。例如，让人的手臂弯曲，让身体摆出不同的姿势；也可用于小范围的修饰，如让长发弯曲，让嘴角向上扬起等。

进行操作时，执行"编辑"|"操控变形"命令，画面中会显示变形网格，如图2-106所示。先在关键点，即需要扭曲的位置添加图钉，然后在其周围会受到影响的区域也添加图钉，用以固定图像，减小扭曲范围，再拖曳图钉进行扭曲，如图2-107所示。

图2-106

图2-107

02 执行"图像"|"画布大小"命令，打开"画布大小"对话框。在"新建大小"选项组中将"宽度"改为29.7厘米，然后在"定位"选项中单击，选择图像的位置，增加的画布位于图像右侧，如图2-110所示，单击"确定"按钮。如图2-111所示，扩展的画布呈现为透明效果。

图2-110

图2-111

03 使用快速选择工具 ✔ 在女孩身体上拖曳光标，将其选取，如图2-112所示。单击"通道"面板底部的 ▣ 按钮，将选区保存到Alpha1通道中，如图2-113所示。按Ctrl+D快捷键取消选择。

图2-112

图2-113

2.4.6 实例：拉宽画面（内容识别缩放）

内容识别缩放能识别图像中包含的重要内容，如人物、动物、建筑等，进行缩放时可避免其受到破坏，即只缩放非重要内容。处理包含人物的图像时，还可以单击工具选项栏中的"保护肤色"按钮 ❖ ，避免包含皮肤颜色的区域出现变形。此外，如果Photoshop不能准确识别重

04 执行"编辑"|"内容识别缩放"命令，显示定界框后，在工具选项栏的"保护"下拉列表中选择"Alpha1"选项，对这个选区中的女孩图像进行保护。拖曳右侧控制点至画布边缘，使风景布满画面的透明区

域，如图2-114所示，按Enter键确认操作。

图2-114

2.4.7 实例：制作人物投影（透视变形）

通过透视变形功能可以调整图像的透视，很适合校正出现透视扭曲的建筑和房屋等，也可以表现特殊效果。本实例制作与人物轮廓一致的投影。

01 打开素材，如图2-115所示。单击"背景"图层，如图2-116所示，单击"图层"面板底部的 🖿 按钮，在"背景"图层上方新建一个图层。双击图层名称，显示文本框后重新命名为"投影"，如图2-117所示。

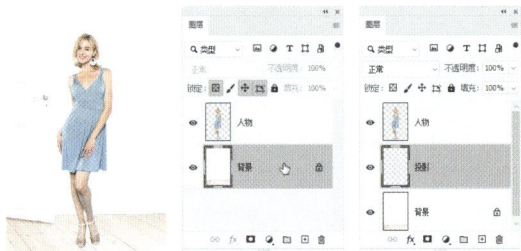

图2-115　　　　图2-116　　　　图2-117

02 按住Ctrl键单击"人物"图层的缩览图，如图2-118所示，载入人物选区，如图2-119所示。按Alt+Delete快捷键在选区内填充黑色，如图2-120所示。按Ctrl+D快捷键取消选择。

图2-118　　　　图2-119　　　　图2-120

03 执行"编辑"|"透视变形"命令，出现提示信息后将其关闭。在背景墙面上拖曳光标，绘制四边形，如图2-121所示。在地面上绘制四边形，如图2-122所示。

图2-121　　　　　　　图2-122

04 单击工具选项栏中的"变形"按钮，切换到变形模式，如图2-123所示。向右拖曳四边形的控制点，扭曲投影，注意脚底的投影应与鞋尖对齐，如图2-124~图2-126所示。按Enter键确认操作。

图2-111

图2-123　　　　　　　图2-124

图2-125　　　　　　　图2-126

05 设置该图层的"不透明度"为20%，让投影颜色变淡，如图2-127和图2-128所示。执行"滤镜"|"模糊"|"高斯模糊"命令，设置"半径"为5.0像素，使

投影边缘变得柔和，如图2-129和图2-130所示。

图 2-127　　　　　　　图 2-128　　　　　　　图 2-129　　　　　　　图 2-130

2.5 应用案例：盗梦空间特效

　　本案例制作与电影《盗梦空间》类似的折叠场景，如图 2-131 所示。表现这种效果有两点最为关键：首先画布必须是正方形的，这样才能让折叠的图像无缝衔接；其次衔接位置应避免出现人和动物，否则会造成画面缺损或扭曲。

图 2-131

01 选择裁剪工具，在工具选项栏中勾选"内容识别"复选框，按住Shift键拖曳光标，创建正方形裁剪框（拖曳裁剪框边界，可调整其大小。将光标放在裁剪框内，拖曳光标可以移动图像），如图2-132所示。按Enter键裁剪图像，超出原图像范围的空间，Photoshop会进行内容识别填充，即从图像中取样并填充空白区域，如图2-133所示。

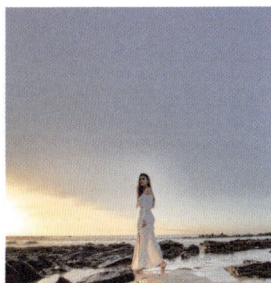

图 2-132　　　　　　　　　　　图 2-133

02 按Ctrl+-快捷键，将视图比例调小。按Ctrl+R快捷键显示标尺，如图2-134所示。将光标放在标尺上，向画面中拖曳光标，拖出参考线（共4条），放在画面边界，如图2-135所示。

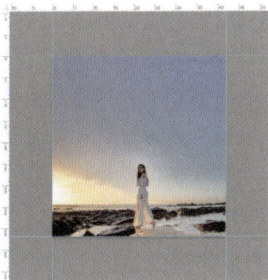

图 2-134　　　　　　　　　　　图 2-135

03 选择多边形套索工具 ✂，在画面上单击（有参考线做辅助，可以将选区准确定位在图像边角），如图2-136所示，光标移动到选区起点处，单击即闭合选区，如图2-137所示。

图2-136　　　　　　　图2-137

04 按Ctrl+J快捷键复制选中的图像，如图2-138所示。按Ctrl+T快捷键显示定界框，右击，在弹出的快捷菜单中执行"垂直翻转"命令翻转图像，如图2-139所示。

图2-138　　　　　　　图2-139

05 右击，在弹出的快捷菜单中执行"顺时针旋转90度"命令，如图2-140所示，或者按住Shift键拖动，以15°角为增量进行旋转，到90°之后停下，按Enter键确认。在当前图层的 👁 图标上单击，将图层隐藏。单击"背景"图层，如图2-141所示。

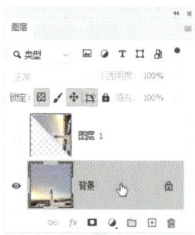

图2-140　　　　　　　图2-141

06 使用多边形套索工具 ✂ 选取图像右下方，如图2-142所示。按Ctrl+J快捷键复制。按Ctrl+T快捷键显示定界框，右击，在弹出的快捷菜单中执行"垂直翻转"和"逆时针旋转90度"命令，变换后按Enter键确认，如图2-143所示。

07 按Ctrl+R快捷键隐藏标尺。按Ctrl+；快捷键隐藏参考线。选择隐藏的图层并在其缩览图前方单击，显示该图层，如图2-144和图2-145所示。

图2-142　　　　　　　图2-143

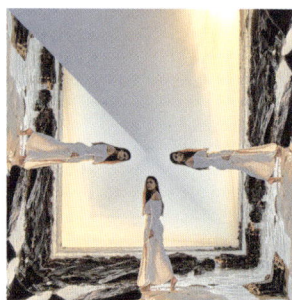

图2-144　　　　　　　图2-145

08 单击"图层"面板底部的 ▢ 按钮，添加图层蒙版。前景色会自动变为黑色，选择画笔工具 ✏，在工具选项栏中选择柔边圆笔尖，在画面右上角拖曳光标涂抹黑色，将天空隐藏，如图2-146和图2-147所示。

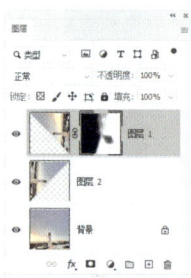
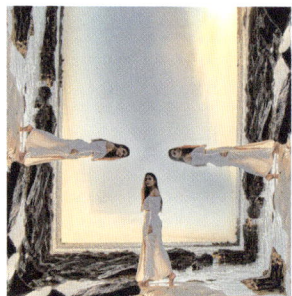

图2-146　　　　　　　图2-147

09 单击"图层2"，单击"图层"面板底部的 ▢ 按钮，为该图层添加图层蒙版。使用画笔工具 ✏ 在左侧人物头部之外的区域涂抹黑色，消除接缝，使3幅图像的融合更加自然，如图2-148和图2-149所示。

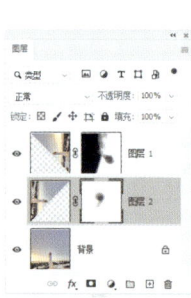
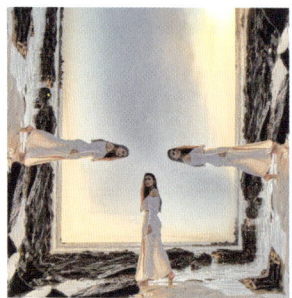

图2-148　　　　　　　图2-149

2.6 作业与习题

本章介绍了 Photoshop 的核心功能——图层，也讲解了如何创建选区及进行变换和变形操作。下面是课后作业和复习题，有助于读者巩固本章所学知识。

2.6.1 课后作业：制作水中倒影

变换和变形是改变对象外观的操作方法之一，也可用于制作特效。本课作业是制作水中倒影，如图2-150所示。打开素材，如图2-151所示，按Ctrl+J快捷键复制"背景"图层，以用作倒影图像。执行"编辑"|"变换"|"垂直翻转"命令，将图像翻转。选择移动工具✛，按住Shift键的同时向下拖曳图像。执行"图像"|"显示全部"命令，显示完整的图像效果，如图2-152所示。执行"滤镜"|"模糊"|"动感模糊"命令，对倒影进行模糊处理，如图2-153所示。按Ctrl+L快捷键，打开"色阶"对话框，将倒影调亮即可，如图2-154所示。

图 2-151

图 2-152

图 2-153

图 2-154

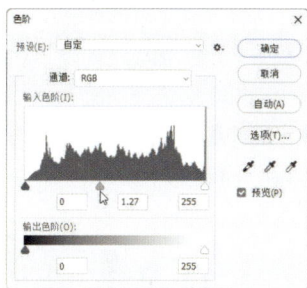

图 2-150

2.6.2 复习题

1. 图层的重要性体现在哪些方面？

2. "图层"面板、绘画和修饰类工具的工具选项栏、"图层样式"对话框、"填充"命令、"描边"命令、"计算"和"应用图像"命令等都包含混合模式选项，请加以归类。

3. 请描述选区的种类及特点。

4. 创建选区后，怎样将其保存？以哪种格式保存文件可以存储选区？

5. Photoshop 中哪些对象可以进行变换和变形操作？

注：复习题答案在配套资源中

第3章

包装设计：颜色、图案与绘画

3.1 关于包装设计

包装是产品的第一形象，好的商品要有好的包装才能够引起消费者的注意，也能扩大企业和产品的知名度。

包装有三大功能，即保护性、便利性和销售性。其设计应传递完整的信息，即这是什么样的商品，其特色是什么，以及适用于哪些消费群体，如图3-1~图3-3所示。包装设计要突出品牌特色，通过巧妙地组合色彩、文字和图形，形成有冲击力的视觉形象，将产品的信息准确地传递给消费者。图3-4所示为 Gloji 公司灯泡型构杞子混合果汁包装设计，其打破了饮料包装的常规形象，让人眼前一亮。灯泡形的包装与产品的定位高度契合，让人感觉到 Gloji 混合型果汁饮料是能量的源泉。如同灯泡给人带来光明，Gloji 混合型果汁饮料给人取之不尽的力量。

Fisherman 胶鞋包装

图3-1

Ne moloko 牛奶包装

图3-2

Pietro Gala 意大利面包装

图3-3

灯泡型构杞子混合果汁包装

图3-4

3.2 设置颜色

使用画笔、渐变和文字等工具，或者进行填充、描边选区、修改蒙版和修饰图像时，需要先设置好颜色。

3.2.1 前景色与背景色

"工具"面板底部包含前景色和背景色设置按钮，如图3-5所示。前景色决定了使用绘画类工具（画笔和铅笔等）绘制线条，以及使用文字工具创建文字时的颜色；背景色决定了使用橡皮擦工具擦除背景时呈现的颜色，以及增加画布时，新增画布的颜色。

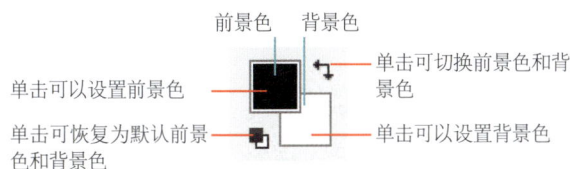

前景色　背景色

单击可以设置前景色

单击可切换前景色和背景色

单击可恢复为默认前景色和背景色

单击可以设置背景色

图3-5

提示

按Alt+Delete快捷键，可以使用当前前景色进行填充；按Ctrl+Delete快捷键，则可使用当前背景色进行填充。

3.2.2 "拾色器"对话框

要调整前景色，可以单击前景色图标；要调整背景色，则单击背景色图标。单击这两个图标后，可在弹出的"拾色器"对话框中设置颜色，如图3-6所示。

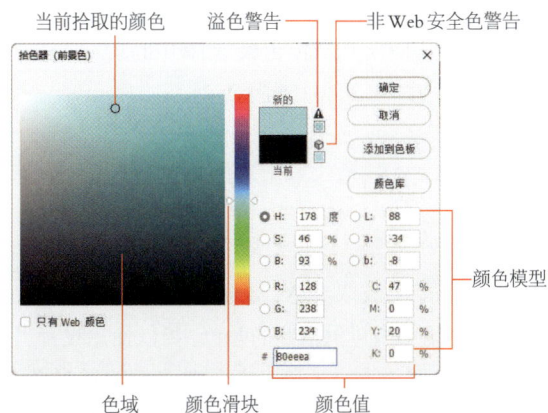

当前拾取的颜色　　溢色警告　　非Web安全色警告

色域　　颜色滑块　　颜色值　　颜色模型

图3-6

技巧放送 颜色警告

当"拾色器"对话框中出现溢色警告图标▲时，表示当前颜色超出了CMYK颜色范围，无法准确打印。单击警告图标下面的颜色块，可将颜色替换为Photoshop给出的校正颜色（即CMYK色域范围内的颜色）。如果出现非Web安全色警告图标 ⬡，表示当前颜色超出了Web颜色范围，不能在网页中正确显示，单击下面的颜色块，可将其替换为Photoshop给出的最为接近的Web安全色。

在渐变颜色条上单击，可定义颜色范围，如图3-7所示；在色域中单击或拖曳光标，可调整所选颜色的深浅，如图3-8所示。如果要调整当前颜色的饱和度，可选中"S"单选按钮，然后进行调整，如图3-9所示；如果要调整当前颜色的亮度，可选中"B"单选按钮，再进行调整，如图3-10所示。

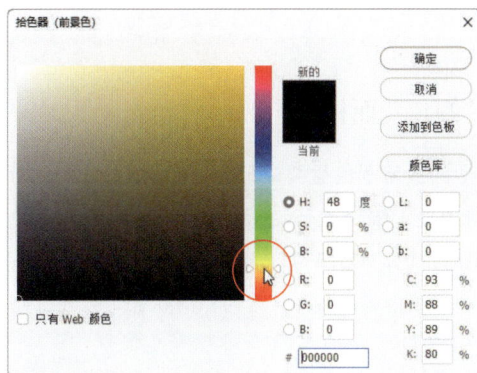

图3-7

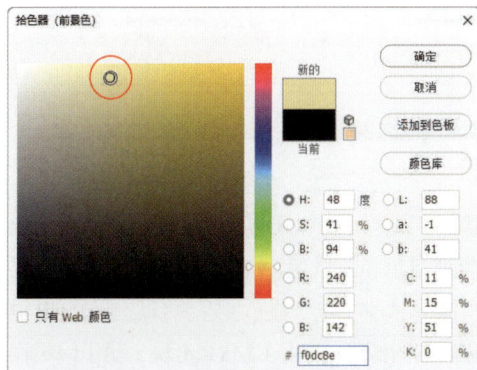

图3-8

图3-9

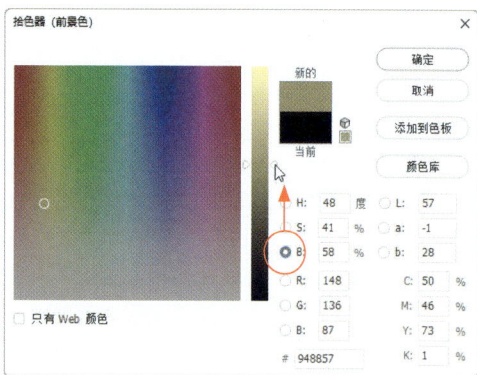

图3-10

3.2.3 "颜色"面板

"颜色"面板与调色盘类似，可以混合颜色。默认情况下，前景色处于编辑状态，此时拖曳滑块或输入颜色值，可调整前景色，如图3-11所示。如果要调整背景色，则单击背景色颜色块，将其设置为当前状态，再进行调整，如图3-12所示。

图3-11

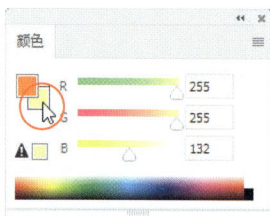

图3-12

在"颜色"面板菜单中，还可以选择使用不同的颜色模型来编辑前景色和背景色，如图3-13所示。例如，屏幕显示的图像(幻灯片、电子显示屏等)可以选择RGB滑块；用于印刷的图像可以选择CMYK滑块；用于网页设计的图像可以选择Web颜色滑块。

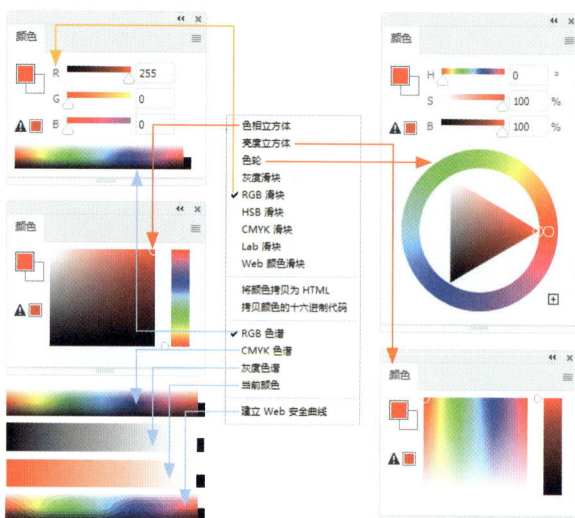

图3-13

3.2.4 "色板"面板

"色板"面板提供了各种常用色，其顶部一行是最近使用过的颜色，下方是色板组。单击 〉按钮，将色板组展开后，单击其中的一种颜色，可将其设置为前景色，如图3-14所示；按住 Alt 键并单击，则可将其设置为背景色，如图3-15所示。

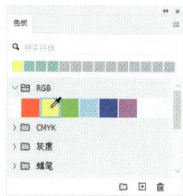

图3-14

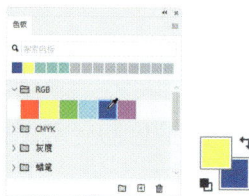

图3-15

在"拾色器"对话框或"颜色"面板中调整前景色后，单击"色板"面板中的"创建新色板"按钮 ⊞ ，可以将颜色保存到"色板"面板中。将"色板"面板中的某一色样拖至"删除"按钮 🗑 上，可将其删除。

3.2.5 吸管工具

从优秀作品中汲取灵感，是学习色彩设计的有效途径。如果图像中有可供借鉴的颜色，可以使用吸管工具 🖉 单击，拾取单击点的颜色并将其设置为前景色，如图3-16所示；按住 Alt 键并单击，可以拾取单击点的颜色并将其设置为背景色。按住鼠标左键拖曳，取样环中会出现两种颜色，下面的是前一次拾取的颜色，上面的是当前拾取的颜色。

图3-16

03 在"色板"面板中拾取"10%灰色"作为前景色，如图3-20所示。在柠檬黄背景色上单击，将其填充为灰色，如图3-21所示。由于勾选了"连续的"复选框，在填色时只填充连续的像素，文字中间的黄色块为非连续像素，得以保留，也使文字更有设计感。填充绿色背景时，可以取消"连续的"复选框的勾选状态，使文字中间的背景区域都能被填充新的颜色。

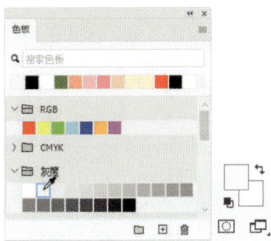

图3-20 　　　　　　　　　　图3-21

3.2.6 实例：为海报填色

01 打开海报素材，如图3-17所示。打开"图层"面板，如图3-18所示。对于这种未分层的文件，在重新填色时可以使用油漆桶工具 🪣 。

图3-17 　　　　　　　图3-18

02 选择油漆桶工具 🪣 ，在工具选项栏中将"填充"设置为"前景"、"容差"设置为32，分别勾选"消除锯齿""连续的"和"所有图层"复选框，如图3-19所示。

图3-19

04 在"颜色"面板中将前景色调整为粉色，如图3-22所示。在绿色背景上单击，填充粉色，如图3-23所示。同样，在文字"夏"的黑色边线上单击，改变其颜色，如图3-24所示。

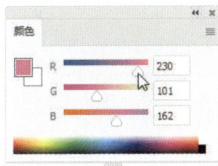

图3-22 　　　　　图3-23 　　　　　图3-24

05 还可以使用图案填充。在工具选项栏中选择"图案"选项，单击·按钮，打开"图案"下拉面板，选择水滴图案，如图3-25所示，在灰色背景上单击，能制作出水池波纹的效果，如图3-26所示。

图3-25 　　　　　　　　图3-26

3.3 填充渐变

当一种颜色的明度或饱和度逐渐变化，或者两种或多种颜色平滑过渡时，就会产生渐变效果。渐变具有规则性特点，能让人感觉到秩序和统一。在 Photoshop 中，渐变可通过渐变工具、渐变填充图层、渐变映射调整图层和图层样式（描边、内发光、渐变叠加和外发光效果）来应用。

3.3.1 经典渐变

选择渐变工具 ■，在其工具选项栏的下拉列表中选择"经典渐变"选项，如图 3-27 所示，此后，可在图像、图层蒙版、快速蒙版和通道等不同的对象上填充渐变。

图 3-27

渐变颜色条 ■■■ 显示当前渐变颜色。单击其右侧的 ˅ 按钮，可以打开渐变下拉面板，其中包含预设渐变，如图 3-28 所示。在渐变颜色条上单击，则可打开"渐变编辑器"对话框，如图 3-29 所示。

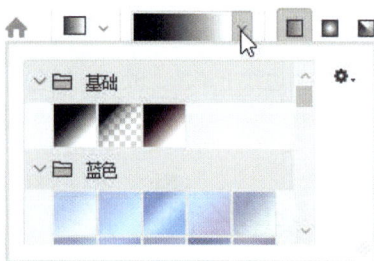

图 3-28

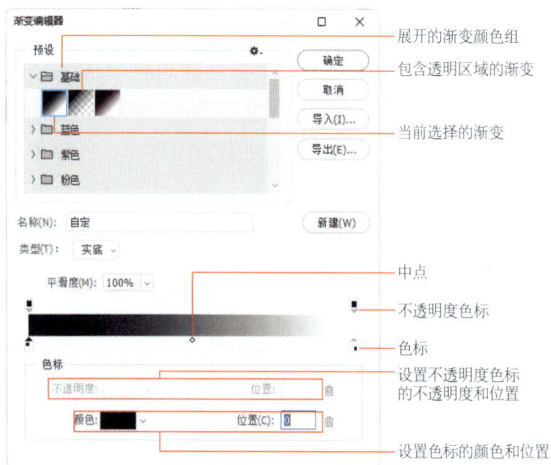

图 3-29

3.3.2 常规渐变

在渐变工具选项栏的下拉列表中选择"渐变"选项，如图 3-30 所示，此后创建的渐变将以渐变填充图层的形式呈现，并可通过"属性"面板进行修改，如图 3-31 所示。

图 3-30

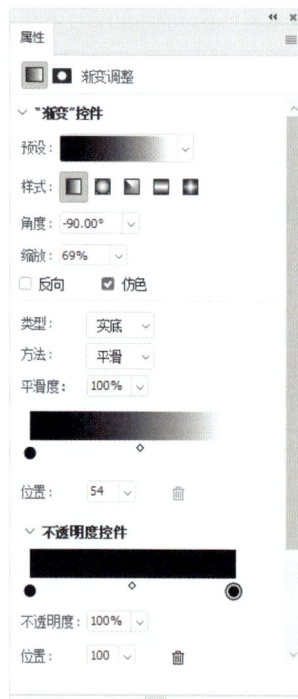

图 3-31

● 样式：渐变有 5 种样式，如图 3-32 所示。单击"线性渐变"按钮，可填充以直线从起点到终点的渐变；单击"径向渐变"按钮，可填充以圆形图案从起点到终点的渐变；单击"角度渐变"按钮，可填充以逆时针扫描方式呈现的渐变；单击"对称渐变"按钮，可填充在起点的两侧镜像相同的线性渐变；单击"菱形渐变"按钮，可填充菱形渐变。

线性渐变 ▦（以直线从起点到终点）

径向渐变 ▦（以圆形图案从起点到终点）

角度渐变 ▦（围绕起点以逆时针扫描方式渐变）

对称渐变 ▦（在起点的两侧镜像相同的线性渐变）

菱形渐变 ▦（遮蔽菱形图案从中间到外边角的部分）

图3-32

提示

线段终点箭头代表渐变的终点，箭头方向代表鼠标的移动方向）。其中，线性渐变从光标起点开始到终点结束，如果未横跨整个图像区域，则其外部会以渐变的起始颜色和终止颜色填充，其他几种渐变以光标起始点为中心展开。

- 角度：可调整渐变的角度。
- 缩放：可以对渐变进行缩放。
- 反向：可调换渐变中的颜色顺序。
- 仿色：勾选该复选框后，可创建更平滑的渐变效果。主要用于防止打印时渐变中出现条带。
- 类型：包含"实底"和"杂色"两种样式。
- 方法：可以选取一种渐变差值方法，使颜色更接近自然光显示的渐变效果。
- 平滑度：可设置渐变中颜色的平滑度。
- 色标：填充渐变后，画布上会显示图3-33所示的组件。拖曳画布上的色标，如图3-34所示，或者"属性"面板中的色标，如图3-35所示，可以改变颜色的位置；拖曳中点滑块可以调整其两侧颜色的混合位置，如图3-36所示；双击色标，可以打开"拾色器"对话框修改其颜色，如图3-37和图3-38所示；在渐变颜色条下方单击，可添加新的色标，如图3-39和图3-40所示；将色标拖曳到渐变颜色条外，可将其删除。

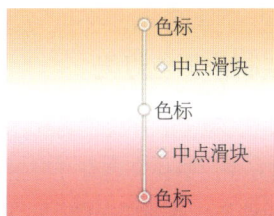

图3-33

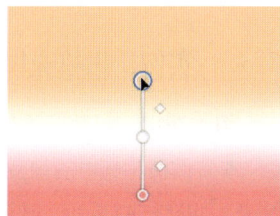

图3-34

图3-35

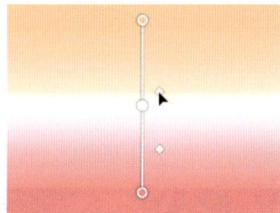

图3-36

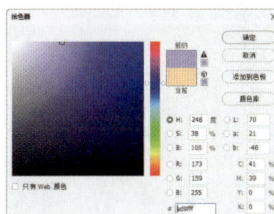

图3-37

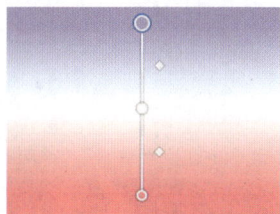

图3-38

图3-39

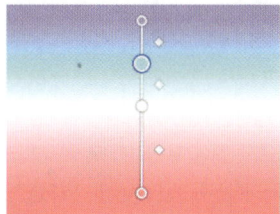

图3-40

- 不透明度/位置："不透明度控件"选项组中包含一个渐变颜色条，如果想让渐变中某一处呈现透明状态，可在其对应的渐变条下方单击，添加不透明度色标，然后调整"不透明度"值，如图3-41和图3-42所示。在"位置"选项中可定位滑块的准确位置。

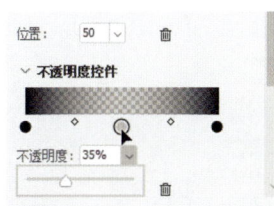

图3-41

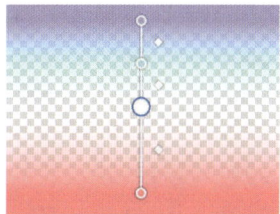

图3-42

提示

使用渐变工具时，按住Shift键并拖曳光标，可以水平、垂直或以45°角为增量的方向填充渐变。

3.3.3 实例：用填充图层制作彩色灯光

填充图层是一种可承载纯色、渐变和图案的特殊图层。本实例使用其中的渐变填充图层制作彩色灯光照射效果，如图3-43所示。填充图层与普通图层一样，可以添加图层样式，进行复制和删除。更多的情况下，用户可通过调整其不透明度、混合模式等，对其下方的图像和色彩施加影响。填充图层可随时修改，因此，如果要填充颜色、渐变和图案，使用填充图层操作，要比将这些内容填充到普通图层上更加方便。

图3-43

01 打开人像素材。单击"图层"面板底部的 ◯ 按钮，打开下拉列表，执行"渐变"命令。打开"渐变填充"对话框，默认状态下会显示黑色至透明渐变，设置参数并单击渐变颜色条，如图3-44所示。

图3-44

02 打开"渐变编辑器"对话框后，向右拖曳黑色色标，如图3-45所示。在渐变颜色条下方单击，添加一个色标，如图3-46所示。

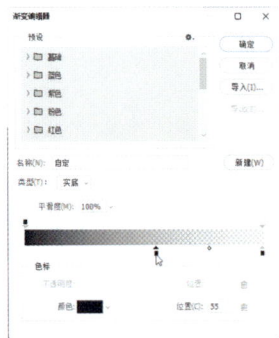

图3-45

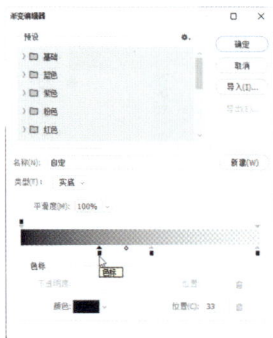

图3-46

03 双击此色标，打开"拾色器"对话框修改渐变颜色，如图3-47和图3-48所示。

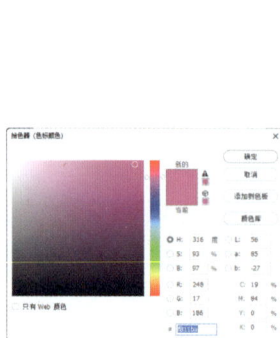

图3-47

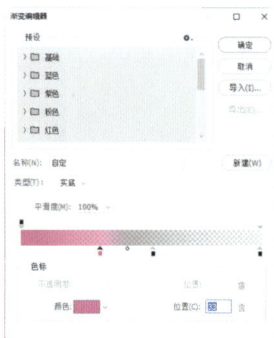

图3-48

04 关闭"拾色器"对话框，返回"渐变填充"对话框，如图3-49所示。此时图像效果如图3-50所示。将光标移动到文档窗口中，向左侧拖曳光标，移动渐变位置，让颜色向左扩展，如图3-51所示。

图3-49

图3-50

图3-51

05 关闭"渐变填充"对话框。设置该填充图层的混合模式为"叠加"，如图3-52和图3-53所示。

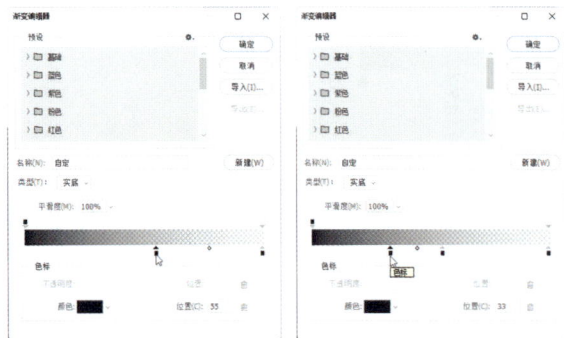

图3-52

图3-53

> **提示**
>
> 新建一个图层后，单击"渐变"面板中的一个预设渐变，可将该图层转换为渐变填充图层。单击"渐变"面板中的其他预设渐变，还可修改填充图层中的渐变颜色。

06 按Ctrl+J快捷键复制填充图层，修改混合模式为"颜色"，如图3-54所示。在填充图层的缩览图上双击，如图3-55所示，打开"渐变填充"对话框。

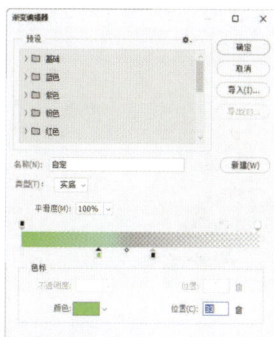

图3-56　　　　图3-57

图3-54　　　　图3-55

07 修改"角度"为0度，然后单击渐变颜色条，如图3-56所示，打开"渐变编辑器"对话框修改渐变颜色，如图3-57所示。

08 关闭"渐变编辑器"对话框，返回"渐变填充"对话框，图像颜色会变为图3-58所示的效果。在画布上向右侧拖曳光标，移动渐变，效果如图3-59所示。

图3-58　　　　图3-59

3.4 制作图案

图案是有装饰意味的、结构整齐的花纹或图形，以构图匀称、调和为特点，在包装设计中的应用比较多。

3.4.1 填充图案

Photoshop提供了预设的图案，以树、草、水滴和各种纸张为主。例如，选择油漆桶工具，单击工具选项栏中的 按钮，打开下拉列表，选择"图案"选项，然后单击右侧的 按钮，打开下拉面板可以选择图案，如图3-60所示，在画布上单击可进行填充，如图3-61和图3-62所示。

图3-61　　　　图3-62

在Photoshop中，还可以执行"编辑"|"定义图案"命令，将图像定义为图案，如图3-63所示。定义图案后，也可执行"编辑"|"填充"命令，打开"填充"对话框，选择"图案"选项及自定义的图案进行填充。如果勾选"脚本"复选框及选择"砖形填充"选项，如图3-64所示，则可弹

图3-60

出"砖形填充"对话框，创建以几何方式填充的图案，如图3-65所示。

图 3-63　　　　　图 3-64

图 3-65

提示

如果要将局部图像定义为图案，可以先用矩形选框工具 □ 将其选取，再执行"定义图案"命令。创建的图案会保存到"图案"面板及油漆桶工具 ◇、图案图章工具 ※ 、修复画笔工具 ✎ 和修补工具 ✪ 选项栏的下拉面板中，以及"填充"命令和"图层样式"对话框中。

3.4.2 实例：定义图案并制作包装

本实例使用"图案预览"命令制作无缝拼接的图案，如图3-66所示。

图 3-66

01 打开PSD格式的分层素材，如图3-67所示。每幅卡通画都在单独的图层中，如图3-68所示。

 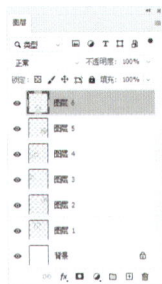

图 3-67　　　　　　　　　　图 3-68

02 执行"视图"|"图案预览"命令，开启图案预览。连续按Ctrl+-快捷键，将视图比例调小，画布（蓝色矩形框）外会显示图案拼贴效果，如图3-69所示。选择移动工具 ✛，按住Ctrl键单击小狗，如图3-70所示，通过这种方法选取其所在的图层，如图3-71所示。

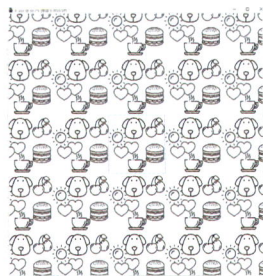

图 3-69

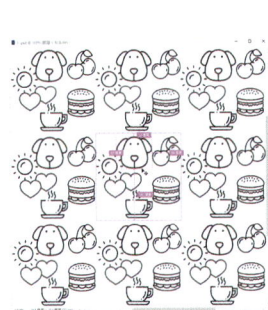 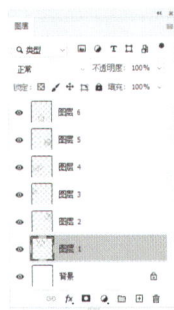

图 3-70　　　　　　　图 3-71

03 在定界框外拖曳光标，进行旋转，如图3-72所示。按住Ctrl键单击小太阳，将其选取，进行拖曳，调整其在画面中的位置，如图3-73所示。

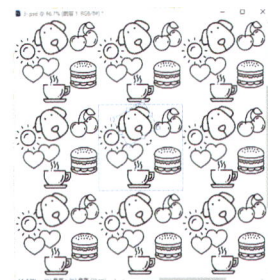 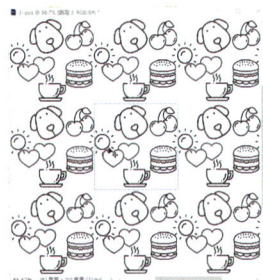

图 3-72　　　　　　　图 3-73

04 采用同样的方法选取其他图层并调整位置、大小和角度，如图3-74所示。执行"窗口"|"图案"命令，打开"图案"面板。单击面板底部的 ⊞ 按钮，弹出"图案名称"对话框，如图3-75所示，单击"确定"按钮，将当前图案保存到该面板中，如图3-76所示。

图3-74

图3-75　　　　　　　图3-76

05 打开素材。按住Ctrl键单击包装袋所在图层的缩览图，载入选区，如图3-77和图3-78所示。

图3-77　　　　图3-78

06 单击"图层"面板底部的 按钮，打开下拉列表，执行"图案"命令，打开"图案填充"对话框，选择新定义的图案并设置"缩放"参数，如图3-79所示，单击"确定"按钮，创建填充图层，如图3-80和图3-81所示。

图3-79

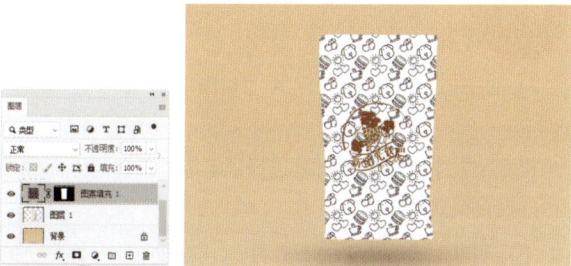

图3-80　　　　图3-81

07 设置填充图层的混合模式为"正片叠底"，如图

3-82和图3-83所示。

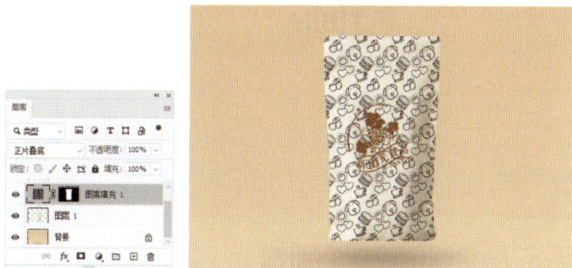

图3-82　　　　　图3-83

08 单击蒙版缩览图，如图3-84所示。选择画笔工具 及硬边圆笔尖，在包装袋顶部涂抹黑色，通过蒙版将顶图图案遮盖住，如图3-85所示。

图3-84　　　　　图3-85

09 如果想修改图案颜色，可单击"图层"面板底部的 按钮打开下拉列表，执行"颜色"命令，打开"拾色器"对话框进行设置，如图3-86所示。创建填充图层后，按Alt+Ctrl+G快捷键创建剪贴蒙版，然后设置混合模式为"变亮"，如图3-87和图3-88所示。

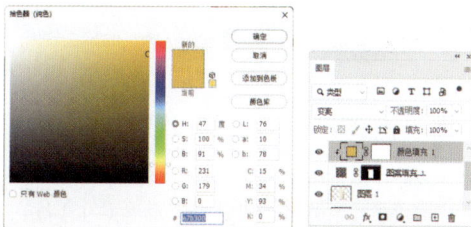

图3-86　　　　　　图3-87

图3-88

3.5 绘画

使用 Photoshop 中的绘画工具时，通过更换笔尖可以绘制铅笔、炭笔、水彩笔、油画笔等不同的笔触效果。

3.5.1 "画笔设置"面板

选择画笔工具 ✐ 或其他绘画类工具后，执行"窗口" | "画笔设置"命令，打开"画笔设置"面板，如图 3-89 所示。在该面板中可以选取笔尖并设置参数。操作时，先单击左侧列表中的一个属性名称，使其处于被勾选状态，面板右侧会显示具体选项内容。要注意的是，如果勾选名称前面的复选框，可开启相应的属性，但不会显示选项。

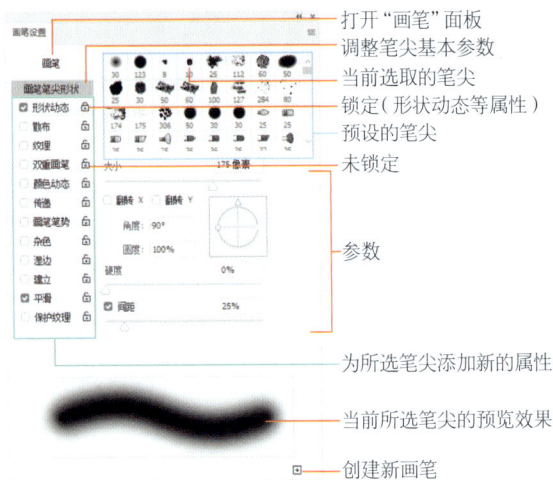

打开"画笔"面板
调整笔尖基本参数
当前选取的笔尖
锁定（形状动态等属性）
预设的笔尖
未锁定
参数
为所选笔尖添加新的属性
当前所选笔尖的预览效果
创建新画笔

图 3-89

Photoshop 中的笔尖分为圆形笔尖、图像样本笔尖、硬毛刷笔尖、侵蚀笔尖和喷枪笔尖 5 种，如图 3-90 所示。

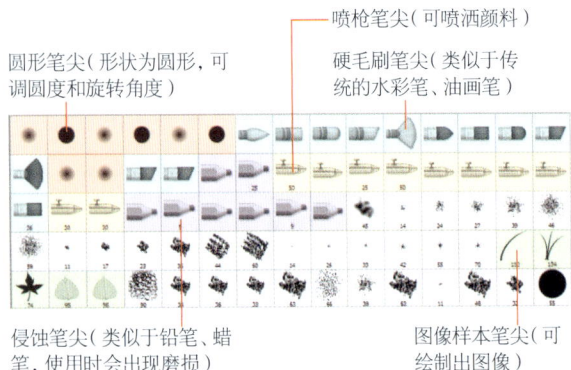

喷枪笔尖（可喷洒颜料）
圆形笔尖（形状为圆形，可调圆度和旋转角度）
硬毛刷笔尖（类似于传统的水彩笔、油画笔）
侵蚀笔尖（类似于铅笔、蜡笔，使用时会出现磨损）
图像样本笔尖（可绘制出图像）

图 3-90

圆形笔尖是标准笔尖，常用于绘画、修改蒙版和通

道。图像样本笔尖是使用图像定义的，只在表现特殊效果时才使用。其他几种笔尖可以模拟各种画笔（如毛笔、铅笔、炭笔等）的笔触效果。

3.5.2 画笔工具

画笔工具 ✐ 通过拖曳的方法使用。选择该工具后，单击工具选项栏中的 ⌄ 按钮（或在文档窗口中右击），可以打开"画笔"下拉面板，如图 3-91 所示。

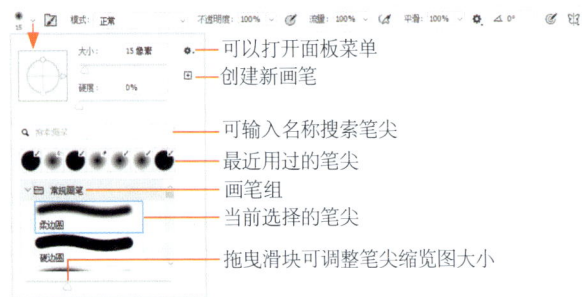

可以打开面板菜单
创建新画笔
可输入名称搜索笔尖
最近用过的笔尖
画笔组
当前选择的笔尖
拖曳滑块可调整笔尖缩览图大小

图 3-91

- 大小：可以调整画笔的笔尖大小。
- 硬度：设置画笔笔尖的硬度。硬度值越低，画笔的边缘越柔和，色彩越淡，如图 3-92 所示。

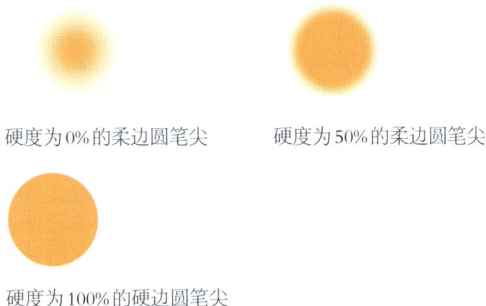

硬度为 0% 的柔边圆笔尖　　硬度为 50% 的柔边圆笔尖

硬度为 100% 的硬边圆笔尖

图 3-92

- 模式：在下拉列表中可以选择画笔笔迹颜色与下面像素的混合模式。
- 不透明度：设置画笔的不透明度，该值越低，绘画笔迹的透明度越高。
- 绘图板压力按钮 ✐ ✐：激活这两个按钮后，使用数位板绘画时，光笔压力可覆盖"画笔"面板中的不透明度和大小设置。

● 流量：设置当光标移动到某个区域上方时应用颜色的速率。在某个区域上方涂抹时，如果一直按住鼠标左键不放，颜色将根据流动速率增加，直至达到设置的不透明度效果。

● 喷枪 ✍：激活该按钮，可以启用喷枪功能，单击该按钮后，按住鼠标左键的时间越长，颜色堆积得越多。"流量"设置越高，颜色堆积的速度越快，直至达到所设定的"不透明度"。在"流量"设置较低的情况下，会以缓慢的速度堆积颜色，直至达到设定的"不透明度"。再次单击该按钮，可以关闭喷枪功能。

● 平滑：数值越高，描边越平滑。单击 ✿ 按钮，可以在打开的下拉列表中设置平滑选项，使画笔带有智能平滑效果。

● 设置绘画的对称选项 ❀：在该选项列表中选择对称类型后，所绘描边将在对称线上实时反映出来，从而可以轻松地创建各种复杂的对称图案。

3.5.3 实例：绘制对称花纹

本实例使用画笔工具绘制对称花纹，如图3-93所示。图3-94所示为此花纹在UI设计中的应用效果。

图3-93

图3-94

① 按Ctrl+N快捷键，新建一个文件。选择画笔工具 ✍ 及硬边圆笔尖，设置笔尖"大小"为"10像素"。单击工具选项栏中的 ❀ 按钮，打开下拉菜单，执行"曼陀罗"命令，如图3-95所示。

图3-95

② 弹出对话框后，将"段计数"设置为10，如图3-96所示，以生成10段对称的路径，如图3-97所示。按Enter键确认。

图3-96   图3-97

③ 新建4个图层。按照图3-98~图3-101所示的方法，在每一个图层上绘制一根线条（释放鼠标左键后，便会生成对称的花纹。黑线代表光标移动轨迹，箭头处为终点）。花纹整体效果如图3-102所示。

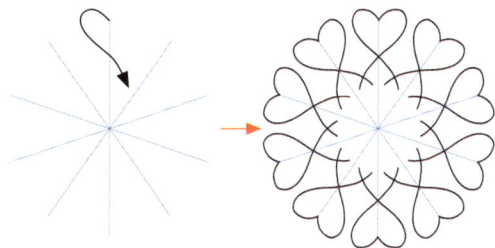

图3-98

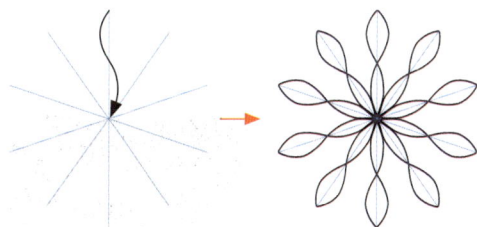

图3-99

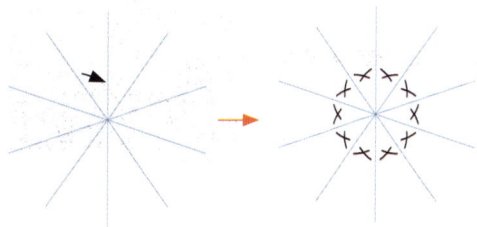

图3-100

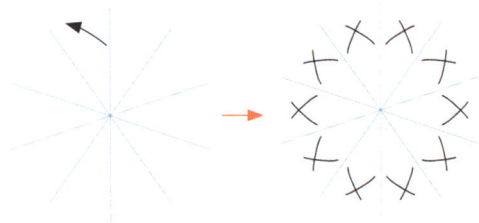

图 3-101

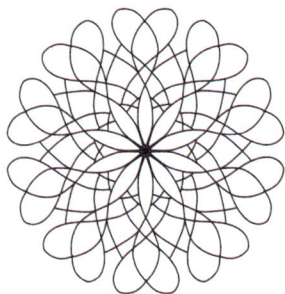

图 3-102

04 按住Shift键单击"图层1"，将这4个线条图层一同选取，如图3-103所示，按Ctrl+G快捷键编入图层组中，如图3-104所示。单击"背景"图层，使用渐变工具 填充对称渐变，如图3-105和图3-106所示。

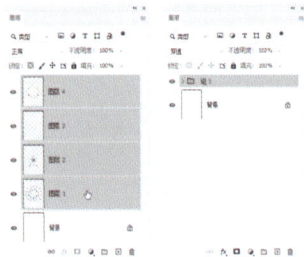

图 3-103   图 3-104

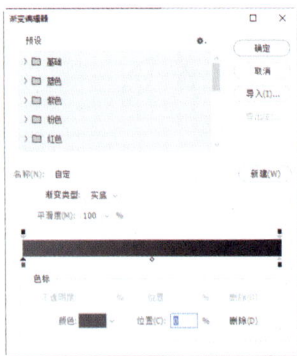

图 3-105

图 3-106

05 单击"组1"，如图3-107所示。单击"图层"面板底部的 按钮，打开菜单，执行"渐变"命令，在"组1"

上方创建渐变填充图层，设置渐变颜色，如图3-108所示。

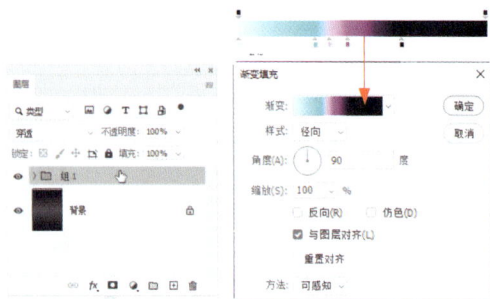

图 3-107   图 3-108

06 按Alt+Ctrl+G快捷键，将填充图层与"组1"创建为剪贴蒙版组，让渐变颜色只对"组1"有效，不会影响背景，如图3-109和图3-110所示。

图 3-109   图 3-110

3.5.4 实例：绘制超萌表情包

01 打开素材，如图3-111所示。单击"图层"面板底部的 按钮，新建一个图层，如图3-112所示。

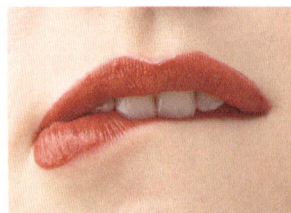

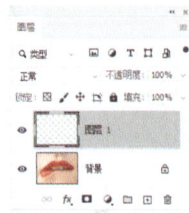

图 3-111   图 3-112

02 按D键，将前景色和背景色恢复为默认的黑色和白色。选择画笔工具 ，在"画笔"下拉面板中选择硬边圆笔尖，设置"大小"为"15像素"，如图3-113所示。拖曳光标，在嘴上面画出眼睛、鼻子、帽子和脸的轮廓，如图3-114所示。

图3-113　　　　　　　图3-114

03 画一个花边领结并在左下角画台词框，如图3-115所示。选择魔棒工具 🪄 并单击"添加到选区"按钮 ⬜，设置"容差"为30，不要勾选"对所有图层取样"复选框，以保证仅对当前图层进行选取。在眼睛上单击，选取眼睛和眼珠内部的区域，如图3-116所示。

 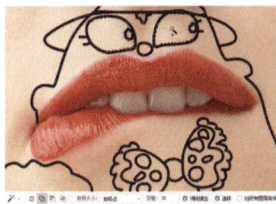

图3-115　　　　　　　图3-116

04 按Ctrl+Delete快捷键，在选区内填充白色，按Ctrl+D快捷键取消选择，如图3-117所示。依次选取鼻子、帽子和领结，填充不同的颜色，如图3-118和图3-119所示。按] 键将笔尖调大，绘制红脸蛋。将前景色设置为紫色，在台词框内涂抹颜色。将前景色设置为白色，写出文字，一幅生动有趣的表情涂鸦作品就制作完成了，如图3-120所示。

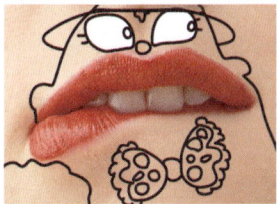 

图3-117　　　　　　　图3-118

图3-119　　　　　　　图3-120

3.5.5 实例：绘制多色唇彩

颜色替换工具 🖌 可以用前景色替换光标所在位置的

颜色，比较适合修改小范围、局部图像的颜色。

01 打开PSD格式的分层素材，如图3-121所示。按Ctrl+J快捷键复制"背景"图层。选择颜色替换工具 🖌 及柔边圆笔尖，单击工具选项栏中的"连续"按钮 ✏（以确保拖曳光标时可以连续对颜色进行取样），将"限制"设置为"查找边缘"、"容差"设置为50%，如图3-122所示。

图3-121　　　　　　　图3-122

02 在"颜色"面板中将前景色设置为紫色，如图3-123所示。在嘴唇边缘拖曳光标，用当前颜色替换原有的粉红色，如图3-124所示。操作时应注意，光标中心的十字线不要碰到面部皮肤，否则也会替换其颜色。

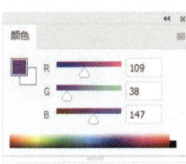 

图3-123　　　　　　　图3-124

03 将前景色设置为黄橙色，为下嘴唇涂色，效果如图3-125所示。用浅青色涂抹上嘴唇，与紫色相呼应。涂抹到嘴角时可以按 [键将笔尖调小，便于绘制，也避免将颜色涂到皮肤上，效果如图3-126所示。

图3-125　　　　　　　图3-126

04 将画笔调小。使用洋红色修补各颜色的边缘，让笔触看起来更自然。将"图层"面板中"组1"文字显示出来，如图3-127所示，当前画作就变成了一幅完整的平面设计作品，如图3-128所示。

图3-127　　　　　　　图3-128

3.6 应用案例：炫彩气球字

混合器画笔工具可以让画笔上的颜料（颜色）混合，并能模拟不同湿度的颜料所生成的绘画痕迹。下面使用该工具的图像采集功能，将渐变球用作样本，对路径进行描边制作气球字，如图3-129所示。

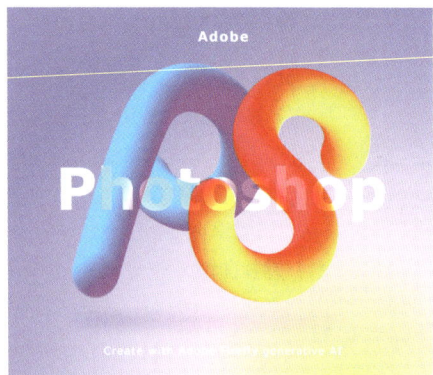

图3-129

01 按Ctrl+O快捷键，打开素材。单击"图层"面板底部的 ⊞ 按钮，新建一个图层。选择椭圆选框工具 ○，按住Shift键并拖曳光标，创建圆形选区，如图3-130所示（观察光标旁边的提示，圆形选区大小在2厘米左右即可）。

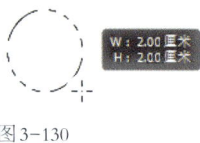

图3-130

02 选择渐变工具 ▣，单击工具选项栏中的 ▣ 按钮，单击渐变颜色条，如图3-131所示，打开"渐变编辑器"对话框。单击渐变色标，打开"拾色器"对话框调整渐变颜色。两个色标一个设置为天蓝色（R31，G210，B255），一个设置为紫色（R217，G38，B255），如图3-132所示。

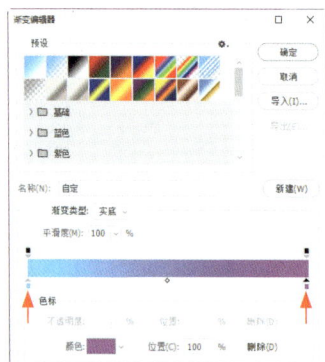

图3-131   图3-132

03 在选区内拖曳光标填充线性渐变，如图3-133所示。选择椭圆选框工具 ○，将光标放在选区内进行拖曳，将选区向右移动，如图3-134所示。

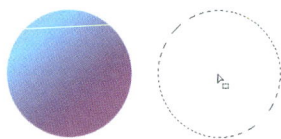

图3-133   图3-134

04 再次打开"渐变编辑器"对话框。在渐变条下方单击，添加色标，然后重新调整颜色，如图3-135所示。在选区内拖曳光标填充渐变，如图3-136所示。

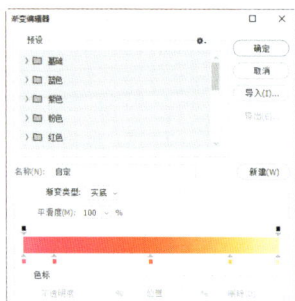

图3-135   图3-136

05 在"背景"图层的 ◉ 图标上单击，隐藏背景，如图3-137所示。新建一个图层，如图3-138所示。

06 选择混合器画笔工具 ✎ 和硬边圆笔尖（大小为170像素），单击 ✎ 按钮，选择"干燥、深描"预设，勾选"对所有图层取样"复选框，其他参数设置如图3-139所示。

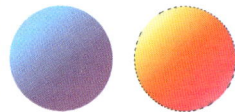

图3-137   图3-138

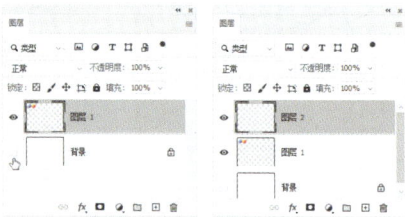

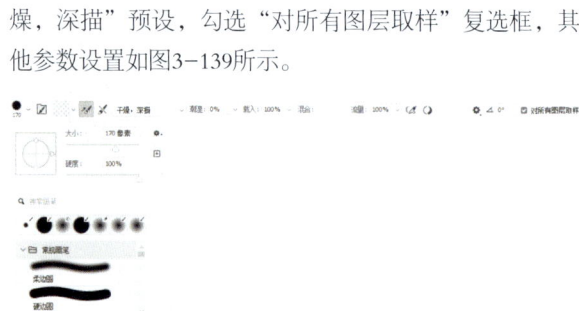

图3-139

07 在"画笔设置"面板中将"间距"设置为1%，如图

3-140所示。将光标放在蓝色球体上，如图3-141所示，光标不要超出球体（如果超出，可以按 [键，将笔尖调小一些），按住Alt键并单击进行取样。

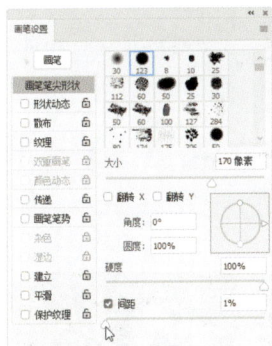

图3-140　　　　　图3-141

08 执行"窗口"|"路径"命令，打开"路径"面板。单击"P"路径层，画面中会显示文字图形，如图3-142和图3-143所示。

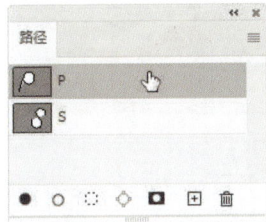

图3-142　　　　　图3-143

09 将混合器画笔工具 的"大小"设置为"250像素"，如图3-144所示。单击"路径"面板底部的 按钮，用该工具描边路径，效果如图3-145所示。

图3-144　　　　　图3-145

10 新建一个图层。采用同样的方法对橙色渐变球进行取样，单击"S"路径层，并使用混合器画笔工具 描边路径，效果如图3-146所示。图3-147所示为使用此文字制作的广告。

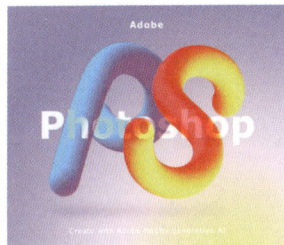

图3-146　　　　　图3-147

3.7 应用案例：撕纸效果招生海报

本案例学习外部画笔的加载方法，并配合图层蒙版和剪贴蒙版制作撕纸效果，如图3-148所示。

图3-148

01 打开素材，按Ctrl+J快捷键复制"背景"图层。单击

"背景"图层，执行"图像"|"调整"|"黑白"命令，打开"黑白"对话框，选择"绿色滤镜"选项，将图像转换为黑白效果，如图3-149和图3-150所示。

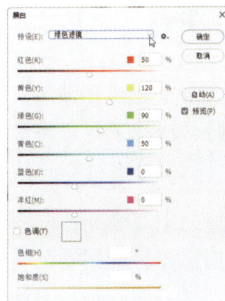

图3-149　　　　　图3-150

02 选择画笔工具 ✎，打开工具选项栏的画笔下拉面板菜单，执行"导入画笔"命令，如图3-151所示，在打开的对话框中选择本书附赠的画笔文件，如图3-152所示，将其加载到画笔下拉面板中。

图3-151   图3-152

03 选择加载的笔尖，设置"大小"为"2700像素"，拖曳图3-153所示的控件，让笔尖旋转一定角度。按住Alt键单击"图层"面板底部的 ◉ 按钮，添加一个黑色的图层蒙版，如图3-154所示。此时黑白图像会被蒙版遮盖住。将前景色设置为白色，如图3-155所示。

图3-153   图3-154   图3-155

04 在画面中部单击，由于蒙版的作用，单击处会显示黑白图像，如图3-156和图3-157所示。

图3-156   图3-157

05 新建一个图层，按Alt+Ctrl+G快捷键创建剪贴蒙版，如图3-158所示。在画布上右击，打开快捷菜单，将笔尖调小，如图3-159所示。

06 将光标移动到画面上方靠近碎边的上边缘处，向下拖曳光标，绘制白色，如图3-160所示；移动到画面下方靠近碎边处，向上拖曳光标，如图3-161所示。通过

这种方法制作出撕边效果。

图3-158   图3-159

图3-160   图3-161

07 执行"图层"|"图层样式"|"外发光"命令，添加"外发光"效果，如图3-162和图3-163所示。图3-164所示为添加文字后制作成的海报效果。

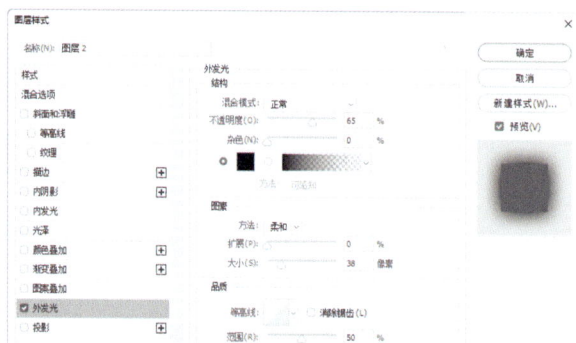

图3-162

图3-163   图3-164

3.8 作业与习题

本章介绍了颜色、渐变、图案和绘画方法。下面是课后作业和复习题，有助于读者巩固本章所学知识。

3.8.1 课后作业：制作彩虹

渐变颜色间如果有透明区域，便可生成透明渐变。下面用这种渐变制作彩虹。

打开素材并新建一个图层。选择渐变工具 ▣，打开"渐变"面板菜单，执行"旧版渐变"命令，加载该渐变库，并使用其中的透明彩虹渐变进行填充（光标拖曳的距离不可过大），如图3-165和图3-166所示。执行"滤镜"|"扭曲"|"极坐标"命令，打开"极坐标"对话框，选择"平面坐标到极坐标"选项，将直线渐变扭曲成圆环状，效果如图3-167所示。使用移动工具 ✛ 拖曳定界框，将彩虹放大（放大图形时按住Alt键，可以使对称的另一边也同时产生变换），按Enter键确认，效果如图3-168所示。在"图层"面板中将"不透明度"设置为26%。选择橡皮擦工具 ✐ 及柔边圆笔尖，擦除左右两边的彩虹。彩虹投射到大海中的倒影应该再浅一些。在工具选项栏中设置"不透明度"为40%，将海中的彩虹适当擦除。最后的效果如图3-169所示。

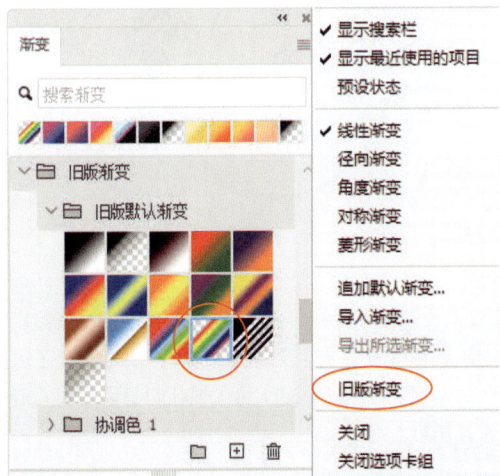

图3-165

图3-166

图3-167

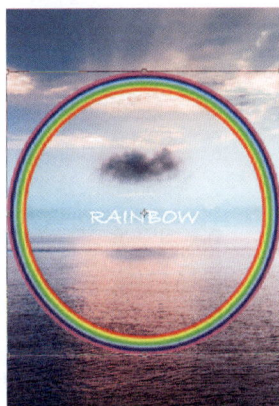

图3-168

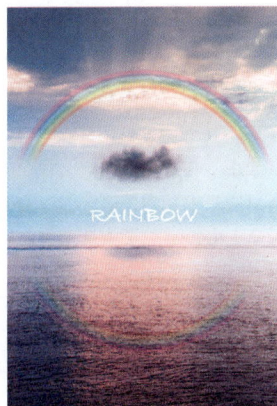

图3-169

3.8.2 复习题

1. 怎样将用户自己设置的渐变颜色保存到"渐变编辑器"对话框中？

2. 渐变包含3种插值方法，即可感知、线性和古典（在渐变工具选项栏的"方法"下拉列表中可以进行选取），请指出三者的区别。

3. 怎样显示画笔名称和画笔的笔尖？

4. 怎样加载Photoshop中的画笔库和外部画笔库（例如从网上下载的笔刷）？

注：复习题答案在配套资源中

第4章
海报设计：蒙版与通道

本章简介

蒙版是一种可以遮盖图像的工具，有了它，用户就能在不破坏原始文件的情况下合成图像，并可随时修改或尝试不同的效果。除用于合成外，蒙版还能控制填充图层、调整图层、智能滤镜等应用。通道则与图像内容、色彩和选区有关，可以保存选区，进行抠图、调色和制作特效。然而，这些技术通常较难掌握，本章仅介绍通道的基本功能及选区的保存方法，其他应用实例将在后续章节中详细讲解。

学习重点

4.1 海报设计的常用表现手法

海报（Poster）即招贴，是指张贴在公共场所的告示和印刷广告。海报作为一种视觉传达艺术，最能体现平面设计的形式特征，其设计理念、表现手法较其他广告媒介更具典型性。海报从用途上可以分为3类，即商业海报、艺术海报和公共海报。下面介绍海报设计的常用表现手法。

● 写实表现法：一种直接展示对象的表现方法，能够有效地传达产品的最佳利益点。图4-1所示为HARIBO橡皮软糖广告。

● 联想表现法：一种婉转的艺术表现方法，是由一个事物联想到其他事物，或将事物某一点与其他事物的相似点或相反点自然地联系起来的思维过程。图4-2所示为Jequiti肥皂液广告。

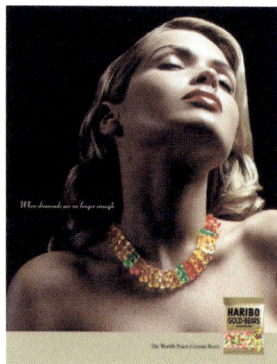

图4-1   图4-2

● 对比表现法：将性质不同的要素放在一起相互比较。图4-3所示为KelOptic眼镜广告，戴上眼镜前是印象主义，戴上眼镜后变成现实主义，通过对比淋漓地展现了眼镜的功效。图4-4所示为Schick Razors舒适剃须刀海报，男子强壮的身体与婴儿般的脸蛋形成了强烈的对比，既新奇又幽默。

● 幽默表现法：广告大师波迪斯曾经说过："巧妙地运用幽默，就没有卖不出去的东西"。幽默的海报具有很强的戏剧性、故事性和趣味性，往往能够让人会心一笑，让人感受到轻松愉快，并产生良好的说服效果。图4-5所示为LG洗衣机广告——有些生活情趣是不方便让外人知道的，LG洗衣机可以帮你。不再使用晾衣绳，自然也不再为生活中的某些情趣感到不好意思了。图4-6所示为Sauber丝袜广告——我们的产品超薄透明，而且有超强的弹性。这些都是一款优质丝袜必备的，但是如果被绑匪们用就是另外一个场景了。

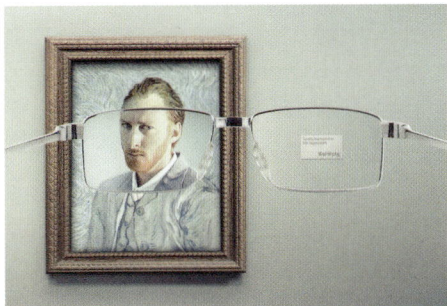
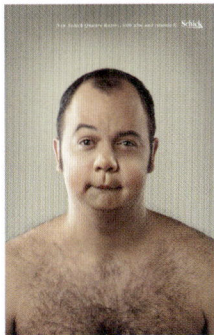

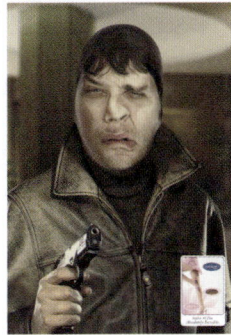

图4-3　　　　　　　　　　　　图4-4　　　　　　　　图4-5　　　　　　　　图4-6

● 夸张表现法：夸张是海报中常用的表现手法之一。通过一种夸张的、超出观众想象的画面吸引观众的眼球，具有极强的吸引力和戏剧性。图4-7所示为生命阳光牛初乳婴幼儿食品广告——不可思议的力量。图4-8所示为Nikol纸巾广告——超强吸水。图4-9所示为Sedex快递广告——相信我们的交付速度。

图4-7　　　　　　　　　　图4-8　　　　　　　　　图4-9

● 情感表现法："感人心者，莫先乎情"，情感是一种最能引起人们心理共鸣的感受。美国心理学家马斯诺指出："爱的需要是人类需要层次中最重要的一个层次"。在海报中运用情感因素可以增强作品的感染力，达到以情动人的效果。图4-10所示为李维斯牛仔裤广告——融合起来的爱，叫完美！

● 拟人表现法：将自然界的事物进行拟人化处理，赋予其人格和生命力，能让受众迅速产生心理共鸣。图4-11所示为Mirador餐厅广告——娱乐和餐饮兼具。图4-12所示为Kiss FM摇滚音乐电台广告——跟着Kiss FM的劲爆音乐跳舞。

● 名人表现法：巧妙地运用名人效应会增加产品的亲切感，产生良好的社会效益。图4-13所示为猎头公司广告——幸运之箭即将射向你。这则海报暗示了猎头公司会像丘比特一样为用户制定专属的目标，帮用户找到心仪的工作。

图4-10　　　　　　　　图4-11　　　　　　　　图4-12　　　　　　　图4-13

4.2 图层蒙版

图层蒙版可以在不破坏图层内容的情况下隐藏对象，创建合成效果。此外，填充图层、调整图层、智能滤镜等都包含图层蒙版，可用于控制效果的范围和强度。

4.2.1 什么是图层蒙版

图层蒙版是一个 256 级色阶的灰度图像，附加在图层上，其自身并不可见。图层蒙版中白色对应的内容是可见的；黑色会遮盖对象；灰色的遮盖强度弱于黑色，可以使对象呈现透明效果（灰色越深，对象的透明度越高）。基于以上原理，如果想要隐藏图像的某些区域，可以添加图层蒙版，再将相应的区域涂黑；想让图像呈现出半透明效果，可以将蒙版涂灰，如图 4-14 所示。

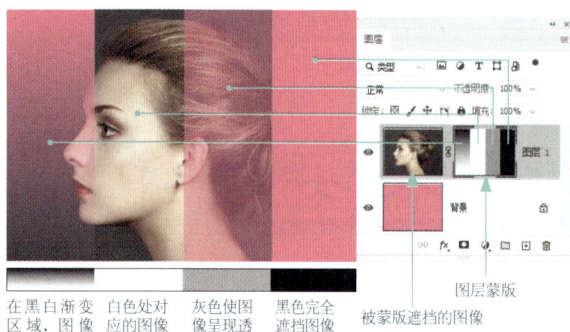

在黑白渐变区域，图像从完全透明到完全显示　白色处对应的图像完全显示　灰色使图像呈现透明效果　黑色完全遮挡图像

被蒙版遮挡的图像

图层蒙版

图 4-14

4.2.2 创建和编辑图层蒙版

单击一个图层，如图 4-15 所示，单击"图层"面板底部的 ◘ 按钮，可为其添加白色的蒙版，如图 4-16 所示。如果创建了选区，如图 4-17 所示，则单击 ◘ 按钮可基于选区创建蒙版，将选区外的图像隐藏，如图 4-18 所示。

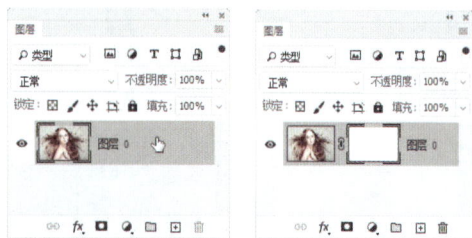

图 4-15　　　　图 4-16

图 4-17　　　　　　图 4-18

添加图层蒙版后，如图 4-19 所示，可以看到，蒙版缩览图有一个白色边框，此时进行的操作将应用于蒙版。如果要编辑图像，应先单击图像缩览图，如图 4-20 所示，然后再进行操作。

图 4-19　　　　　　图 4-20

在蒙版和图像缩览图中间有一个❽状图标，表示二者处于链接状态，此时进行变换操作，如旋转、缩放时，蒙版会与图像一同变换。如果想单独移动或变换其中的一个，可单击❽图标，取消链接。要重新建立链接，在原图标处单击即可。

图层蒙版是位图，几乎可以使用所有的绘画类、修饰类工具和滤镜编辑。图 4-21 所示为使用渐变工具 ▣ 编辑蒙版，将当前图像逐渐融入另一个图像中制作的合成效果。

图 4-21

4.2.3 复制和删除图层蒙版

　　按住 Alt 键将蒙版拖曳给另一图层，可以将蒙版复制给该图层。如果没有按住 Alt 键操作，则会将蒙版转移过去，原图层将不再有蒙版。

　　执行"图层"|"图层蒙版"|"删除"命令，可删除图层蒙版。执行"图层"|"图层蒙版"|"应用"命令，则可将图层蒙版及被其遮盖的图像一同删除。

4.2.4 实例：人物消散特效

01 打开素材。先抠取人像。执行"选择"|"主体"命令，将人选取，如图4-22所示。选择快速选择工具 ，按住Shift键并在漏选的裙角处拖曳光标，将其添加到选区中，如图4-23所示。

图4-22　　　　　　图4-23

02 按Ctrl+J快捷键抠图，如图4-24所示。在图层名称上双击，显示文本框后修改名称。按Ctrl+J快捷键再次复制该图层并修改名称，如图4-25所示。

图4-24　　　　　　图4-25

03 下面制作背景。单击"背景"图层并按Ctrl+J快捷键复制，如图4-26所示。选择套索工具 ，在人物外侧拖曳光标创建选区，如图4-27所示。

图4-26　　　　　　图4-27

04 执行"编辑"|"填充"命令，在"填充"对话框中选择"内容识别"选项，如图4-28所示，填充效果如图4-29所示（此图为上面两个图层隐藏后的效果）。按Ctrl+D快捷键取消选择。

图4-28　　　　　　　　　　图4-29

05 隐藏"碎片"图层，选择"缺口"图层并为其添加蒙版，如图4-30所示。选择画笔工具 ，在工具选项栏中打开画笔下拉面板，在"特殊效果画笔"组中选择图4-31所示的笔尖（用 [键和] 键调整画笔大小）。

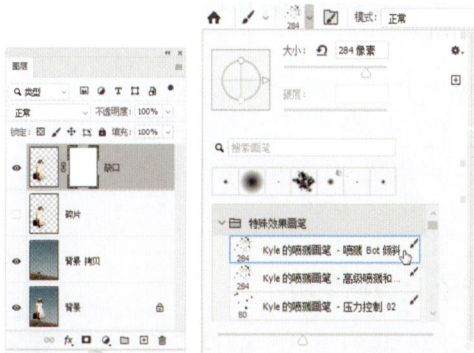

图4-30　　　　　　图4-31

06 沿人物身体边缘拖曳光标，画出缺口效果，如图4-32和图4-33所示。将"缺口"图层隐藏。选择并显示"碎片"图层，执行"滤镜"|"转换为智能滤镜"命令，将其转换为智能对象。执行"滤镜"|"液化"命令，打开"液化"对话框，选择向前变形工具 ，在人物身体靠近右侧的位置单击，然后向右拖曳光标，将图像

往右侧拉伸，处理成图4-34所示的效果。

图4-32　　　　图4-33

07 按Alt键单击"图层"面板底部的 ▢ 按钮，添加一个反相的（即黑色）蒙版，将液化效果遮盖住。使用画笔工具 ✎ 修改蒙版（不用更换笔尖，但可适当调整画笔大小），从靠近缺口的位置开始，向画面右侧涂抹白色，让液化后的图像以碎片的形式显现，如图4-35和图4-36所示。为了衔接自然，可以显示"缺口"图层，再处理碎片效果。

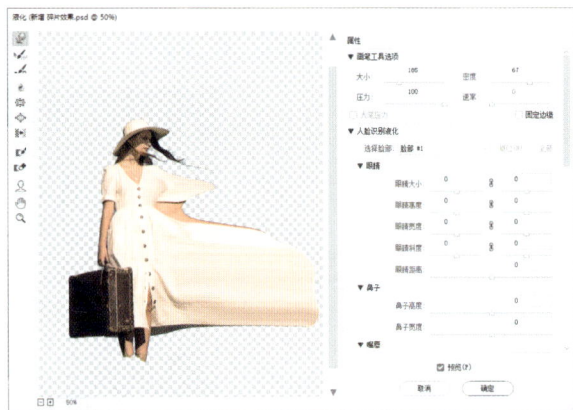

图4-34

图4-35　　　　图4-36

4.3 剪贴蒙版

Photoshop 中的图层蒙版和矢量蒙版都只能控制一个图层，而剪贴蒙版能用一个基底图层控制其上方多个图层的显示范围。要实现这种效果，这些图层必须上下相邻才行。

4.3.1 什么是剪贴蒙版

如果一个图形或人物轮廓内显示了很多图像，那么大概率是用剪贴蒙版制作的，这种技巧在电影海报中用得比较多，如图4-37所示。在平面设计作品中用剪贴蒙版将文字与图像做一个简单的合成，也能快速呈现生动的效果，如图4-38所示。

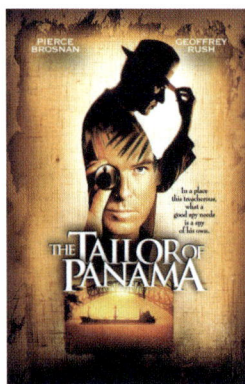

图4-37　　　　图4-38

制作剪贴蒙版至少要有两个图层，其中"基底图层"（最下方图层）中包含像素的区域控制内容图像（其上方图层）的显示范围，如图4-39所示。因此，移动基底图层，就会改变内容图层的显示区域。

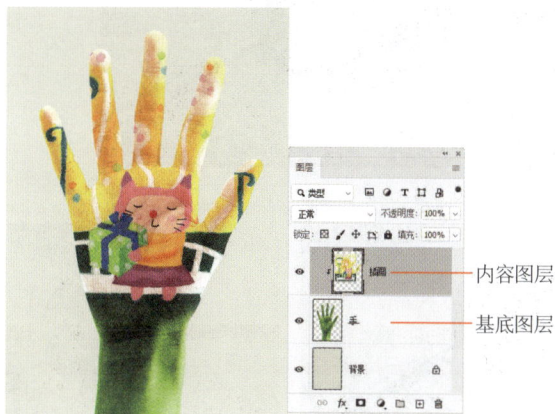

图4-39

内容图层

基底图层

4.3.2 剪贴蒙版的创建和编辑方法

单击一个图层，执行"图层"|"创建剪贴蒙版"命令（快捷键为Alt+Ctrl+G），即可将该图层与其下方的图层创建为剪贴蒙版组。

创建剪贴蒙版组后，将一个图层拖曳到基底图层上方，可将其加入剪贴蒙版组中，如图4-40和图4-41所示。将内容图层拖出剪贴蒙版组，则可将其从剪贴蒙版组中释放出来，如图4-42和图4-43所示。如果想将剪贴蒙版组解散，即释放所有图层，选择基底图层正上方的内容图层，执行"图层"|"释放剪贴蒙版"命令（快捷键为Alt+Ctrl+G）。

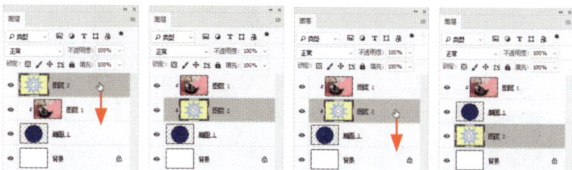

图4-40　　　　图4-41　　　　图4-42　　　　图4-43

4.3.3 实例：制作放大镜特殊观察效果

01 打开两幅素材，如图4-44和图4-45所示。选择移动工具，按住Shift键将树林拖入沙漠文件中，在"图层"面板中自动生成"图层1"，如图4-46所示。

图4-44　　　　　　　　　图4-45

图4-46

提示

将一个图像拖入另一个文件时，按住Shift键操作，可以使拖入的图像位于画面中心。

02 打开放大镜素材。使用魔棒工具在镜片处单击，创建选区，如图4-47所示。新建一个图层。按Ctrl+Delete快捷键在选区内填充背景色（白色）。按Ctrl+D快捷键取消选择，如图4-48所示。

图4-47　　　　　　　　　图4-48

03 按住Ctrl键单击"图层0"和"图层1"，如图4-49所示，使用移动工具将其拖曳到铁轨文件中。单击按钮链接图层，如图4-50和图4-51所示。

图4-49　　　　图4-50　　　　图4-51

04 将"图层3"拖曳到"图层1"的下方，如图4-52和图4-53所示。

图4-52　　　　　　　　　图4-53

05 按住Alt键，将光标移动到"图层3"和"图层1"的交界处，光标会变为⬇□状，如图4-54所示，单击，创建剪贴蒙版，如图4-55所示。现在放大镜下面显示的是树林图像，如图4-56所示。使用移动工具✛移动"图层3"，放大镜所到之处，显示的都是郁郁葱葱的树林，如图4-57和图4-58所示。此海报传达的是环保心愿，希望所有荒漠都变为绿洲。

图 4-54

图 4-55

图 4-56

图 4-57

图 4-58

4.4 矢量蒙版

图层蒙版和剪贴蒙版都是基于位图的蒙版，矢量蒙版则是通过路径（矢量对象）控制图层内容显示范围的。蒙版中的路径（矢量图形）不仅绘制方便，还可以无损缩放。

4.4.1 创建和编辑矢量蒙版

使用自定形状工具✿或其他形状工具绘制路径后，如图4-59所示，执行"图层"|"矢量蒙版"|"当前路径"命令，可以创建矢量蒙版，路径区域外的图像会被蒙版遮盖，如图4-60所示。

图 4-59

图 4-60

创建矢量蒙版后，可以选择钢笔工具✎、自定形状工具✿或其他形状工具，在工具选项栏中选择路径运算选项，如图4-61所示，在画面中拖曳光标，绘制新的矢量图形，将其添加到矢量蒙版中（或从中删除图形），如图4-62所示。

图4-61

图4-62

添加矢量蒙版后，蒙版缩览图上有一个白色边框，此时进行的操作将应用于蒙版。如果要编辑图像，应先单击图像缩览图，再进行操作。

使用路径选择工具 ▶ 拖曳画布中的路径可对其进行移动，与此同时，蒙版的遮盖区域也会随之改变。单击路径后，按Ctrl+T快捷键显示定界框，拖曳控制点，可以对路径进行旋转、缩放和扭曲。如果要删除路径，可单击后，按Delete键。如果要删除矢量蒙版，可单击"图层"面板中矢量蒙版所在的图层，然后执行"图层"|"矢量蒙版"|"删除"命令。

4.4.2 实例：制作花饰艺术相框

01 打开素材，如图4-63所示。单击"图层1"，如图4-64所示。

图4-63

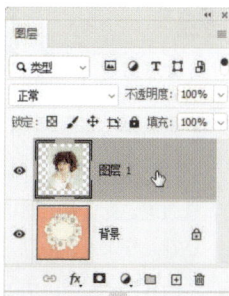

图4-64

02 选择自定形状工具 ✍，在工具选项栏中选择"路径"选项。打开"形状"下拉面板，选择心形图形，拖曳光标绘制心形路径，如图4-65所示。

图4-65

03 执行"图层"|"矢量蒙版"|"当前路径"命令，创建矢量蒙版，如图4-66和图4-67所示。如果心形位置和大小不合适，可以使用路径选择工具 ▶ 单击，再进行移动或调整大小。

图4-66　　　　　　　　　图4-67

04 双击"图层1"，打开"图层样式"对话框，在左侧勾选"描边"复选框，设置"大小"为7像素，单击"颜色"按钮 颜色：■，打开"拾色器"对话框，在花朵上单击，拾取花朵的颜色作为描边色，如图4-68和图4-69所示。勾选"投影"复选框，将投影的颜色设置为图案的背景色，如图4-70和图4-71所示。

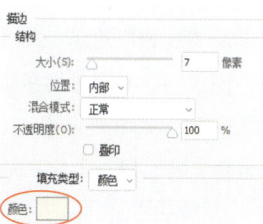

图4-68　　　　　　　　　图4-69

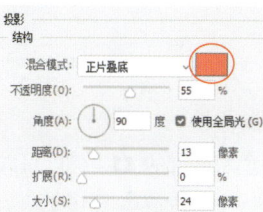

图4-70　　　　　　　　　图4-71

4.5 通道

Photoshop 中有 3 种通道，即颜色通道、Alpha 通道和专色通道，它们与图像内容、色彩和选区有关，可以保存选区、进行抠图、调整色彩和制作特效。

4.5.1 颜色通道

在 Photoshop 中打开图像时，会在"通道"面板中创建颜色信息通道，如图 4-72 和图 4-73 所示。

图 4-72

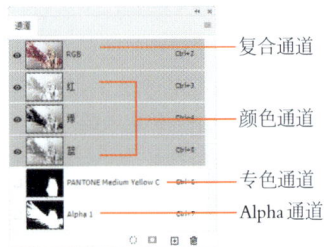

复合通道
颜色通道
专色通道
Alpha 通道

图 4-73

提示

复合通道是红、绿和蓝色通道组合的结果。编辑复合通道时，会影响所有颜色通道。

颜色通道就像是摄影胶片，保存了图像内容和色彩，因此，编辑图像时，各颜色通道也会发生相应改变。

颜色通道的数量取决于颜色模式。RGB 模式的图像包含红、绿、蓝和一个用于编辑图像的 RGB 复合通道；CMYK 图像包含青色、洋红、黄色、黑色和一个复合通道；Lab 图像包含明度、a、b 和一个复合通道；位图、灰度、双色调和索引颜色的图像只有一个通道。

4.5.2 Alpha 通道

创建选区后，单击"通道"面板底部的 ▣ 按钮，可以将选区存储到 Alpha 通道中，使之成为与图层蒙版类似的灰度图像，在这之后，便可像编辑图层蒙版或图像那样，使用绘画工具、调整工具、滤镜、选框和套索工具，甚至钢笔工具来编辑选区。

当需要使用 Alpha 通道中的选区时，按住 Ctrl 键单击 Alpha 通道，可将选区加载到图像上。

4.5.3 专色通道

专色通道用来存储印刷用的专色油墨。专色属于特殊的预混油墨，如金银色油墨、荧光油墨、明亮的橙色、绿色等普通印刷色（CMYK）油墨无法表现的色彩。通常情况下，专色通道以专色的名称来命名。

4.5.4 通道的基本操作

● 选择通道：单击"通道"面板中的通道，即可将其选择，文档窗口中会显示所选通道的灰度图像，如图 4-74 所示。按住 Shift 键单击其他通道，可以选择多个通道，此时窗口中会显示所选颜色通道的复合信息。

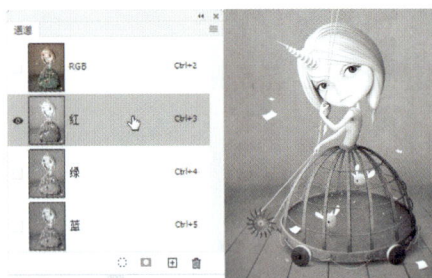

图 4-74

● 复制与删除通道：将一个通道拖曳到"通道"面板底部的 ⊞ 按钮上，可以复制该通道。拖曳到 🗑 按钮上，可删除该通道。复合通道不能复制，也不能删除。颜色通道可以复制，但如果删除了，图像就会自动转换为多通道模式。

● 返回 RGB 复合通道：选择并编辑通道后，如果想要返回到默认的状态以查看彩色图像，可以单击 RGB 复合通道，这时所有颜色通道重新被激活，如图4-75所示。

图4-75

4.5.5 实例：制作多重曝光效果

在"图层样式"对话框中，"混合选项"组中包含"混合模式""不透明度"和"填充不透明度"等选项内容，它们与"图层"面板中相应选项的用途相同。"通道"选项则与"通道"面板中的各颜色通道一一对应，可控制这些通道是否显示。例如，RGB图像的颜色是由红（R）、绿（G）和蓝（B）3个颜色通道混合而成的。如果取消一个通道的勾选，该通道就不参与混合，导致图像颜色发生改变。当只有一个图层时，减少通道与在"通道"面板中隐藏一个颜色通道的效果完全一样。如果文件中包含多个图层，则减少通道时，既会改变图像颜色，也会让上、下图层之间产生奇妙的混合。本实例利用此原理制作多重曝光效果，如图4-76所示。

图4-76

多重曝光是摄影中采用两次或多次独立曝光并重叠起来组成一张照片的技术，可以在一张照片中展现双重或多重影像效果。

01 打开素材。单击 按钮，如图4-77所示，将"背景"图层解锁，以便设置混合属性，如图4-78所示。然后双击图层，打开"图层样式"对话框。

图4-77　　　　图4-78

02 取消"R"复选框的勾选，不让红通道参与混合，画面中的红色会消失，如图4-79和图4-80所示。单击"确定"按钮关闭对话框。

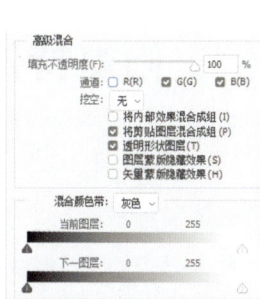

图4-79　　　　图4-80

03 按Ctrl+J快捷键复制当前图层，得到"图层0 拷贝"。按Ctrl+T快捷键显示定界框，拖曳控制点，将图像缩小，如图4-81所示。执行"编辑"|"变换"|"水平翻转"命令，翻转图像，如图4-82所示。

图4-81　　　　图4-82

04 双击"图层0拷贝"，如图4-83所示，打开"图层样式"对话框，勾选"R"复选框，取消"G""B"复选框的勾选，即不让绿、蓝通道参与混合，以此改变图像的

图4-83

颜色并让下层图像显现出来，如图4-84和图4-85所示。

版。使用画笔工具 ✐（柔边圆笔尖）在图像边界涂抹黑色，模糊边界，让融合效果更加自然，如图4-86和图4-87所示。

图4-84　　　　　　图4-85

05 单击"图层"面板底部的 ◻ 按钮，添加图层蒙

图4-86　　　　　　图4-87

4.6 应用案例：雨窗特效字

本案例使用混合模式及混合颜色带制作下雨天在窗子上书写文字的效果，如图 4-88 所示。

图4-88

01 打开街景素材，如图4-89所示。执行"滤镜"|"模糊"|"方框"命令，进行模糊处理，如图4-90和图4-91所示。

图4-89

图4-90　　　　　　图4-91

02 打开雨滴素材，如图4-92所示。使用移动工具 ✛ 将

其拖曳到街景文件中，设置混合模式为"滤色"，如图4-93和图4-94所示。

图4-92

图4-93　　　　　　图4-94

03 选择横排文字工具 **T**，在画布上单击，然后输入文字"繁花"。单击工具选项栏中的 ✔ 按钮，结束输入。在"字符"面板中选择字体，设置文字大小，如图4-95和图4-96所示。

图4-95　　　　　　图4-96

04 设置文字的混合模式为"柔光"，如图4-97和图4-98所示。

图4-97　　　　　图4-98

05 双击文字图层，如图4-99所示，打开"图层样式"对话框，将光标移动到"下一图层"的白色滑块上，如图4-100所示；按住Alt键单击，将其一分为二，然后拖曳这两个滑块，将它们分别定位在数字158/203处，如图4-101和图4-102所示，让下层水珠的高光图像穿透文字显示出来，效果如图4-103所示。

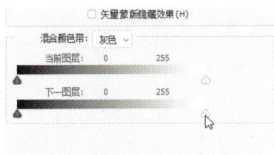

图4-99　　　　　　图4-100

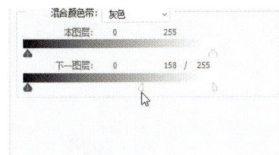

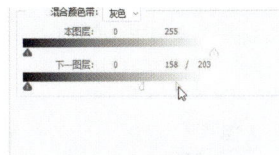

图4-101　　　　　　图4-102

图4-103

技巧放送　混合颜色带

在"图层样式"对话框中，"当前图层"选项指的是当前正在编辑的图层（即双击的图层），"下一图层"选项则是位于其下方的第一个图层。拖曳"当前图层"滑块，可以隐藏当前图层中的像素，让"下一图层"中的像素显现出来；拖曳"下一图层"滑块，则可让该图层中的像素穿透当前图层显现出来。而按住Alt键并单击一个滑块，可将其拆分为两个滑块，将这两个滑块拉开一定距离，它们中间的像素就呈现半透明效果。本实例将滑块定位在158/203处，就表示下一图层中亮度值在158~255的像素会穿透当前图层显示，其中158~203的像素会呈现一定的透明效果。

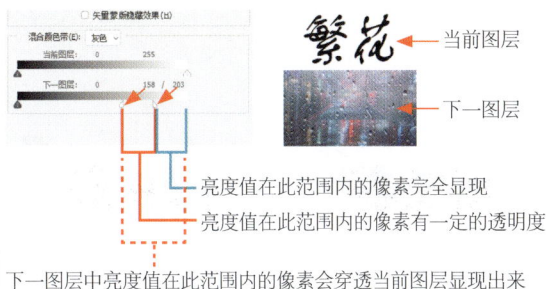

当前图层
下一图层

亮度值在此范围内的像素完全显现
亮度值在此范围内的像素有一定的透明度
下一图层中亮度值在此范围内的像素会穿透当前图层显现出来

4.7 应用案例：美食海报设计

本案例使用文字、变形、蒙版等功能制作辣椒字，如图4-104所示。

01 打开辣椒素材。使用横排文字工具 **T** 输入文字，如图4-105和图4-106所示。执行"图层"|"智能对象"|"转换为智能对象"命令，将文字转换为智能对象，如图4-107所示。执行"编辑"|"变换"|"变形"命令，显示变形网格，如图4-108所示。

图4-104

图 4-105

图 4-106

图 4-107

图 4-108

02 拖曳网格，调整文字透视效果，如图4-109和图4-110所示。拖曳控制点，让文字贴合到辣椒上，如图4-111和图4-112所示。

图 4-109

图 4-110

图 4-111

图 4-112

03 按Enter键确认。按住Ctrl键单击智能对象的缩览图，如图4-113所示，加载文字选区，如图4-114所示。

图 4-113

图 4-114

04 将智能对象图层隐藏，如图4-115所示。单击辣椒所在的图层，如图4-116所示。单击"图层"面板底部的

按钮，基于选区生成图层蒙版，将文字外的辣椒隐藏，如图4-117和图4-118所示。

图 4-115

图 4-116

图 4-117

图 4-118

05 选择画笔工具 及硬边圆笔尖，在文字前、后方涂抹白色，让辣椒显示出来，如图4-119和图4-120所示。

图 4-119

图 4-120

06 按住Ctrl键单击"图层"面板底部的 按钮，在辣椒所在图层下方新建一个图层。将前景色设置为黑色。打开"画笔设置"面板，调整笔尖大小，设置"圆度"为5%、"硬度"为0%，如图4-121所示。在辣椒下方单击，绘制阴影，如图4-122所示。

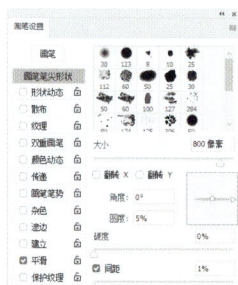

图 4-121

图 4-122

07 执行"滤镜 |"模糊" |"高斯模糊"命令，如图
4-123和图4-124所示。图4-125所示为加入其他文字后
制作成的海报效果。

图 4-123　　　　　　图 4-124　　　　　　图 4-125

4.8 应用案例：合成景观并制作旅游海报

本案例使用通道、蒙版和混合模式制作景观合成效果。其中会涉及通道调色方法。

01 打开瓶子素材，如图4-126所示。单击"调整"面板
中的 按钮，创建"曲线"调整图层。在曲线上单
击，添加控制点并进行拖曳，增加色调的对比度，如图
4-127所示。选择"蓝"通道，向上拖曳曲线，将该通
道调亮，这样可以增强该通道中保存的蓝色，使瓶子变
为蓝色，以便与雪景颜色相匹配，如图4-128所示。按
Alt+Ctrl+G快捷键，将调整图层与下方图层创建为剪贴
蒙版组，效果如图4-129所示。

02 单击"背景"图层。选择渐变工具 ，单击工具选
项栏中的渐变颜色条 ，打开"渐变编辑器"对
话框，调整渐变颜色，如图4-130所示。按住Shift键的同
时由上至下拖曳光标，填充渐变，如图4-131所示。

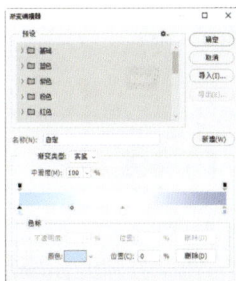

图 4-130　　　　　　图 4-131

03 打开雪景素材，使用移动工具 将其拖入瓶子文件
中，如图4-132所示。按Alt+Ctrl+G快捷键，将其加入剪
贴蒙版组，将瓶子外的雪景隐藏，如图4-133和图4-134
所示。

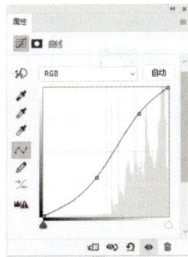

图 4-126　　　　　　图 4-127

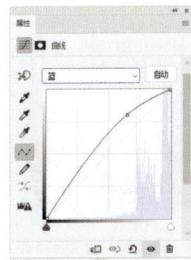

图 4-128　　　　　　图 4-129

图 4-132　　　　　　图 4-133

04 单击添加"图层"面板底部的 ▣ 按钮，为雪景图层添加蒙版。选择黑色到透明渐变，使用渐变工具 ▣ 在瓶子的四周填充渐变，将这些图像隐藏，使风景与瓶子的融合效果更加自然，如图4-135和图4-136所示。

图4-135　　　　　图4-136

05 按住Shift键单击"瓶子"图层，将其与当前图层之间的三个图层同时选取，如图4-137所示，按Alt+Ctrl+E快捷键，将所选图层中的图像盖印到一个新的图层中，如图4-138所示。按Shift+Ctrl+[快捷键，将图层移至底层，如图4-139所示。

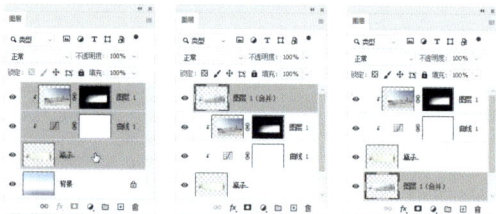

图4-137　　　图4-138　　　图4-139

06 按Ctrl+T快捷键，显示定界框，右击，在弹出的快捷菜单中执行"垂直翻转"命令，将图像翻转。将光标放在定界框内，拖曳光标，将图像移动到瓶子下方作为倒影，之后调整图像的高度，如图4-140所示。按Enter键确认。

图4-140

07 执行"滤镜"|"模糊"|"高斯模糊"命令，对图像进行模糊处理，如图4-141和图4-142所示。

图4-141　　　　　图4-142

08 设置图层的混合模式为"正片叠底"。选择画笔工具 🖌 及柔边圆笔尖（"不透明度"为50%），在瓶子的底边和瓶底处涂抹深灰色，如图4-143和图4-144所示。

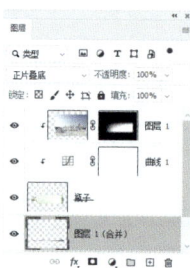

图4-143　　　　　图4-144

09 新建一个图层，设置混合模式为"正片叠底"、"不透明度"为65%，按Alt+Ctrl+G快捷键，将其加入剪贴蒙版组中。将前景色设置为蓝色。选择渐变工具 ▣ 及前景色到透明渐变，分别在瓶子的上、下两边填充线性渐变，如图4-145和图4-146所示。

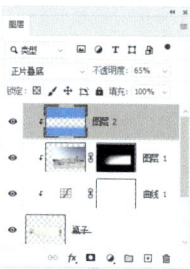

图4-145　　　　　图4-146

10 新建一个图层，设置混合模式为"叠加"并加入剪贴蒙版组中。使用画笔工具 🖌 在瓶子上涂抹一些紫色和黄色，如图4-147和图4-148所示。

图4-147　　　　　图4-148

11 打开光影素材，将其拖入瓶子文件中。单击"调整"面板中的 按钮，创建"色彩平衡"调整图层，分别对"中间调"和"阴影"进行调整，如图4-149和图4-150所示，使色调更加协调。图4-151所示为海报在灯箱上的展示效果。

图 4-151

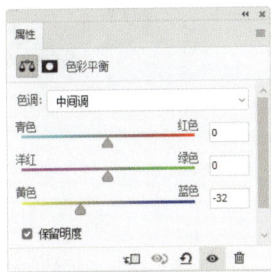

图 4-149

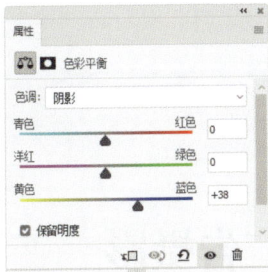

图 4-150

4.9 作业与习题

本章介绍了怎样使用 Photoshop 中的蒙版进行合成。下面是课后作业和复习题，有助于读者巩固本章所学知识。

4.9.1 课后作业：练瑜伽的汪星人

本作业是制作一只练瑜伽的小狗，如图4-152所示。素材是一只正常站立的小狗，如图4-153所示。操作时首先通过图层蒙版将小狗的后腿和尾巴隐藏，再复制"小狗"图层，按Ctrl+T快捷键显示定界框，将小狗旋转；创建图层蒙版，这个图层只保留小狗的一条后腿，其余部分全部隐藏。图4-154所示为该实例的图层结构。

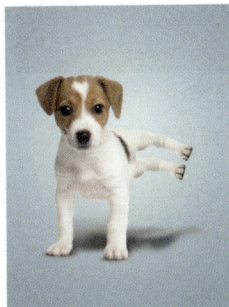

图 4-152

图 4-153

图 4-154

4.9.2 复习题

1. 图层蒙版可应用于哪些对象，并起到怎样的作用？

2. 图层蒙版、剪贴蒙版、矢量蒙版有哪些区别？

3. 矢量蒙版是矢量对象，怎样将其转换成位图？

4. 通过什么方法可以快速将图层蒙版或Alpha通道中的选区加载到画布上？

5. 颜色通道与Alpha通道在编辑时对图像的影响有何不同？

注：复习题答案在配套资源中

第5章
摄影后期必修课：调色

5.1 关于广告摄影

摄影能够真实、生动地再现宣传对象，完美地传达信息，具有很高的适应性和灵活性，是广告行业最好的技术手段之一。广告摄影主要的服务对象是商品广告，包括以下几种创意方法。

- 主体表现法：着重刻画商品的主体形象，一般不附带陪衬物和复杂的背景。图5-1所示为CK手表广告。

- 环境陪衬式表现法：把商品放置在一定的环境中，或采用适当的陪衬物来烘托主体对象。图5-2所示为鲜花丛中的苏格兰威士忌酒。

- 情节式表现法：通过故事情节突出商品的主体。图5-3所示为三菱汽车广告。以"一步跨向新生活"为主题，将都市办公场所和户外郊游环境相连接，以空间切换的方式，体现了该品牌汽车给人们生活带来的变化。

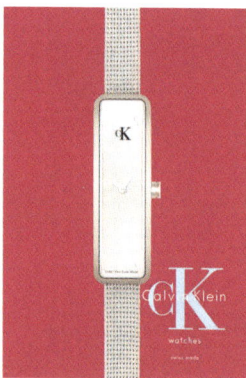

图5-1　　　　　　图5-2　　　　　　图5-3

- 组合式表现法：将同一商品或一组商品在画面上按照一定的组合形式展现出来。图5-4所示为Uncle Ben食品广告。

- 反常态表现法：通过令人震惊的奇妙形象，使人们产生对广告的关注。图5-5所示为鞋类广告。

- 间接表现法：间接、含蓄地表现商品的功能和优点。图5-6和图5-7所示为烹饪艺术学院广告。

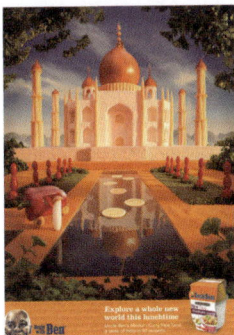
图 5-4

图 5-5

图 5-6

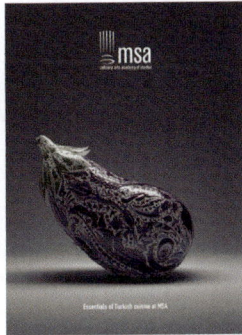
图 5-7

5.2 调整色调和亮度

色调范围关系着图像中的信息是否充足，也影响着图像的亮度和对比度，而亮度和对比度又决定了图像的清晰度。由此可见，色调和亮度的调整在图像编辑中非常重要。

5.2.1 色调范围

在 Photoshop 中，色调范围被定义为 0（黑）~255（白）共 256 级色阶。在此范围内，又可划分出阴影、中间调和高光 3 个色调区域，如图 5-8 所示。图像的色调范围完整，画质就会更加细腻、层次更加丰富，色调的过渡也更自然，如图 5-9 所示。色调范围不完整，即小于 0~255 级色阶，就会缺少黑和白或接近于黑和白的色调，容易出现对比度偏低、细节减少、色彩平淡、色调不通透等问题，如图 5-10 所示。

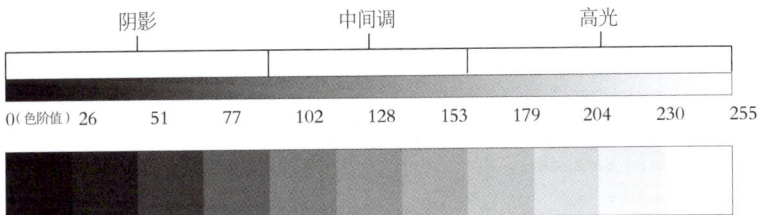
攝影师常用的 11 级灰度色阶
图 5-8

色调范围完整的黑白 / 彩色照片
图 5-9

色调范围小于 0~255 级色阶的黑白 / 彩色照片
图 5-10

5.2.2 直方图

调整照片前，可以先打开"直方图"面板，通过分析直方图来了解照片的基本状况，再确定调整方法。

在直方图中，从左（色阶为0，黑）至右（色阶为255，白）共256级色阶。直方图上的"山峰"和"峡谷"反映了像素数量的多少，如图5-11所示。例如，如果照片中某一个色阶的像素较多，该色阶所在处的直方图就会较高，形成"山峰"；如果"山峰"坡度平缓，或者出现凹陷的"峡谷"，则表示该区域的像素较少。

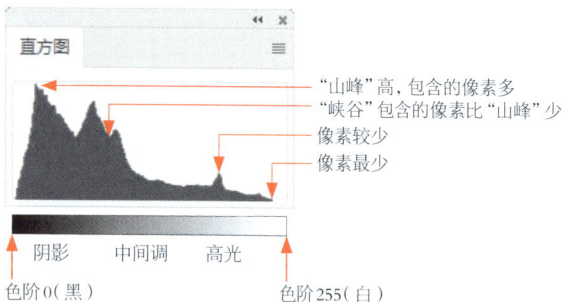

图5-11

- 曝光准确的照片：色调均匀，明暗层次丰富，亮部不会丢失细节，暗部也不会漆黑一片，如图5-12所示。从直方图中可看到，山峰基本在中心，并且从左（色阶0）到右（色阶255）每个色阶都有像素分布。

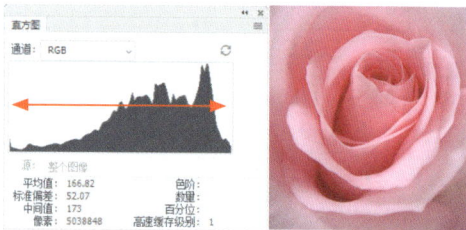

图5-12

- 曝光不足的照片：图5-13所示为曝光不足的照片，画面色调非常暗。从直方图中可以看到，山峰分布在直方图左侧，中间调和高光区域都缺少像素。

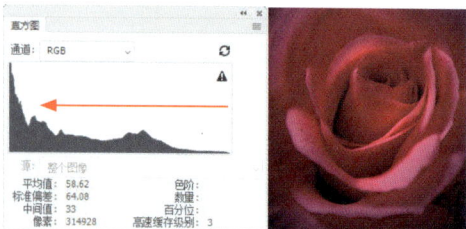

图5-13

- 曝光过度的照片：图5-14所示为曝光过度的照片，画面色调较亮，高光区域失去了层次。从直方图中可以看到，

山峰整体都向右偏移，阴影区域缺少像素。

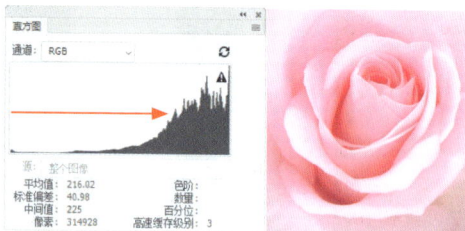

图5-14

- 反差过小的照片：图5-15所示为反差过小的照片，照片是灰蒙蒙的。从直方图中可以看到，两个端点出现空缺，说明阴影和高光区域缺少必要的像素，图像中最暗的色调不是黑色，最亮的色调不是白色，该暗的地方没有暗下去，该亮的地方也没有亮起来，所以颜色灰蒙蒙的。

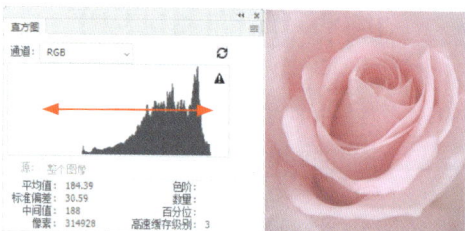

图5-15

- 暗部缺失的照片：图5-16所示为暗部缺失的照片，头发的暗部漆黑一片，没有层次，也看不到细节。从直方图中可以看到，一部分山峰紧贴直方图左端，这就是全黑的部分（色阶为0）。

图5-16

- 高光溢出的照片：图5-17所示为高光溢出的照片，高光区域完全变成了白色，没有任何层次。从直方图中可以看到，一部分山峰紧贴直方图右端，这就是全白的部分（色阶为255）。

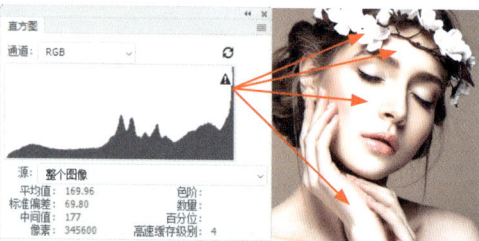

图5-17

5.2.3 调整亮度、对比度和清晰度

如果照片的曝光不足或不够清晰，如图5-18所示，可以使用"图像"菜单中的"自动色调"命令进行处理。执行该命令时，Photoshop会将每个颜色通道中最暗的像素映射为黑色（色阶0），最亮的像素映射为白色（色阶255），中间像素按照比例重新分布，这样色调范围就完整了，对比度也得到了增强，如图5-19所示。

图5-18

图5-19

如果想手动调整，可执行"图像"|"调整"|"亮度/对比度"命令，打开"亮度/对比度"对话框，如图5-20所示，向右拖曳滑块，可以提高亮度和对比度；向左拖曳滑块，则降低亮度和对比度。

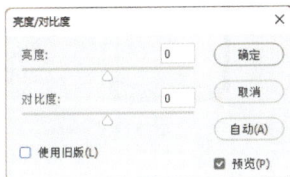

图5-20

5.2.4 调整阴影和高光

逆光拍摄时，场景中亮的区域特别亮，暗的区域又特别暗，如图5-21所示。调整时，如果将阴影区域调亮，以显示更多的细节，高光区域就会过曝，如图5-22所示。

图5-21

图5-22

"阴影/高光"命令适合处理此类照片，其能基于阴影或高光中的局部相邻像素来校正每个像素，作用范围非常明确，调整阴影区域时，对高光区域的影响很小；调整高光区域时，也不会让阴影区域出现过多的改变，如图5-23和图5-24所示。

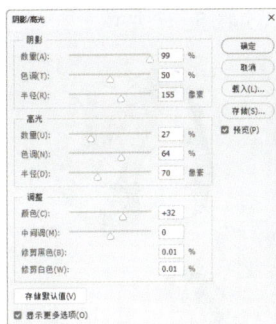

图5-23

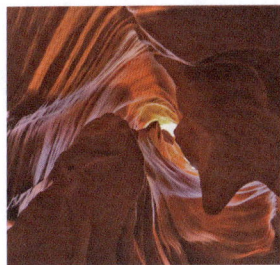

图5-24

5.2.5 调整色阶

调整色阶可以改变阴影、中间调和高光的强度级别，扩展或收窄色调范围，以及改变色彩平衡（即调整色彩）。

执行"图像"|"调整"|"色阶"命令（快捷键为Ctrl+L），打开"色阶"对话框，如图5-25所示。

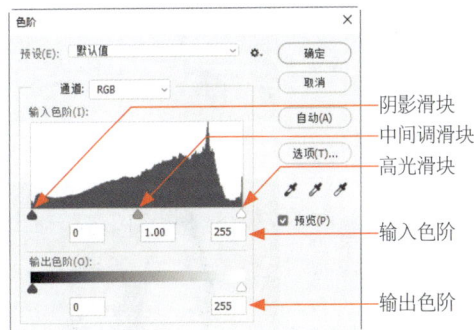

图5-25

操作时可拖曳滑块或在文本框中输入数值。默认状态下，阴影滑块在色阶0处，对应的是图像中最暗的色调，即黑色像素，将其向右拖曳时，会将滑块当前位置的像素映射为色阶0，这样滑块所在位置及其左侧的所有像素都会调为黑色，如图5-26所示。

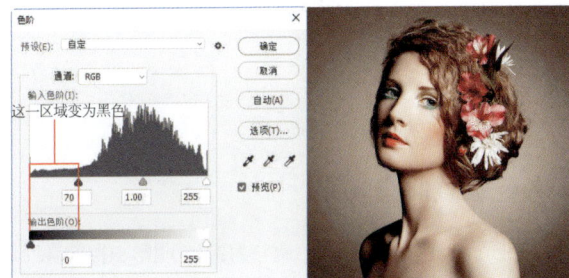

图5-26

高光滑块的位置在色阶255处，对应的是图像中最亮的色调，即白色像素，将其向左拖曳，可将滑块所在处及其右侧的所有像素映射为白色，如图5-27所示。

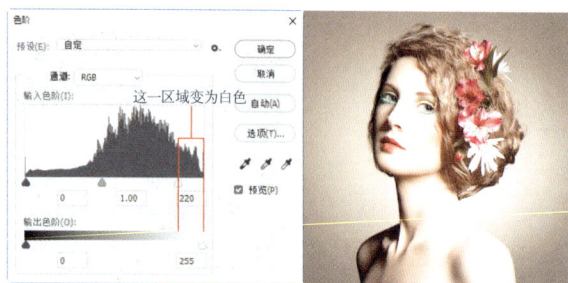

图5-27

中间调滑块位于色阶128处，用于调整图像中的灰度系数。将该滑块向左侧拖曳，可以将中间调调亮，如图5-28所示；向右侧拖曳，则可将中间调调暗，如图5-29所示。

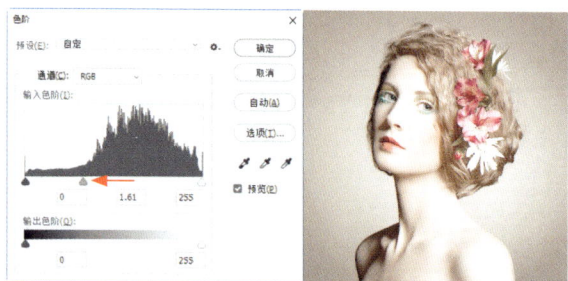

图5-28

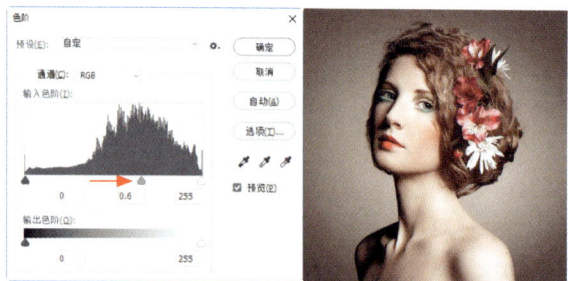

图5-29

"输出色阶"选项组中的两个滑块用来限定图像的亮度范围，可将图像中最暗的色调调整为深灰色，最亮的色调调整为浅灰色。一般情况下很少调整"输出色阶"，因为会使色调变灰。

5.2.6 调整曲线

色阶有3个滑块，能将色调分为3段（阴影、中间调、高光）进行调整。而曲线上最多可以有16个控制点，能把整个

色调范围（0～255）分成15段，对色调的控制更加精确。

打开图像，如图5-30所示。执行"图像"|"调整"|"曲线"命令（快捷键为Ctrl+M），打开"曲线"对话框，如图5-31所示。

图5-30

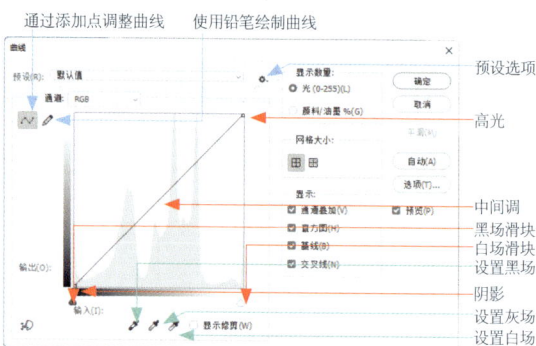

图5-31

在"曲线"对话框中，水平的渐变颜色条为输入色阶，代表的是像素的原始强度值；垂直的渐变颜色条为输出色阶，代表了调整曲线后像素的强度值。默认情况下，这两个数值相同，因此，默认的曲线为45°斜线状。

在曲线上单击，可以添加控制点，拖曳控制点改变曲线形状，即可进行调整。如果向上拖曳控制点，如图5-32所示，在输入色阶中可以看到，图像中正在被调整的色调是色阶100，在输出色阶中可以看到其被映射为更浅的色调，即色阶150，图像因此而变亮。如果向下拖曳控制点，则会将所调整的色调映射为更深的色调（色阶100被映射为色阶50），图像也会变暗，如图5-33所示。

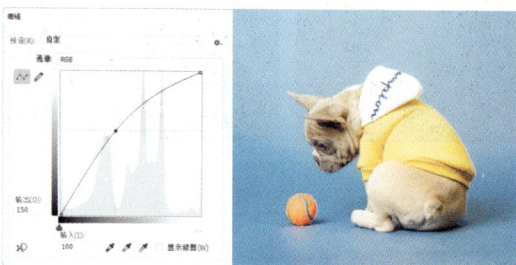

图5-32

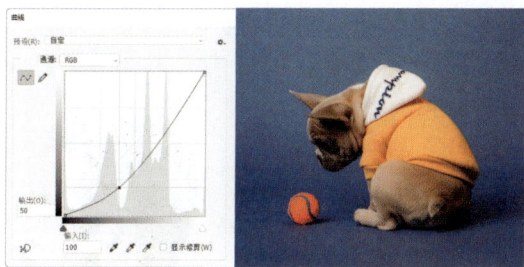

图 5-33

5.2.7 使用调整图层

"图像"菜单中包含了调整色调和颜色的各种命令，如图5-34所示。这些命令既可直接作用于调整对象，一部分命令也可以通过单击"调整"面板中的按钮，如图5-35所示，创建调整图层，然后在"属性"面板中调整其参数，如图5-36所示。

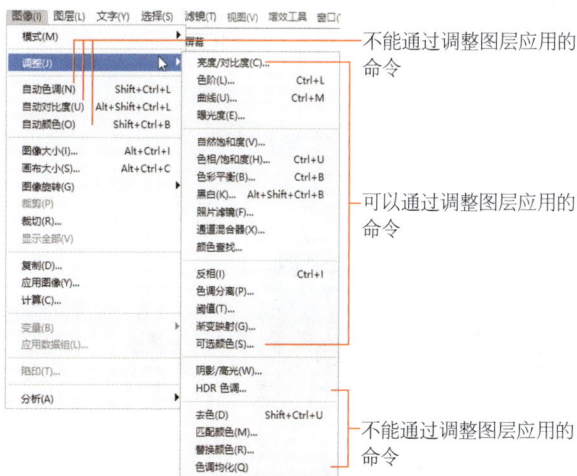

图 5-34

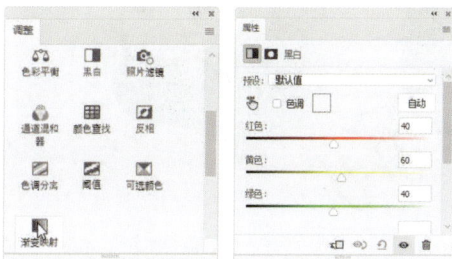

图 5-35　　　　　　图 5-36

调整图层可以存储调整命令参数并对其下方的所有图层产生影响，但不会真正修改图像，属于非破坏性功能。只要单击调整图层左侧的 ◉ 图标，将调整图层隐藏，或者删除调整图层，对象就会恢复为原来的效果，如图5-37所示。

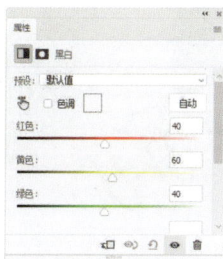

原图　　　　　　　　　　　　调色效果

使用"黑白"命令调整图像，"背景"图层中的图像变为黑白效果

使用黑白调整图层进行调整，不会改变"背景"图层中图像的颜色

图 5-37

调整图层还包含图层蒙版，可以使用画笔工具 ✎、渐变工具 ▦ 等修改蒙版。例如，将不想被影响的区域涂黑，可以控制调整范围；涂抹灰色，则能减弱调整强度，如图5-38所示。

蒙版中黑色对应的调整效果被完全隐藏，灰色使效果变弱

图 5-38

5.2.8 实例：调色并制作星空人像

01 打开素材，执行"选择"|"主体"命令，将照片中的人物选取，如图5-39所示。选择矩形选框工具 ▭，在工具选项栏中单击"从选区减去"按钮 ◹，选择衣领上的圆形部分，如图5-40所示，释放鼠标左键后，这个选区就会消失，如图5-41所示。

图5-39

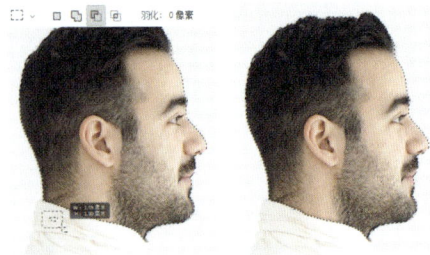

图5-40   图5-41

02 单击"图层"面板底部的 ⊞ 按钮，新建图层。执行"编辑"|"描边"命令，设置描边"宽度"为"1像素"、"颜色"为黑色、"位置"在"内部"，如图5-42和图5-43所示。

图5-42   图5-43

03 选择"图层1"，如图5-44所示，单击面板底部的 ◯ 按钮，基于选区创建蒙版，将背景区域隐藏，如图5-45和图5-46所示。

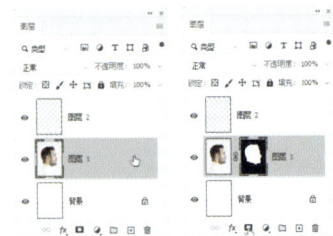 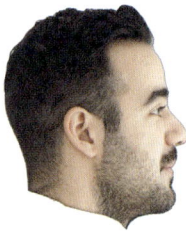

图5-44   图5-45   图5-46

04 选择"图层2"，单击"调整"面板中的 ▨ 按钮，在"图层2"上方创建"阈值1"调整图层，如图5-47所

示，设置"阈值色阶"为146，如图5-48所示，将图像制作为黑白手绘线稿效果，如图5-49所示。

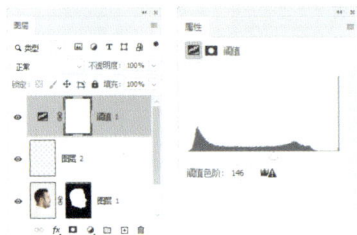 

图5-47   图5-48   图5-49

05 打开星空素材，如图5-50所示，使用移动工具 ✛ 将其拖入人像文件中，设置混合模式为"浅色"，如图5-51所示，使星空映衬在头像内。还可以制作星空文字作为装饰，只要文字颜色为黑色，并且位于星空图层下方就可以，如图5-52所示。

图5-50   图5-51

图5-52

5.3 调整颜色

Photoshop 提供了大量色彩和色调调整工具，不仅可以对色彩的组成要素（色相、饱和度、明度和色调）等进行精确调整，还能让色彩发生创造性的改变。

5.3.1 调整色相和饱和度

- "色相/饱和度"命令：色彩的三要素是色相、饱和度和明度，"色相/饱和度"命令可以针对其中任何一个要素进行调整。这种调整，既可应用于整幅图像，也可以只针对单一颜色。例如，可提高图像中所有颜色的饱和度，也可以只提高红色的饱和度，其他颜色不变。

- "自然饱和度"命令：用"自然饱和度"命令提高饱和度时，不会出现溢色，因此，该命令非常适合处理人像照片和印刷用的图像。

- "色彩平衡"命令：可以改变颜色的平衡关系。

- "黑白"命令：将彩色图像转换为黑白效果。黑白图像虽然没有色彩，但高雅而朴素，纯粹而简约，具有独特的艺术魅力。

- "照片滤镜"命令：使用类似相机滤镜的技术改变色彩，可用于校正照片的颜色。

- "通道混合器"命令：通过混合通道的方法改变颜色通道的亮度，修改色彩。

- "颜色查找"命令：电影在拍摄完成之后，调色师会利用LUT查找颜色数据，确定特定图像所要显示的颜色和强度，将索引号与输出值建立对应关系，以避免影片在不同显示设备上表现出来的颜色出现偏差。"颜色查找"便是基于此技术的调色命令，可以营造不同的色彩风格，如浪漫、清新、怀旧、冷峻等。

5.3.2 对颜色进行反相、分离与映射

- "反相"命令：可以将图像中的每一种颜色都转换为其互补色（黑色、白色比较特殊，二者互相转换）。再次执行该命令，可将原有的颜色转换回来。

- "色调分离"命令：默认状态下，图像的色调范围是256级色阶（0~255），"色调分离"命令可以减少色阶数目，使颜色数量变少，图像细节得到简化。

- "阈值"命令：可定义阈值，将所有比阈值亮的像素转换为白色，比阈值暗的像素转换为黑色。

- "渐变映射"命令：可以将相等的图像灰度范围映射到指定的渐变颜色上。

- "可选颜色"命令：是高端扫描仪和分色程序使用的技术，可以修改某一主要颜色中的印刷色数量，而不会影响其他主要颜色。例如，可以增加或减少绿色中的青色，同时保留蓝色中的青色。

5.3.3 匹配和替换颜色

- "替换颜色"命令：可以用一种颜色替换所选颜色。该命令其实是"色彩范围"命令与"色相/饱和度"命令的结合体。在使用时，其采用与"色彩范围"命令相同的方法选取颜色，然后用与"色相/饱和度"命令相同的方法修改所选颜色。

- "匹配颜色"命令：摄影师在拍摄时，由于云层遮挡太阳、拍摄角度不同或客观环境变化等因素的影响，会导致不同照片的影调、色彩和曝光出现不一致。"匹配颜色"命令可以用效果好的照片去校正较差的照片，改善其影调、色彩和曝光。

5.3.4 实例：制作宝丽莱照片效果

本实例制作宝丽莱照片效果。宝丽莱（Polaroid）是著名的即时成像相机，拍摄的照片效果独特，具有浓浓的怀旧情调。

01 打开素材，如图5-53所示。宝丽莱照片中的冷调微微发蓝，暖调有点泛红，色彩整体感觉柔和温暖。先来处理冷调。打开"通道"面板，单击"蓝"通道，如图5-54所示。将前景色设置为灰色（R123，G123，B123），按Alt+Delete快捷键，在"蓝"通道内填充灰色，如图5-55所示，按Ctrl+2快捷键重新显示彩色图像，如图5-56所示。

图 5-53

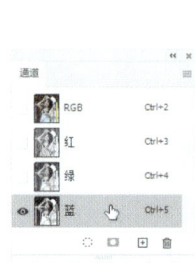

图 5-54

图 5-55

图 5-56

02 执行"滤镜"|"镜头校正"命令，打开"镜头校正"对话框，拖曳"晕影"选项组中的"数量"滑块，为照片添加暗角，如图5-57所示。

图 5-57

03 单击"调整"面板中的 ▦ 按钮，创建"色相/饱和度"调整图层。拖曳滑块调整颜色，增加饱和度，如图5-58所示。分别选择黄色和蓝色进行单独调整，如图5-59~图5-61所示。

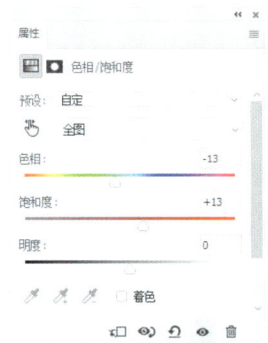

图 5-58

图 5-59

图 5-60

图 5-61

04 单击"调整"面板中的 ⨇ 按钮，创建"色阶"调整图层，向右拖曳阴影滑块，将色调调暗一些，使照片更加清晰；向左侧拖曳高光滑块，将高光区域的色调提亮，如图5-62和图5-63所示。按Alt+Shift+Ctrl+E快捷键，将当前效果盖印到一个新的图层中。

图 5-62

图 5-63

05 打开相纸素材，使用移动工具 ✛ 将盖印后的图层拖入该文件，如图5-64所示。

图 5-64

5.3.5 实例：浪漫樱花季

01 打开樱花素材，如图5-65所示。单击"调整"面板中的 ⨇ 按钮，创建"色阶"调整图层。向左拖曳中间调滑块，扩展中间调范围；向右拖曳阴影滑块，将照片中缺少的暗调补上，如图5-66和图5-67所示。

图5-65

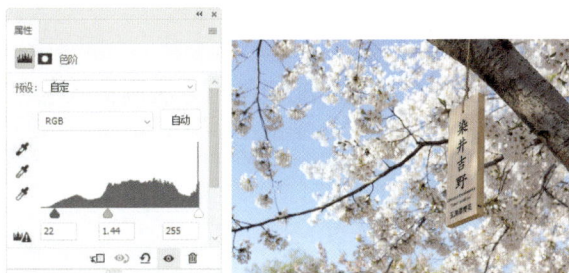

图5-66 图5-67

02 调整天空的颜色。单击"调整"面板中的 ▥ 按钮，创建"可选颜色"调整图层，在"颜色"下拉列表中选择"青色"选项并拖曳滑块，在青色中增加青色，减少洋红含量，使天空干净、透亮，如图5-68所示。

03 在"颜色"下拉列表中选择"中性色"选项，分别减少青色、洋红和黄色的含量，使樱花变为浪漫的浅粉色，如图5-69和图5-70所示。

图5-68 图5-69

图5-70

04 使用快速选择工具 ▱ 在树干及木牌上拖曳光标，将其选取，如图5-71所示。单击"调整"面板中的 ▦ 按钮，基于选区创建"曲线"调整图层，这样选区会转换到图层蒙版中，将调整限定在所选对象上。向上拖曳曲线，如图5-72所示，将选中的图像调亮，如图5-73和图5-74所示。

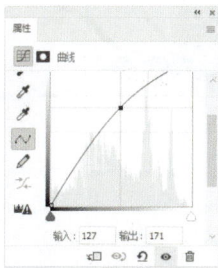

图5-71 图5-72

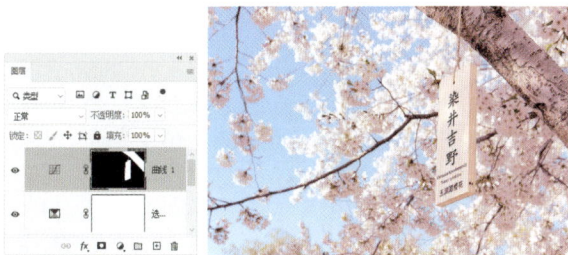

图5-73 图5-74

05 单击"背景"图层，单击"图层"面板底部的 ⊞ 按钮，在其上方新建一个图层。将前景色设置为白色。选择渐变工具 ▭ ，在工具选项栏的"渐变"下拉面板中选择"前景色到透明渐变"选项，如图5-75所示，在画面左侧拖曳光标，填充线性渐变，制作出环境光，也使画面呈现近实远虚的空间感，如图5-76所示。

图5-75 图5-76

5.3.6 实例：春光变秋色

01 打开素材，如图5-77所示。按Ctrl+J快捷键复制"背景"图层。执行"图像"|"调整"|"替换颜色"命令，打开"替换颜色"对话框。选择吸管工具 ▱ ，将光

标移动到树叶上，单击，拾取光标下方的颜色，如图5-78所示。

图5-77

图5-78

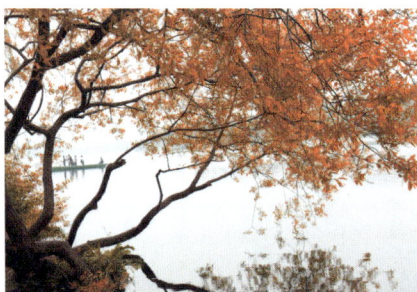
图5-81

02 拖曳"颜色容差"滑块，控制颜色的选取范围，将树叶全部选取，如图5-79所示。该值越高，包含的色彩范围越广。

5.3.7 实例：通过匹配颜色的方法调整肤色

01 打开素材，如图5-82和图5-83所示。将第一幅图像设置为当前操作的文件。下面通过"匹配颜色"命令用第二幅图像中的女孩肤色来改善第一幅图像中女孩的肤色。

> **提示**
>
> 在"颜色容差"选项下方，缩览图中的白色区域是选中的图像，灰色是被部分选择的图像（即羽化区域），黑色是未选择的区域。如果想将其他颜色添加到选取范围中，可以使用取样工具 在图像中单击；如果颜色选取范围过大，可以使用从取样中减去工具 在图像中单击，减少颜色。

图5-79

图5-82

图5-83

02 执行"图像"|"调整"|"匹配颜色"命令，打开"匹配颜色"对话框。在"源"选项下拉列表中选择另一个素材，调整"渐隐"值，如图5-84和图5-85所示。

03 拖曳"替换"选项中的各滑块，修改色相、饱和度和明度，如图5-80和图5-81所示。

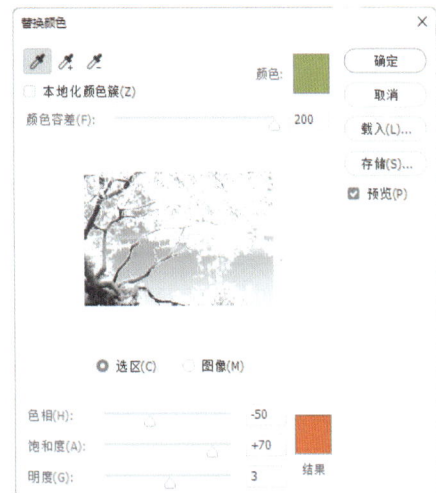
图5-80

图5-84

图5-85

5.3.8 实例：云朵快速合成方法

本实例介绍一种云朵的快捷添加方法，用此方法可创建更加真实、自然的合成效果，如图5-86所示。

图5-86

图5-89 　　　　　　　　图5-90

① 使用移动工具 ✛ 将云朵拖曳到女孩文件中，如图5-87所示。单击"调整"面板中的 ▢▮ 按钮，创建"黑白"调整图层。调整参数，如图5-88所示，将云朵背景（即天空）调为黑色，如图5-89所示。

② 单击云朵所在的图层，设置混合模式为"滤色"，如图5-91和图5-92所示。

③ 单击面板底部的 ↲▢ 按钮创建剪贴蒙版，使调整只对云朵有效，如图5-90所示。

图5-87 　　　　　　图5-88

图5-91 　　　　　　　图5-92

5.4 通道调色

图像的颜色信息保存在颜色通道中，因此，调整颜色通道，就可以改变图像的颜色。

5.4.1 通道调色原理

RGB模式通过色光三原色相互混合生成颜色，如图5-93所示，其颜色通道中保存的是红光（红通道）、绿光（绿通道）和蓝光（蓝通道）。这3个通道组合在一起成为RGB主通道，即看到的彩色图像，如图5-94所示。光线充足时，通道越明亮，其中所含的颜色也就越多；光线不足时，通道会变暗，相应颜色的含量也不高。由此可知，只要将颜色通道调亮，便可增加相应的颜色；调暗则减少相应的颜色，这就是通道调色的基本方法。"色阶"和"曲线"对话框中都提供了通道选项，可选取并调整颜色通道的亮度。

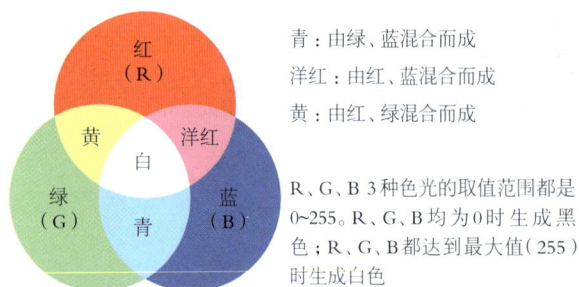

青：由绿、蓝混合而成
洋红：由红、蓝混合而成
黄：由红、绿混合而成

R、G、B 3种色光的取值范围都是0~255。R、G、B均为0时生成黑色；R、G、B都达到最大值（255）时生成白色

图 5-93

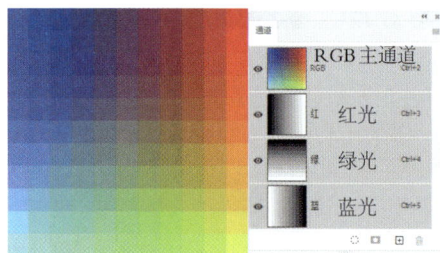

图 5-94

通道调色还有一个规律，即增加一种颜色，会同时减少其补色；反之，减少一种颜色，则会自动增加其补色，如图5-95所示。

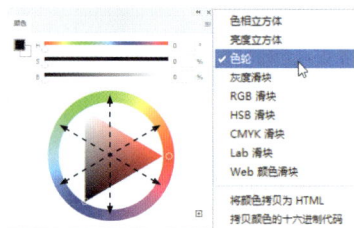

在色轮中处于相对位置的颜色为互补色

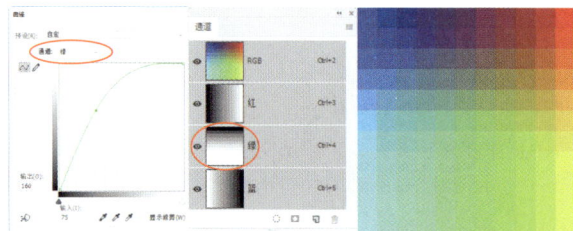

增加绿色的同时，其补色洋红色会减少

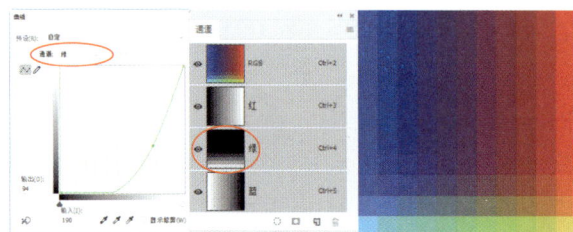

减少绿色的同时，其补色洋红色会增加

图 5-95

5.4.2 实例：用Lab模式调出唯美蓝橙调

Lab模式的通道很特别，其明度通道（L）没有色彩，保存的是图像的明度信息。a通道包含的颜色介于绿色与洋红色之间（互补色）。b通道包含的颜色介于蓝色与黄色之间（互补色）。由此可见，其亮度信息与颜色信息是分开的，因而可以在不改变颜色亮度的情况下调整色相。而调整RGB模式及CMYK模式图像的通道不仅会影响色彩，还会改变颜色的明度。

01 打开照片，如图5-96所示。执行"图像"｜"模式"｜"Lab颜色"命令，将图像转换为Lab模式。执行"图像"｜"复制"命令，复制图像以备用。

图 5-96

02 单击a通道，如图5-97所示，按Ctrl+A快捷键全选，如图5-98所示，按Ctrl+C快捷键复制。

03 单击b通道，如图5-99所示，文档窗口中会显示b通道中的图像，如图5-100所示。按Ctrl+V快捷键，将复制的图像粘贴到该通道中，按Ctrl+D快捷键取消选择，按Ctrl+2快捷键显示彩色图像，如图5-101所示。

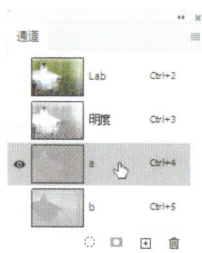

图 5-97　　　　　　　图 5-98

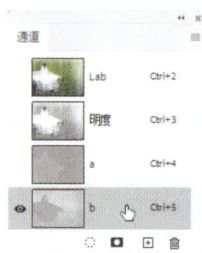

图 5-99　　　　　　　图 5-100

图 5-101

04 按Ctrl+U快捷键，打开"色相/饱和度"对话框，提高青色的饱和度，蓝调效果就制作好了，如图5-102和图5-103所示。

制后，单击a通道，如图5-105所示，进行粘贴即可，效果如图5-106所示。

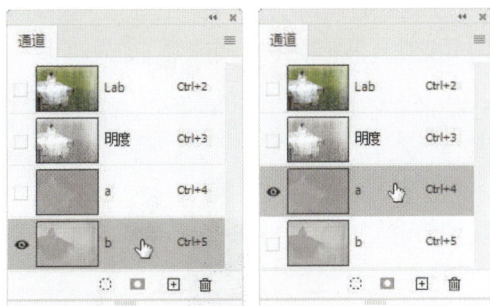

图 5-104　　　　图 5-105

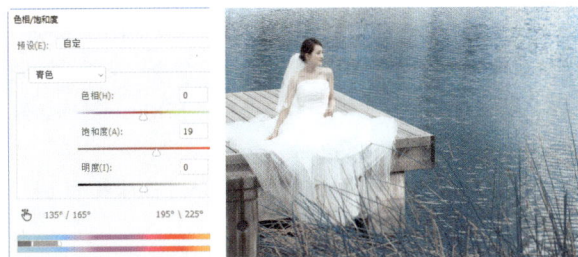

图 5-102　　　　图 5-103

05 橙调与蓝调的制作方法相反。按Ctrl+Tab快捷键切换到另一个文件。单击b通道，如图5-104所示，全选并复

图 5-106

5.5 照片处理自动化

Photoshop 中的动作和批处理功能可以自动编辑图像。动作能将图像的处理过程记录下来，并应用于其他文件。批处理则可将动作应用于多幅图像。二者配合能帮助用户完成重复性操作，让图像编辑变得简单、高效。

5.5.1 实例：用动作调色

01 打开素材，如图5-107所示。单击"动作"面板右上角的 ☰ 按钮，打开面板菜单，执行"载入动作"命令，如图5-108所示。

图 5-107　　　　

图 5-108

02 在弹出的对话框中选择"资源库"|"照片处理动作库"中的"Lomo风格1"动作，如图5-109所示，单击"载入"按钮，将其加载到"动作"面板中，如图5-110所示。

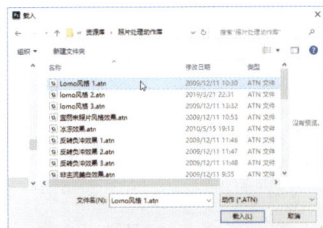

图 5-109

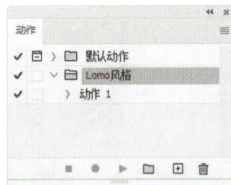

图 5-110

03 单击动作组左侧的 › 按钮，展开列表，单击其中的动

作，如图5-111所示。单击面板底部的"播放选定的动作"按钮 ▶，播放该动作，即可自动将照片处理为Lomo效果，如图5-112所示。动作库中包含很多流行的调色效果，用这些效果处理照片，既省时又省力。

图5-111　　　　　　　图5-112

> **提示**
>
> 选择一个动作，单击播放选定的动作按钮 ▶，可按照顺序播放该动作中的所有命令。在动作中选择一个命令，单击播放选定的动作按钮 ▶，可以播放该命令及后面的命令，之前的命令不会播放。按住Ctrl键并双击面板中的一个命令，可单独播放该命令。

5.5.2 实例：使用批处理为照片加Logo

网店店主为了体现特色或扩大宣传，通常都会为商品图片加上个性化Logo。如果需要处理的图片数量较多，可以用Photoshop的动作功能将Logo贴在照片上的操作过程录制下来，再通过批处理对其他照片播放这个动作，Photoshop就会为每一张照片都添加相同的Logo。

01 打开素材，如图5-113所示。选择"背景"图层，如图5-114所示，按Delete键将其删除，让Logo位于透明背景上，如图5-115所示。

图5-113　　　　　　　图5-114

> **提示**
>
> 制作Logo后，将其放在要添加水印的图像中，并调整位置，然后删除图像，只保留Logo，再将这个文件保存。

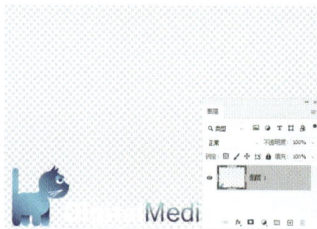

图5-115

02 执行"文件"|"存储为"命令，将文件保存为PSD格式，然后关闭。

03 打开一张照片，下面来录制动作。在"动作"面板中单击面板底部的 □ 按钮和 ⊞ 按钮，创建动作组和动作。执行"文件"|"置入嵌入对象"命令，选择刚刚保存的Logo文件，将其置入当前文档，按Enter键确认操作，如图5-116所示。执行"图层"|"拼合图像"命令，将图层合并。单击"动作"面板底部的 ■ 按钮，完成动作的录制，如图5-117所示。

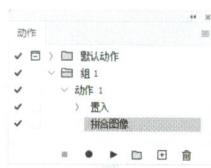

图5-116　　　　　　　图5-117

04 执行"文件"|"自动"|"批处理"命令，打开"批处理"对话框，在"播放"选项组中选择刚刚录制的动作，单击"源"选项组中的"选择"按钮，在打开的对话框中选择要添加Logo的文件夹，如图5-118所示。在"目标"下拉列表中选择"文件夹"选项，然后单击"选择"按钮，在打开的对话框中为处理后的照片指定保存位置，这样就不会破坏原始照片了，如图5-119所示。

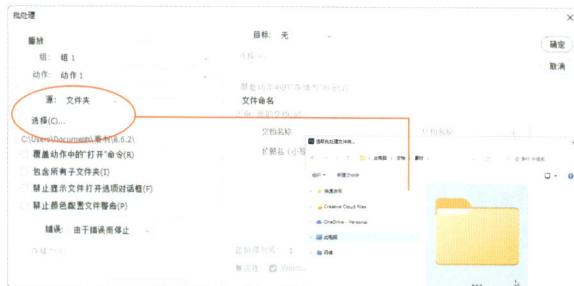

图5-118

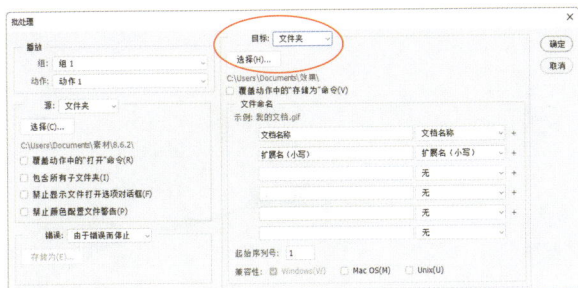

图 5-119

05 设置完成后，单击"确定"按钮，开始批处理，Photoshop会为目标文件夹中的每一张照片都添加一个Logo，并将处理后的照片保存到指定的文件夹中，如图5-120所示。

图 5-120

5.6 应用案例：照片变平面广告

本案例使用"色彩平衡"和"色相/饱和度"调整图层调色，再用画笔工具和图层蒙版制作图像合成效果。

01 打开照片素材，如图5-168所示。单击"调整"面板中的 按钮，创建"色彩平衡"调整图层，分别调整中间调、阴影和高光的参数，使图像色调更加鲜亮，如图5-121~图5-125所示。

图 5-125

02 选择"背景"图层，再单击"调整"面板中的 按钮，在该图层上方创建"色相/饱和度"调整图层，改变图像颜色，如图5-126和图5-127所示。

图 5-121　　　　图 5-122

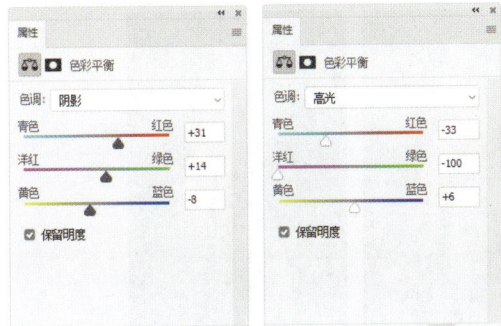

图 5-123　　　　图 5-124

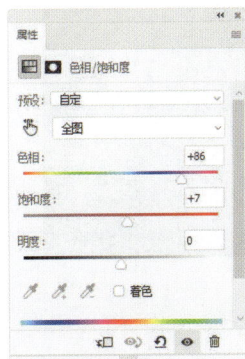

图 5-126　　　　图 5-127

03 选择"色彩平衡"调整图层，单击"调整"面板中的 ▦ 按钮，在其上方创建一个"色相/饱和度"调整图层，勾选"着色"复选框，并将图像调整为紫色，如图5-128和图5-129所示。

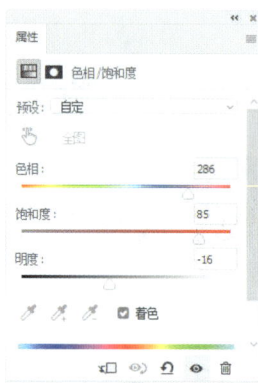

图 5-128　　　　　图 5-129

04 在"图层"面板中单击蒙版缩览图，按Ctrl+I快捷键反相，使蒙版成为黑色。使用画笔工具 🖌（柔边圆笔尖）在画面右上方涂抹白色，将这部分图像显示出来，如图5-130和图5-131所示。

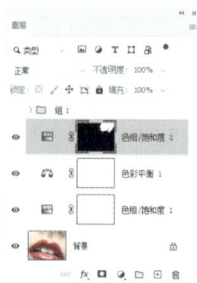

图 5-130　　　　　图 5-131

05 单击"组1"左侧的眼睛图标，显示组中的人物及文字，如图5-132和图5-133所示。

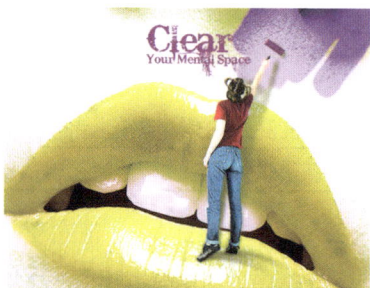

图 5-132　　　　　图 5-133

5.7 应用案例：用隔离颜色的方法调色

　　"色相/饱和度"命令可以隔离颜色，让调整范围更加精准，颜色的过渡也更加柔和。本案例使用此方法为服装调色，如图5-134所示。

图 5-134

01 使用快速选择工具 🖱 将裙子选取，如图5-135所示。单击"图层"面板中的 ◑ 按钮打开下拉菜单，执行"色相/饱和度"命令，创建"色相/饱和度"调整图层。单

击"属性"面板中的图像调整工具 👆，将光标移动到裙子上，找一处中间色调（即非高光和阴影）区域，如图5-136所示，按住Ctrl键拖曳光标，将此处调为蓝紫色，选区会转换到调整图层的蒙版中，并限定调整范围，如图5-137和图5-138所示。

图 5-135　　　　　图 5-136

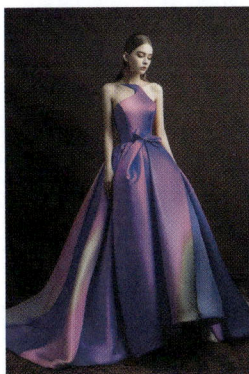

图 5-137　　　　　图 5-138

02 将光标移动到控制衰减范围的滑块上，如图5-139所示，拖曳滑块，扩展所调整的颜色范围，如图5-140和图5-141所示。将光标移动到被调整的颜色区间，向左拖曳，如图5-142和图5-143所示。

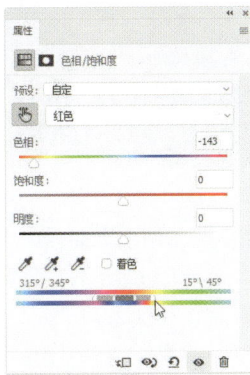

图 5-139

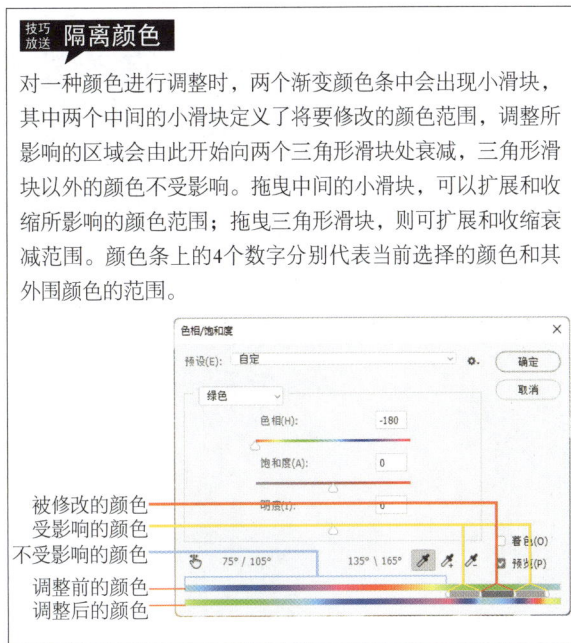

隔离颜色 技巧放送

对一种颜色进行调整时，两个渐变颜色条中会出现小滑块，其中两个中间的小滑块定义了将要修改的颜色范围，调整所影响的区域会由此开始向两个三角形滑块处衰减，三角形滑块以外的颜色不受影响。拖曳中间的小滑块，可以扩展和收缩所影响的颜色范围；拖曳三角形滑块，则可扩展和收缩衰减范围。颜色条上的4个数字分别代表当前选择的颜色和其外围颜色的范围。

03 再创建一个"色相/饱和度"调整图层，将其蒙版填充为黑色。选择画笔工具 ✐ 及柔边圆笔尖，在图5-144所示的位置涂抹白色（这里颜色不自然，需要修改），修改蒙版，如图5-145所示。由于尚未进行调整，所以颜色不会变化。

图 5-144　　　　　图 5-145

04 在"属性"面板中勾选"着色"复选框并修改参数，将此处调为蓝色，如图5-146和图5-147所示。

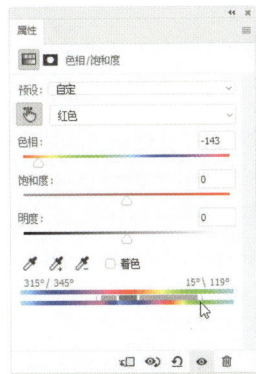

图 5-140　　　　　图 5-141

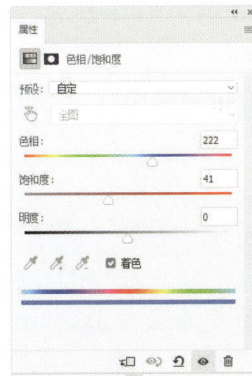

图 5-146　　　　　图 5-147

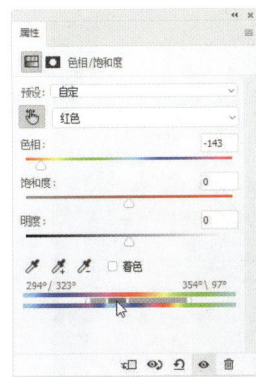

图 5-142　　　　　图 5-143

5.8 应用案例：修改头发颜色

本案例使用调整画笔工具和调整图层修改头发颜色，如图5-148所示。调整画笔工具可直接在图像上进行色彩和亮度调整。同时，它还将选择、遮盖和应用调整的传统工作流程合并为一个步骤，简化局部调整的方式。

图 5-148

01 选择调整画笔工具 ✎，在工具选项栏的"调整"下拉列表中选择"色相/饱和度"选项，勾选"叠加"复选框，如图5-149所示。

调整: 色相/饱和度 ∨ | ✎ ✎ ● 100 | ⊘ ▣ ☑叠加 不透明度: 100% ∨

图 5-149

02 在女孩的头发上拖曳光标，绘制蒙版（将需要调整的区域覆盖住），如图5-150所示。此时会自动创建一个"色相/饱和度"调整图层，如图5-151所示。

图 5-150

图 5-151

03 单击"属性"面板中的 ✋工具，将光标移动到头发上，如图5-152所示，按住Ctrl键进行拖曳，修改色相，即修改头发的颜色，如图5-153所示。可以看到，发梢还保留了原有的颜色，需要进一步处理。

图 5-152

图 5-153

04 在"调整"面板中，色谱下方会出现几个小滑块，如图5-154所示，拖曳它们可以扩展调整范围（适当提高"饱和度"，让头发更清晰），如图5-155所示，这样就能将发梢也包含在调整范围内，如图5-156所示。如果将"饱和度"设置为–100，则可获得炫酷的银发，如图5-157所示。

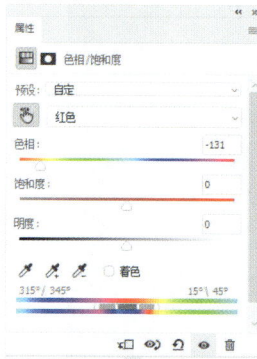
图 5-154

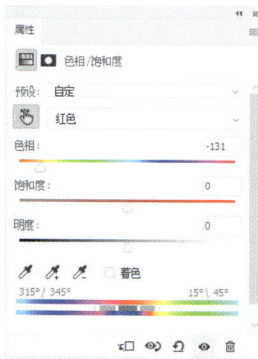
图 5-155

图 5-156

图 5-157

5.9 作业与习题

本章介绍了怎样使用 Photoshop 调整图像的色调和色彩。下面是课后作业和复习题，有助于读者巩固本章所学知识。

5.9.1 课后作业：通过灰点校正色偏

拍摄时的白平衡错误、室内人工照明等会影响拍摄对象，或者照片由于年代久远褪色、扫描或冲印设备精度不够等都会使照片出现色偏。使用"色阶"或"曲线"对话框中的设置灰点工具 🖋，在照片中原本应该是灰色或白色的区域（如灰色的墙壁、道路和白衬衫等）上单击，如图 5-158 和图 5-159 所示，Photoshop 会根据单击处像素的亮度，调整其他中间色调的平均亮度，从而校正色偏，如图 5-160 所示。

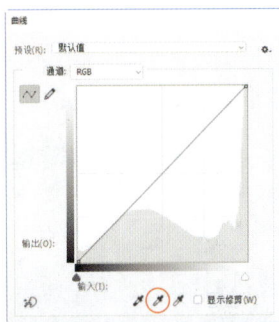

图 5-158

图 5-159

图 5-160

5.9.2 课后作业：黑白照片上色

本实例为黑白照片上色，如图 5-161 所示。打开素材，执行"滤镜"| Neural Filters 命令，打开"Neural Filters"对话框。在"着色"滤镜上单击，启用该滤镜。将光标移动到背景区域，在图 5-162 所示的几处位置单击，添加焦点并在弹出的"拾色器"对话框中设置颜色为白色。在衣服上添加两个焦点，设置颜色为蓝色即可，如图 5-163 所示。

图 5-161

图 5-162

图 5-163

5.9.3 复习题

1. 调色时为什么要用调整图层，而不是直接使用调整命令？

2. 在直方图中，山峰整体向右偏移时，照片的曝光是什么情况？如果有山峰紧贴直方图右端，照片的曝光又是什么情况？

3. 使用"色阶"命令调整照片时，怎样操作能增加对比度？怎样操作能降低对比度？

4. 曲线上的3个预设控制点分别对应"色阶"对话框中色阶的哪几个滑块？

5. 使用通道调整RGB模式的图像时，颜色会基于怎样的规律发生改变？

注：复习题答案在配套资源中

第6章
美工必修课：修图和抠图

6.1 修图与艺术创作

使用数码相机完成拍摄以后，总会有一些遗憾，如照片曝光不准，色调缺少层次，画面出现杂色，美丽的风景中有多余的人物，照片颜色灰暗，人物脸上有痘痘和雀斑，等等；专业的摄影师或影楼工作人员对照片的影调、人物的皮肤、色彩的风格、氛围的营造等有更高的要求，这一切都可以通过后期处理来解决。

后期处理不仅可以解决数码照片中出现的各种问题，也为摄影师和摄影爱好者提供了二次创作的机会和发挥创造力的舞台。传统的暗房受许多摄影技术条件的限制和影响，无法制作出完美的影像。计算机技术给摄影技术带来了革命性的突破，能完成过去无法用摄影技法实现的创意。图 6-1 所示为巴西艺术家 Marcela Rezo 的摄影后期作品。图 6-2 所示为 Tange & Nakimushi Peanuts 公司的"寿司猫"广告。图 6-3 所示为法国天才摄影师 Romain Laurent 的作品，他的广告创意摄影与时装编辑工作非常出色，润饰技巧让人叹为观止。

图 6-1

图 6-2

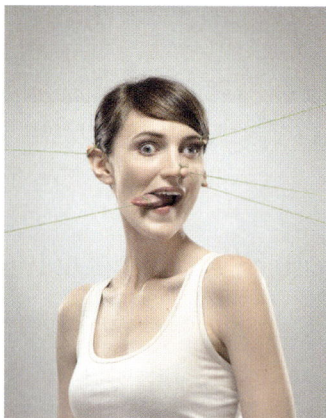
图 6-3

6.2 调整图像的尺寸和分辨率

本节介绍像素的概念及其与分辨率的关系，并讲解怎样修改照片的尺寸、调整图像的分辨率，还要介绍几种图像放大技术。

6.2.1 像素

数码相机或手机拍摄的照片，以及计算机显示器、电视机、平板电脑等电子设备的数字图像都是由像素（Pixel）构成的，如图6-4所示。一般情况下，像素的"个头"非常小。以A4大小（21厘米×29.7厘米）的纸张为例，可包含多达8，699，840个像素。

视图比例为100%（左图）及3200%（右图，每个方块是一个像素）
图6-4

在Photoshop中，像素还可作为计量单位使用。例如，绘画和图像修饰类工具的笔尖大小、选区的羽化范围、矢量图形的描边宽度等，都以像素为单位。

6.2.2 分辨率

分辨率是指单位长度内包含的像素点的数量，通常用像素/英寸（ppi）来表示，如图6-5所示。例如，网络上图片的分辨率多为72ppi，就表示每英寸的长度内包含72个像素点。

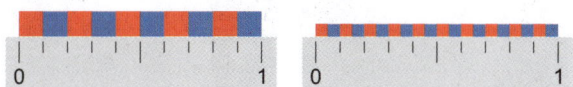

1英寸有10个像素

1英寸有20个像素

图6-5

由于像素记录了图像的内容和颜色信息，因此，图像的分辨率越高，包含的像素越多，信息越丰富，效果也越清晰，但文件也会随之变大。图6-6所示为相同打印尺寸、不同分辨率的两幅图像，可以看到，分辨率高的图像清晰度也高。

分辨率分别为20像素/英寸（左）和300像素/英寸的图像（右）
图6-6

6.2.3 实例：修改图像的尺寸和分辨率

拍摄照片或在网络上下载图像后，可将其作为计算机桌面、QQ头像、手机壁纸或进行打印等。然而，每种用途对图像的尺寸和分辨率的要求也不相同，这就需要对图像的大小和分辨率做出调整。本实例介绍怎样将大幅图像调整为6英寸×4英寸照片大小。

01 打开照片素材，如图6-7所示。执行"图像"|"图像大小"命令，打开"图像大小"对话框，如图6-8所示。当前图像的尺寸是以厘米为单位的，首先将单位设置为英寸，然后修改照片尺寸。另外，照片当前的分辨率太低（72像素/英寸），打印时会出现锯齿，画质很差，也需要调整。

图6-7

图6-8

6.2.4 实例：保留细节并放大图像

放大图像时，多出的空间需要新的像素来填充。Photoshop 会基于不同的插值方法生成新像素。哪种插值方法增加的像素更接近原始像素，图像的效果就更好。在所有插值方法中，"保留细节2.0"基于人工智能辅助技术，最适合放大图像时使用。

02 取消勾选"重新采样"复选框。将"宽度"和"高度"的单位设置为"英寸"，如图6-9所示。可以看到，照片的尺寸是39.375英寸×26.25英寸。将"宽度"改为6英寸，Photoshop会自动将"高度"匹配为4英寸，由于没有重新采样，将照片尺寸调小后，分辨率会自动增加，如图6-10所示。当前分辨率是472.5像素/英寸，已经远远超出最佳打印分辨率（300像素/英寸），高出的部分，人的眼睛分辨不出来。适当降低分辨率，能减小图像的大小，加快打印速度。

01 执行"编辑"|"首选项"|"技术预览"命令，打开"首选项"对话框，勾选"启用保留细节2.0放大"复选框，然后关闭对话框并重启Photoshop。

02 打开素材。执行"图像"|"图像大小"命令，打开"图像大小"对话框，如图6-13所示。

图6-13

图6-9

图6-10

提示

"宽度"和"高度"选项左侧的 🔗 按钮处于激活状态，表示会保持宽、高比例。如果要分别修改"宽度"和"高度"，可以先单击该按钮，再进行操作。

---

03 勾选"重新采样"复选框，如图6-11所示，否则修改分辨率时，照片的尺寸会自动增加。将分辨率设置为300像素/英寸，选择"两次立方（较锐利）（缩减）"选项。观察对话框顶部"图像大小"右侧的数值，如图6-12所示。文件从调整前的15.3MB降低为6.18MB，成功"瘦身"。单击"确定"按钮，关闭对话框。执行"文件"|"存储为"命令，将调整后的照片另存。

03 下面以接近10倍的倍率放大图像。首先将"宽度"设置为300厘米，"高度"会自动调整。在"重新采样"下拉列表中选择"保留细节2.0"选项，如图6-14所示。观察图像缩览图，如果杂色变得明显，可以调整"减少杂色"参数。单击"确定"按钮关闭对话框。如果使用其他方法，图像的效果就没有那么好，对比效果如图6-15和图6-16所示。

图6-14

图6-11

图6-12

用"保留细节2.0"方法放大
图6-15

用"自动"方法放大
图6-16

6.2.5 实例：超级图像放大技术

Neural Filters 是 AI 智能滤镜，使用其放大图像时可自动添加细节，以补偿分辨率的损失。

01 打开素材。执行"滤镜"｜"Neural Filters"命令，切换到该滤镜工作区。开启"超级缩放"功能，如图6-17所示。将"锐化"值调到最高，在 🔍 按钮上连续单击（每单击一次，可将图像放大一倍），将图像放大10倍，如图6-18所示。

02 单击"确定"按钮关闭滤镜。与6.2.4节实例中使用的方法相比，用Neural Filters滤镜放大的效果更好，但缺点是处理过程较为耗时，如果计算机硬件配置不高，则系统很容易崩溃。

图6-17

图6-18

6.3 裁剪和校正照片

编辑数码照片或图像素材时，会用裁剪的方法将多余内容删除，改善画面的构图。

6.3.1 裁剪照片

选择裁剪工具 🔲 时，画面边缘会显示裁剪框，如图6-19所示，拖曳裁剪框可调整其大小，定义要保留的区域。也可拖曳光标创建裁剪框，如图6-20所示。将光标放在裁剪框上并进行拖曳，可以调整裁剪框，按住Shift键拖曳，可等比缩放裁剪框；在裁剪框外拖曳光标，则可进行旋转；按Enter键，可以将裁剪框之外的图像裁掉，如图6-21所示。按Esc键则取消操作。

图6-19

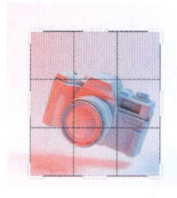
图6-20

图6-21

为了帮助用户实现合理的构图，裁剪工具 🔲 的选项栏中包含了基于经典构图形式的参考线，如图6-22所示。将其叠加在图像上，便可依据其划定的重点区域对画

图6-22

面进行取舍。图6-23所示为经典构图形式在摄影、广告、新闻图片、油画上的应用。

黄金比例　　　对角　　　三角形

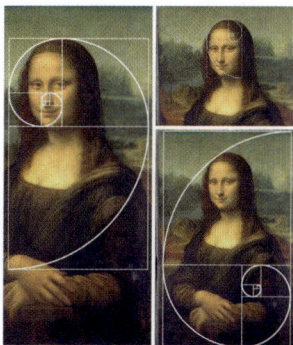
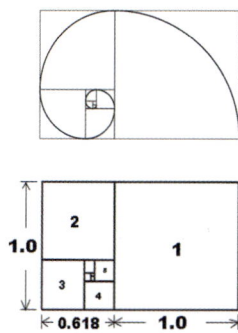
黄金螺线（即斐波那契螺旋线）
图6-23

6.3.2 实例：裁剪并校正透视

拍摄高大的建筑时，由于视角较低，竖直的线条会向消失点集中，产生透视畸变。本实例介绍处理方法。

01 选择透视裁剪工具 ⬚ ，拖曳光标创建矩形裁剪框；之后拖曳裁剪框四个角的控制点并观察参考线，使其与建筑侧立面平行，如图6-24所示。

02 按Enter键，将裁剪框外的图像裁掉，与此同时，拉正画面，如图6-25所示。

图6-24　　　　　　　图6-25

6.3.3 实例：将倾斜的照片调正

01 打开照片素材，如图6-26所示。选择标尺工具 ▭ ，沿着女孩的胳膊拖曳光标，拉出一条直线，如图6-27所示。单击工具选项栏中的"拉直图层"按钮，如图6-28所示，对照片的角度进行校正，如图6-29所示。

图6-26

图6-27　　　　　图6-28　　　图6-29

02 选择魔棒工具 ✦ ，取消勾选"连续"复选框，在照片的空白处单击，将其全部选取，如图6-30所示。执行"选择"|"修改"|"扩展"命令，设置"扩展量"为2像素，如图6-31所示。单击"确定"按钮，关闭对话框。

图6-30　　　　　　　图6-31

03 执行"编辑"|"内容识别填充"命令，切换到内容识别填充工作区，如图6-32所示。Photoshop会从选区周围复制图像，再对选区进行自动填充，在"预览"面板中可以看到填充效果，如图6-33所示。按Enter键确认，按Ctrl+D快捷键取消选择，如图6-34所示。

图6-32　　　　　　　图6-33

提示

执行"内容识别填充"命令时，文档窗口中选区外的图像上会覆盖一层绿色的半透明蒙版，类似快速蒙版，只是颜色不同。"工具"面板中的取样画笔工具 ✔ 与"选择并遮住"命令中的画笔工具 ✔ 用法相同。套索工具 ◯ 和多边形套索工具 ◺ 可用于修改选区。

图6-34

6.4 修图

Photoshop 中有各种修图工具（如仿制图章、修复画笔、污点修复画笔、移除工具、修补和加深等）以及方法，可以完成复制图像、消除瑕疵、调整曝光，以及进行局部的锐化和模糊等操作。

6.4.1 图像修复工具

● 仿制图章工具 👤：常用于复制图像，或去除照片中的缺陷。选择该工具后，在要复制的区域按住 Alt 键单击进行取样，释放 Alt 键，在需要修复的区域涂抹即可。图 6-35 和图 6-36 所示为使用该工具去除女孩身后多余的人物前后对比。

图 6-35　　　　　　　图 6-36

● 修复画笔工具 🖌：可以从被修饰区域的周围取样，并将样本的纹理、光照、透明度和阴影等与修复的像素匹配，因此，去除照片中的污点和划痕时，不会留下明显的痕迹。图 6-37 所示为一张人像照片的局部，将光标放在眼角附近没有皱纹的皮肤上，按住 Alt 键单击进行取样，释放 Alt 键后，在眼角的皱纹处单击并拖曳光标，即可将皱纹抹除，如图 6-38 所示。

图 6-37　　　　　　　图 6-38

● 污点修复画笔工具 🖌：与修复画笔工具 🖌 的原理类似，但操作更方便，只要在照片中的污点、划痕等处单击，便可快速去除不理想的部分，图 6-39 和图 6-40 所示为前后对比。

● 修补工具 ⬭：与修复画笔工具 🖌 的原理类似，但需要用选区来定义修补范围。在工具选项栏中将"修补"设置为

"正常"后，选择"目标"选项，在图像上建立选区，如图 6-41 所示，在选区内单击并拖曳光标，可复制新的人物，如图 6-42 所示。选择"源"选项，移动选区到指定位置后，会对原图像进行覆盖，如图 6-43 所示。

图 6-39　　　　　　　图 6-40

图 6-41

图 6-42　　　　　　　图 6-43

● 内容感知移动工具 ✂：用该工具将选中的对象移动或扩展到其他区域后，可以重组和混合对象。图 6-44 所示为使用该工具选取的图像，在工具选项栏中将"模式"设

图 6-44

置为"移动"后，在选区内单击，并将人物拖曳到新位置，Photoshop 会自动填充空缺的部分，如图 6-45 所示；如果将"模式"设置为"扩展"，则可复制得到新的人物，如图 6-46 所示。

图 6-45　　　　　　　　图 6-46

● 红眼工具 ⁺◉ ：在红眼区域单击，可去除用闪光灯拍摄的人像照片中的红眼，以及动物眼睛上的白色或绿色反光。

6.4.2 实例：祛除眼角和嘴角皱纹

01 打开素材。选择修复画笔工具 🖌，在工具选项栏中选择柔边圆笔尖，在"模式"下拉列表中选择"替换"选项，将"源"设置为"取样"。将光标放在眼角附近没有皱纹的皮肤上，按住 Alt 键并单击进行取样，如图 6-47 所示；释放 Alt 键，在皱纹处拖曳光标，进行修复，如图 6-48 所示。

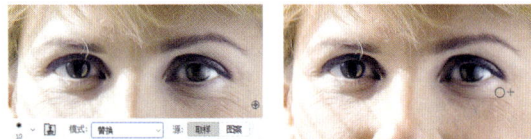

图 6-47　　　　　　　　图 6-48

02 继续修复眼角的皱纹（可根据需要按 [键和] 键调整笔尖大小），图 6-49 和图 6-50 所示为前后对比。

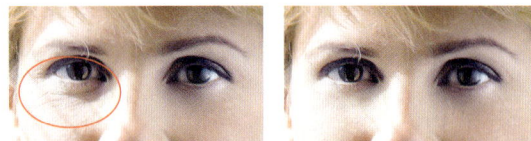

图 6-49　　　　　　　　图 6-50

03 采用同样的方法修复嘴角的法令纹，之后将百叶窗投射在面部的阴影也去掉，效果如图 6-51 所示。

图 6-51

6.4.3 实例：牙齿美白与整形

01 打开素材，单击"调整"面板中的 🔲 按钮，创建"色相/饱和度"调整图层。激活"属性"面板中的 👆 按钮，找一处最黄的牙齿（光标会变成吸管工具 🖋），在其上方单击，进行取样，如图 6-52 所示，"调整"面板的渐变颜色条上会出现滑块，取样的颜色就在这个区间，如图 6-53 所示。

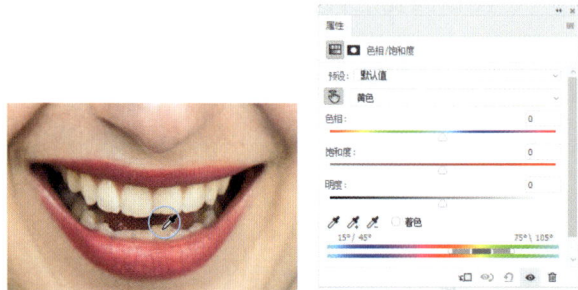

图 6-52　　　　　　　　图 6-53

02 将"饱和度"调低，黄色会变白。注意不能调到最低值，否则牙齿会变成黑白效果，像黑白照片一样。将"明度"提高，让牙齿颜色明亮一些，有一点晶莹剔透的感觉才好，如图 6-54 和图 6-55 所示。

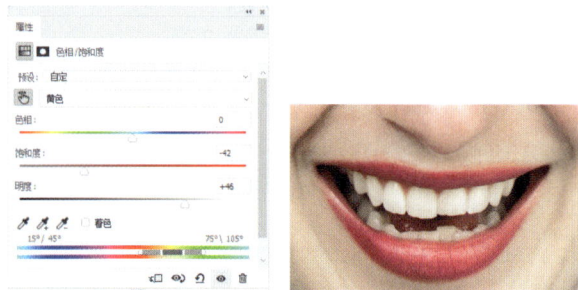

图 6-54　　　　　　　　图 6-55

03 按 Alt+Shift+Ctrl+E 快捷键，将当前效果盖印到新的图层中，用来修复牙齿。执行"滤镜"|"液化"命令，打开"液化"对话框。默认会选取向前变形工具 🖌，按 [键和] 键调整工具大小，通过拖曳光标的方法将缺口上方的图像向下"推"，把缺口补上，如图 6-56~图 6-58 所示。"推"过头的地方，可以从下往上"推"，把牙齿找平。上面牙齿的缺口比较小，把工具调到比缺口大一点再处理；下面牙齿的问题主要是参差不齐，工具应调大一些。另外不要反复修改一处缺口，否则会使图像变得模糊不清。

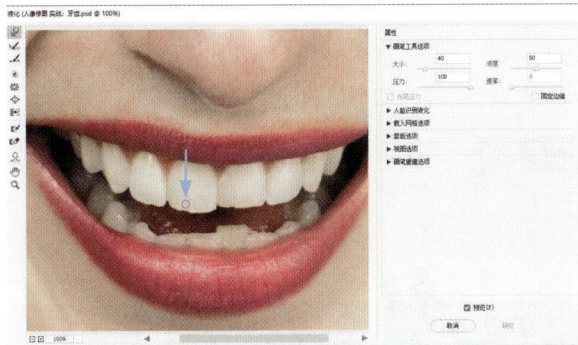

图6-56

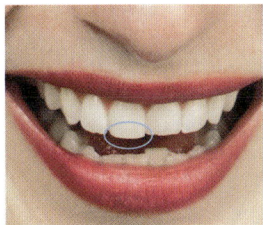

图6-57

图6-58

图6-61

图6-62

图6-63

图6-64

图6-65

图6-66

6.4.4 实例：瘦身

01 打开素材，使用矩形选框工具 选取人物的身体部分，如图6-59所示，按Ctrl+J快捷键，将选中的图像复制到新的图层中，如图6-60所示。

图6-59

图6-60

02 按Ctrl+T快捷键显示定界框，在选区内右击，在弹出的快捷菜单中执行"变形"命令，如图6-61所示。将光标放在定界框左侧的方向点上，如图6-62所示，向右拖曳光标，使衣袖和腰身变细，如图6-63和图6-64所示。将右侧的方向点向左拖曳，使人物看起来更加苗条，如图6-65所示。再来调整定界框下方的控制点，将其向下拖曳，以拉长人物的腿部线条，如图6-66所示。

提示

显示变形网格以后，执行"编辑"|"变换"菜单中的命令，或单击工具选项栏中的"拆分"按钮，之后在图像上单击，可以拆分网格，增加网格线和控制点。在"网格"下拉列表中，有几种预设网格。除此之外，"变形"下拉列表中还提供15种预设，可以直接创建各种扭曲。单击新添加的网格线，按Delete键，或执行"移去变形拆分"命令，可将其删除。

03 单击"图层"面板底部的 按钮，创建蒙版。选择画笔工具 ，设置"大小"为40像素，在图像的边缘涂抹黑色，使其与底层图像自然融合，如图6-67和图6-68所示。

图6-67　　　　　　　　图6-68

6.4.5 实例：去除画面中的游客

01 打开素材，如图6-69所示。按Ctrl+J快捷键，复制"背景"图层。

图6-69

02 选择多边形套索工具 ，在游客周围单击创建选区，将人物选取，如图6-70所示。

03 选择修补工具 ，在工具选项栏的"修补"下拉列表中选择"内容识别"选项。将光标放在选区内，向画面左侧拖曳光标，到达空白水面的位置释放鼠标左键，用此处图像修复选中的图像。注意，选区下方要将水边的石头包含在内，如图6-71所示。

图6-70　　　　　　图6-71

04 按Ctrl+D快捷键取消选区。使用多边形套索工具 选取右侧的游客，如图6-72所示，使用修补工具 进行修复（做好与草地的衔接），如图6-73和图6-74所示。

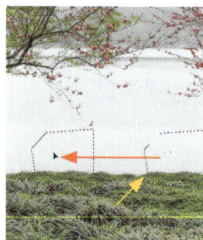

图6-72　　　　　　图6-73

图6-74

6.4.6 实例：去除照片上的文字

01 打开素材，使用快速选择工具 选择文字，如图6-75所示。按住Alt键在字母P中间的空白处涂抹，将其从选区内减去，如图6-76所示。

图6-75　　　　　　图6-76

02 执行"编辑"|"内容识别填充"命令，如图6-77所示，根据选区周围的图像，自动对选区进行填充，按Enter键确认，按Ctrl+D快捷键取消选择，效果如图6-78所示。水印基本去除了，只保留了一点边缘痕迹。

03 选择污点修复画笔工具 ，勾选"对所有图层取样"复选框，如图6-79所示。通过"内容识别填充"命令修复图像时会生成新的图层，不会对原图层产生破坏。使用污点修复画笔工具在残留的水印上涂抹，将图像修复干净，如图6-80和图6-81所示。

图6-77

图6-78

图6-79

图6-80

图6-81

6.5 用人工智能修图

Adobe的人工智能（Adobe Firefly）基于深度学习和神经网络技术构建，通过大量图像数据的训练，使其具备了学习并理解各种图像元素、纹理和风格的能力，能准确地模拟原始图像的特征，生成与之一致的内容。利用人工智能技术，可以快速修复照片中的缺陷，创造新的图像元素。给平面设计、摄影等相关从业者带来极大的便利。

6.5.1 实例：消除铁丝网

本实例使用移除工具将图片中的铁丝网消除，如图6-82所示。

图6-82

01 新建一个图层（以免破坏原始图像）。选择移除工具，在工具选项栏中设置笔尖"大小"为60，勾选"对所有图层取样"复选框，如图6-83所示。

图6-83

02 在铁丝网上拖曳光标，如图6-84所示，释放鼠标左键后，即可将铁丝网消除，如图6-85所示。

图6-84

图6-85

03 采用同样的方法操作，将剩余的铁丝网都消除，如图6-86所示。如果消除后图像出现不自然的情况，可在其上方拖曳光标，重新生成图像。

图6-86

提示

需要处理范围较大的图像时，可以像使用套索工具一样在要移除的区域周围画一个圆圈，释放鼠标左键后，可将圈内的图像移除。

6.5.2 实例：去除图像中的水印

前面介绍了几种消除图像内容的方法。本实例将使用人工智能快速地消除图像中的水印，如图6-87所示。

图6-87

01 打开素材。使用矩形选框工具 在水印文字上方拖曳光标，选取水印文字，如图6-88所示。

图6-88

02 在"窗口"菜单中打开上下文任务栏。将光标移动到图6-89所示的按钮上，单击，然后单击"生成"按钮，如图6-90所示，Photoshop会生成新的图像将文字抹除。"属性"面板中会提供3种效果，选择一个与原图融合度最高的即可，如图6-91和图6-92所示。

图6-89   图6-90

图6-91   图6-92

6.5.3 实例：消除照片中的多余人物

本实例使用人工智能将图片中多余的人物消除，如图6-93所示。

图6-93

01 选择套索工具 ，拖曳光标，将左侧的两个女孩选取，如图6-94所示。

图6-94

02 单击工具选项栏中的 按钮，然后在右侧的两个女孩上拖曳光标，将其添加到选区中，如图6-95所示。

图6-95

03 将光标移动到上下文任务栏中的"创成式填充"按钮

上，单击，然后单击"生成"按钮，如图6-96所示，让人工智能分析图像并将人物消除，如图6-97所示。"图层"面板中会添加一个"创成式填充"图层，用以存放新图像，如图6-98所示。"属性"面板中则会提供3种效果，供用户选择，如图6-99所示。

图6-96

图6-97

图6-98

图6-99

6.5.4 实例：人物快速换装

本实例为人工智能下达指令，让它按照用户的要求生成图像，如图6-100所示。

图6-100

01 选择套索工具 ◯，拖曳光标，将人物除头部之外的身体部分选取，如图6-101所示。在"窗口"菜单中打开上下文任务栏。将光标移动到"创成式填充"按钮上，单击，在文本框中输入"黄色长裙"，如图6-102所示。

图6-101

图6-102

02 单击"生成"按钮，Photoshop会生成图像。"属性"面板中包含了3种效果，如图6-103所示。

图6-103

03 第一种效果较好，可以在其基础上进行优化。将光标移动到其上方，如图6-104所示，显示 ••• 图标后，单击该图标，打开下拉列表，如图6-105所示，执行"生成类似内容"命令，再次生成图像，如图6-106和图6-107所示。可以看到，人物的姿态、裙子的样式，以及项链、戒指等饰物有了些许变化，但基本特征都很好地保留下来。

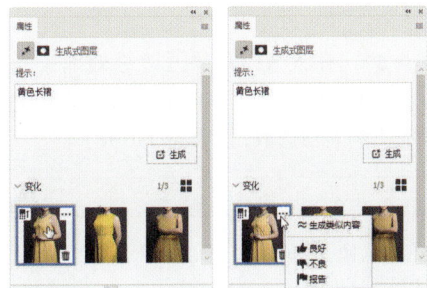

图6-104　　　　图6-105

图 6-106　　　　　　　　图 6-107

6.5.5 实例：扩展画面及更换背景

　　本实例修婚纱图片，即通过人工智能更换人物背景，再将画面扩展为宽幅效果，如图 6-108 所示。

图 6-108

01 选择套索工具 ⟲，在人像内部靠近边缘处拖曳光标，创建选区，如图 6-109 所示。单击上下文任务栏中的 ⟲ 按钮进行反选，将背景选取，如图 6-110 所示。

> **提示**
>
> 创建选区时，要包含人像边缘的图像，以便为人工智能生成图像时预留出可供识别的信息。

图 6-109　　　　　　　　图 6-110

02 将光标移动到"创成式填充"按钮上，单击，然后在文本框中用文字描述想要生成的图像——"大海"，如图 6-111 所示。

图 6-111

03 单击"生成"按钮，Photoshop 中的人工智能会分析选中的图像并生成大海，如图 6-112 所示。"属性"面板中则会提供 3 种效果，第三种较好，在其上方单击，如图 6-113 所示。

图 6-112　　　　　　　　图 6-113

04 显示 ••• 图标后，单击该图标，打开下拉列表，如图 6-114 所示，执行"生成类似内容"命令，以该图像为模板，再次生成图像，如图 6-115 所示。

05 第 3 幅图像较为合理，色彩与婚纱也很协调，可在此基础上对画面进行扩展，以表现大画幅广角效果。选择裁剪工具 ⟲，在工具选项栏的"填充"下拉列表中选择"生成式扩展"选项，如图 6-116 所示。

图6-120　　　　　图6-121

图6-114　　　　图6-115

6.5.6 实例：以图生图

图6-116

01 新建一个文件。单击"工具"面板底部的 按钮，或执行"编辑"|"生成图像"命令，打开"生成图像"面板。在"提示灵感"列表中单击猫咪预设，Photoshop会自动添加其AI生成术语。单击"参考图像"按钮，如图6-122所示。

06 在图像上单击，显示裁剪框，如图6-117所示，拖曳控制点，将裁剪框拉大，如图6-118所示。

图6-117　　　　　图6-118

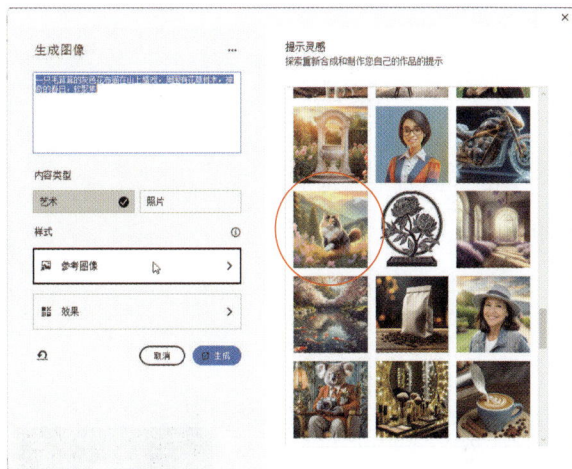

图6-122

07 按Enter键，对画布进行扩展，与此同时，人工智能会生成图像将空白区域填满。图6-119所示为3种效果。

02 在这一步，可以在"图库"列表中选择图像的风格；也可单击"选择图像"按钮，在打开的对话框中选择一幅猫咪图像，如图6-123和图6-124所示。

图6-123　　　　　图6-124

图6-119

08 单击"属性"面板的第一种效果。使用套索工具 将左上角的岩石选取，如图6-120所示，将光标移动到上下文任务栏的"创成式填充"按钮上，单击，然后单击"生成"按钮，让人工智能将岩石消除，效果如图6-121所示。

03 单击"生成"按钮，如图6-125所示，人工智能会生成与所选图像相似的猫咪，如图6-126所示。除此方法外，Photoshop中预设的图像风格也非常精彩。例如，单击 按钮，打开下拉面板，选择图6-127所示的线描风格，然后重新生成图像，如图6-128所示。

图 6-125

图 6-126

图 6-127

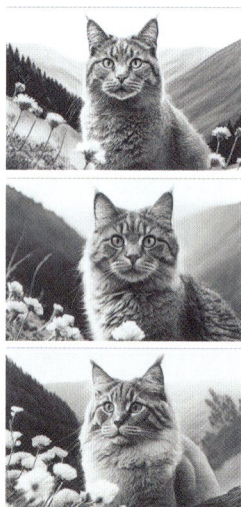

图 6-128

6.6 磨皮

磨皮是人像照片处理中非常重要的一个环节，是在消除色斑、皱纹的基础上，进一步美化皮肤的操作，可以使皮肤白皙、光滑、通透。

6.6.1 实例：肌肤美白

01 打开素材，如图 6-129 所示。按 Ctrl+J 快捷键复制"背景"图层，得到"图层 1"。设置混合模式为"滤色"、"不透明度"为50%，如图 6-130 和图 6-131 所示。

图 6-129

图 6-130

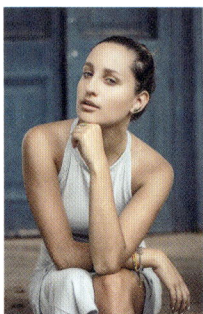

图 6-131

02 按 Alt+Shift+Ctrl+E 快捷键，对图层进行盖印，得到"图层 2"，如图 6-132 所示。执行"图像"|"调整"|"替换颜色"命令，打开"替换颜色"对话框，如图 6-133 所示。

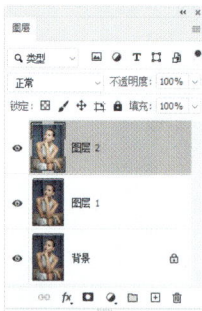

图 6-132

图 6-133

03 将光标放在人物的皮肤上，单击进行取样，如图6-134 所示。设置"颜色容差"为110、"明度"为30，如图 6-135 和图 6-136 所示，人物皮肤虽然明显变白，但是暗部的肤色依然太深，肤色显得不均匀。选择添加到取样工具 ✐，将光标放在深色皮肤上，如图 6-137 所示，单击，将这部分颜色也添加到取样范围内，皮肤就彻底变白了，如图 6-138 和图 6-139 所示。

图6-134 图6-135

图6-136 图6-137

图6-138 图6-139

04 选择画笔工具 ✎，在工具选项栏中设置"大小"为40像素、"不透明度"为30%。单击"图层"面板底部的 ▣ 按钮，创建蒙版。在人物的眉眼和嘴唇上涂抹黑色，恢复这些区域的色调，使人物看起来更有精神，如图6-140和图6-141所示。

图6-140 图6-141

6.6.2 实例：用通道磨皮

01 打开素材，如图6-142所示。将"绿"通道拖曳到"通道"面板底部的 ▣ 按钮上进行复制，得到"绿 拷贝"通道，文档窗口中显示"绿 拷贝"通道中的图像，如图6-143和图6-144所示。

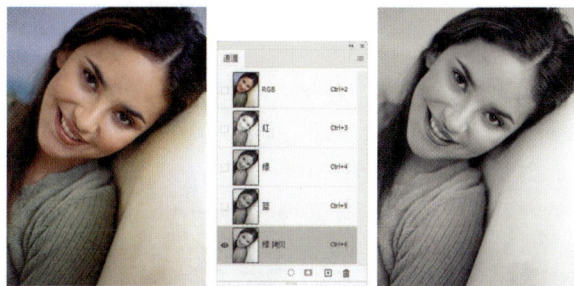

图6-142 图6-143 图6-144

02 执行"滤镜"|"其他"|"高反差保留"命令，设置"半径"为20像素，如图6-145和图6-146所示。

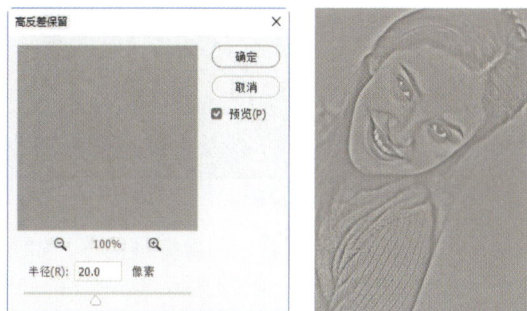

图6-145 图6-146

03 执行"图像"|"计算"命令，打开"计算"对话框，设置"混合"为"强光"、"结果"为"新建通道"，如图6-147所示，计算以后会生成名称为"Alpha 1"的通道，如图6-148和图6-149所示。

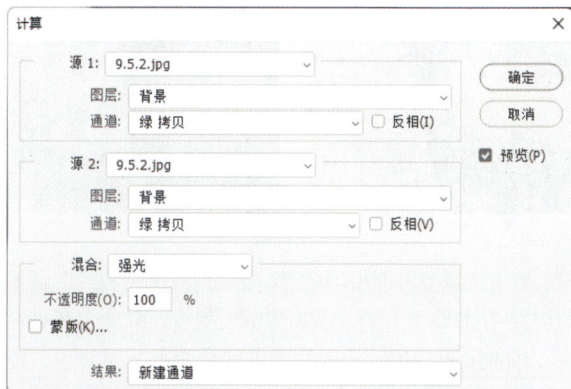

图6-147

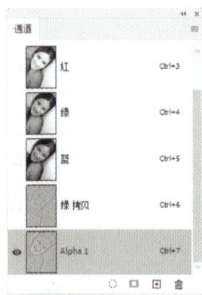 

图6-148　　　　　图6-149

04 再次执行"计算"命令，得到"Alpha 2"通道，如图6-150所示。单击"通道"面板底部的 ⬚ 按钮，载入通道中的选区，如图6-151所示。

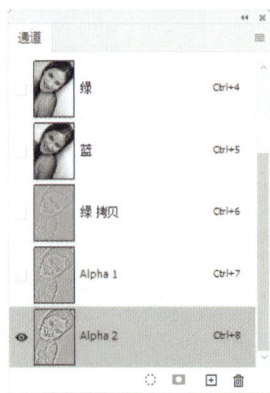 

图6-150　　　　　图6-151

05 按Ctrl+2快捷键，返回彩色图像编辑状态，如图6-152所示。按Shift+Ctrl+I快捷键进行反选，如图6-153所示。

图6-152　　　　　图6-153

06 单击"调整"面板中的 ▦ 按钮，创建"曲线"调整图层。在曲线上单击，添加两个控制点，并向上移动曲线，如图6-154所示，人物的皮肤会变得非常光滑、细腻，如图6-155所示。

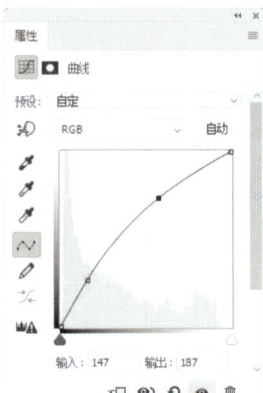 

图6-154　　　　　图6-155

07 人物的眼睛、头发、嘴唇和牙齿等部位有些过于模糊，需要恢复为清晰效果。选择画笔工具 🖌（柔边圆笔尖），将工具的"不透明度"设置为30%，在眼睛、头发等部位涂抹黑色，用蒙版遮盖图像，显示"背景"图层中清晰的图像。图6-156所示为修改蒙版之前的图像，图6-157所示为修改后的蒙版及图像效果。

图6-156　　　　　图6-157

08 下面处理眼睛中的血丝。单击"背景"图层，如图6-158所示。选择修复画笔工具 🖌，按住Alt键，在靠近血丝处单击，拾取颜色（白色），如图6-159所示，然后释放Alt键，在血丝上涂抹，用拾取的颜色将其覆盖，如图6-160所示。

图6-158　　　图6-159　　　图6-160

09 单击"调整"面板中的 ◨ 按钮，创建"可选颜色"调整图层，单击"颜色"选项右侧的 ⌄ 按钮，选择"黄色"选项，通过减少画面中的黄色，使人物的皮肤颜色变得粉嫩，如图6-161和图6-162所示。

图 6-161　　　　　图 6-162

⑩ 按 Alt+Shift+Ctrl+E快捷键，将磨皮后的图像盖印到新的图层中，如图6-163所示，按Ctrl+] 快捷键，将其移动到顶层，如图6-164所示。

⑪ 执行"滤镜" | "锐化" | "USM锐化"命令，对图像进行锐化，使细节更加清晰，如图6-165所示。图6-166所示为原图像，图6-167所示为磨皮后的效果。

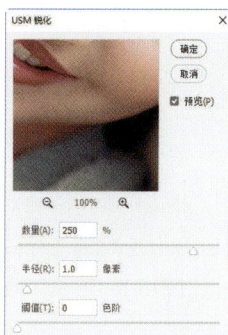 

图 6-165　　　　　图 6-166

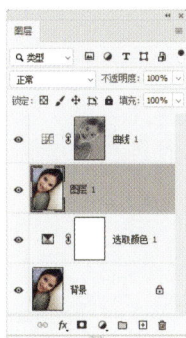 

图 6-163　　　　图 6-164

图 6-167

6.7 改善画质

照片中有噪点或锐度不够，都会影响画质。降噪可以消除或减少噪点，锐化则可以让图像看上去更加清晰。

6.7.1 降噪

使用数码相机拍照时，如果ISO设置得过高且曝光不足，或者用较慢的快门速度在暗光环境中拍摄，很容易出现噪点和杂色。使用"滤镜" | "杂色"菜单中的"减少杂色"滤镜处理这种照片非常有效。

噪点在颜色通道中分布并不均衡，有的通道噪点多一些，有的则少一些。勾选"减少杂色"对话框中的"高级"单选按钮，然后切换至"每通道"选项卡，对噪点多的通道进行较大幅度的模糊，对噪点少的通道进行轻微模糊

或者不做处理，就可以在不过多影响图像清晰度的情况下最大程度地减少噪点，如图6-168所示。

图 6-168

图6-169　　　　　图6-170

"滤镜" | "锐化"菜单中的"USM 锐化"和"智能锐化"滤镜是锐化照片的好帮手。使用"USM 锐化"滤镜可以查找图像中颜色发生显著变化的区域，然后将其锐化。"智能锐化"与"USM 锐化"滤镜相似，但其提供了独特的锐化控制选项，可以设置锐化算法、控制阴影和高光区域的锐化量。

6.7.2 锐化

使用Photoshop锐化图像时，可以提高图像中两种相邻颜色（或灰度层次）交界处的对比度，使它们的边缘更加明显和清晰，造成图像锐化的错觉。图6-169所示为原图，图6-170所示为锐化后的效果。

6.8 抠图

设计工作中经常会用无背景的素材进行创作、合成，制作广告页、商品宣传单、Banner、包装等。要得到这样的素材，需要使用抠图技术，将所需图像中的部分内容（如人物）选中，再从原有背景中分离出来。

6.8.1 从分析图像入手

Photoshop 提供了不同的抠图工具。在抠图之前，应先分析图像的特点，再根据分析结果确定使用哪种工具和方法。

● 分析对象的形状特征：边界清晰流畅、图像内部没有透明区域的对象是比较容易选择的对象。如果这样的对象其外形为基本的几何形，可以用选框工具（矩形选框工具 ⬚ 、椭圆选框工具 ○ ）和多边形套索工具 ⅋ 选择。例如，图6-171所示的魔方可以使用多边形套索工具 ⅋ 抠出来，如图6-172所示。如果对象呈现不规则形状，边缘光滑且不复杂，则更适合使用钢笔工具 ⌀ 选取。图6-173所示是使用钢笔工具 ⌀ 描绘的路径轮廓，将路径转换为选区后即可选中对象并进行抠图，如图6-174所示。

图6-173　　　　　　　　图6-174

● 从色彩差异入手："色彩范围"命令包含"红色""黄色""绿色""青色""蓝色"等固定的色彩选项，如图6-175所示，通过这些选项可以选择包含以上颜色的图像，如图6-176所示。

图6-171　　　　　图6-172

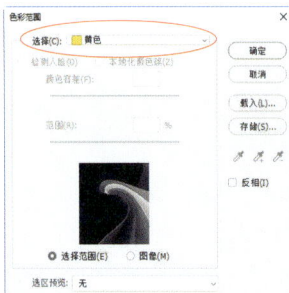
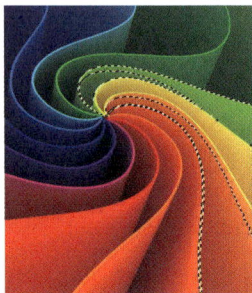

图6-175　　　　　　图6-176

● 从色调差异入手：魔棒工具 🪄、快速选择工具 ✏、磁性套索工具 ⚲、背景橡皮擦工具 ◐、魔术橡皮擦工具 ◈、对象选择工具 ▣、通道和混合模式，以及"色彩范围"命令中的部分功能可基于色调差异生成选区。如果图像情况复杂，没有特别适合的抠图工具，可以考虑编辑通道，让对象与背景产生足够的色调差异，为抠图创造机会。

● 毛发：抠图中最难处理的是毛发，因为其细节多，且细小、琐碎。"调整边缘"命令和通道是抠取此类复杂对象的主要工具。例如抠长发女孩，可以利用头发与背景的色调差别，在通道中将背景处理为白色，让头发变为黑色，模特的服装轮廓则用钢笔工具抠取，如图6-177所示。

原图　　　　　　　　　　　将背景处理为白色，头发处理为黑色

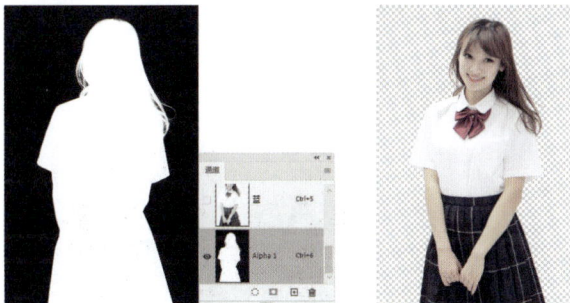

将头发与服装轮廓选区合并保存到通道中　抠取的图像
图6-177

● 透明对象：对于玻璃杯、冰块、水珠、气泡等，抠图时能够体现它们透明特质的是半透明的像素。抠取此类对象时，最重要的是既要体现对象的透明特质，也要保留其细节特征。"调整边缘"命令和通道，以及设置了羽化值的选框和套索等工具都可以抠透明对象。图6-178所示为原图，图6-179所示为在通道中制作选区时抠出的透明烟雾。

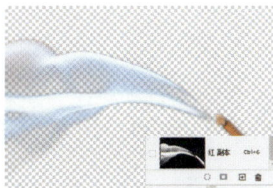

图6-178　　　　　　　　图6-179

6.8.2 实例：用混合颜色带抠文字

01 打开福字素材，单击锁状图标 🔒，如图6-180所示，将"背景"图层转换为普通图层。执行"图层"|"新建填充图层"|"纯色"命令，弹出"拾色器"对话框，设置颜色为红色，创建红色填充图层，并拖曳到文字下方，如图6-181所示。

图6-180　　　　　　图6-181

02 在"图层"面板中双击福字所在的"图层0"的空白处，打开"图层样式"对话框。将本图层下方的白色滑块向左侧拖曳，此时背景颜色会隐藏，下方填充图层的红色逐渐显现，如图6-182所示。注意观察文字边缘，当背景图像（白色）消失时释放滑块，如图6-183所示。

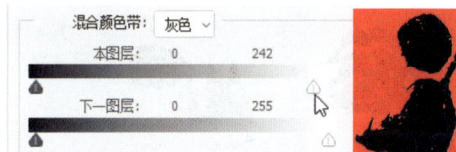

图6-182

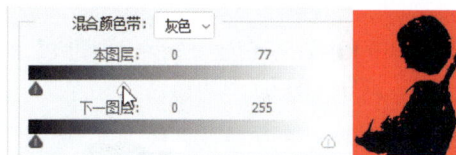

图6-183

03 现在文字已经抠出。但这是毛笔字，边缘还要柔和一些。按住Alt键单击白色滑块，将其一分为二，然后把分离出来的这两个滑块往左右两侧拖曳，建立过渡的羽化区域，即可在文字边缘生成轻微的模糊效果，如图6-184所示。图6-185所示为原图，图6-186所示为抠图后的效果。

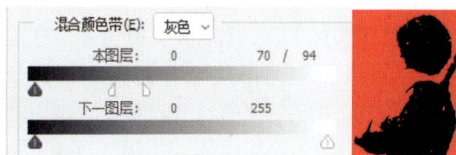

图6-184

图 6-185　　　　　图 6-186

6.8.3 实例：用"色彩范围"命令抠标志

01 打开素材，如图6-187所示。执行"选择"|"色彩范围"命令，打开"色彩范围"对话框。在白色背景上单击，然后向右拖曳"颜色容差"滑块，如图6-188所示（白色代表选中的区域）。单击"确定"按钮关闭对话框，选取背景。

图 6-187　　　　　图 6-188

02 按住Alt键并单击 ■ 按钮，创建一个反相的蒙版，将选中的背景遮盖，如图6-189和6-190所示。

图 6-189　　　　　图 6-190

03 下面来看一看抠得是否干净。单击 ● 按钮打开菜单，执行"纯色"命令，创建深灰色填充图层，按Ctrl+[快捷键，将其调整到图标下方，如图6-191所示。在深灰色的衬托下，可以看到图形边缘有白边（即背景色），如图6-192所示。对于其他类型的图像，这意味着抠图失败了，但图标这类单色图像不一样，只要一个小技巧，就能改善效果。

图 6-191　　　　　图 6-192

04 单击图标所在图层的 ● 图标，将该图层隐藏。按住Ctrl键并单击其蒙版缩览图，如图6-193所示，将图标的选区加载到画布上，如图6-194所示。

图 6-193　　　　　图 6-194

05 创建一个黑色填充图层，选区会转换到其蒙版中，如图6-195所示。由于脱离了原图标图层，就不存在背景颜色，图标也就没有白边了，如图6-196所示。如果图标是其他颜色（如黄色），可以双击填充图层，如图6-197所示，打开"拾色器"对话框，修改颜色，效果如图6-198所示。

图 6-195　　　　　图 6-196

图 6-197　　　　　图 6-198

6.8.4 实例：用对象选择工具抠图

本实例使用对象选择工具 抠化妆瓶。阴影用混合模式来提取，如图6-199所示。该技巧既省事，效果又好。

图6-199

① 打开素材，如图6-200所示。选择对象选择工具，将光标移动到化妆瓶上方，Photoshop会自动检测图像，并在可以选取的对象上方覆盖蒙版，如图6-201所示。单击，创建选区，如图6-202所示。

 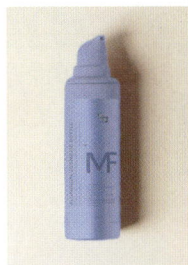 

图6-200　　　　　图6-201　　　　　图6-202

② 单击"图层"面板中的 ■ 按钮，添加图层蒙版，将背景隐藏，如图6-203和图6-204所示。

图6-203　　　　　图6-204

③ 按Ctrl+J快捷键复制图层。单击蒙版，如图6-205所示，按Ctrl+I快捷键反相，将图层的混合模式设置为"正片叠底"，如图6-206所示。

图6-205　　　　　图6-206

④ 选择矩形工具 ■ ，在工具选项栏中选择"形状"选项并打开下拉面板，单击 ■ 按钮，如图6-207所示，打开"拾色器"对话框，设置填充颜色为蓝色，如图6-208所示。

 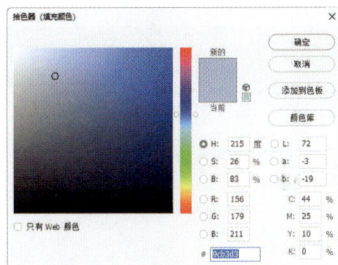

图6-207　　　　　　　图6-208

⑤ 拖曳光标创建矩形形状图层，按Shift+Ctrl+[快捷键，将其调整到底层作为背景，如图6-209和图6-210所示。

图6-209　　　　　　　图6-210

⑥ 再创建一个矩形形状图层，形状的颜色设置为浅橙色，如图6-211和图6-212所示。

图6-211　　　　　　　图6-212

⑦ 当前的图像色调有些暗。单击顶层的图层，如图6-213所示，单击"调整"面板中的 ■ 按钮，创建"色阶"调整图层。单击"属性"面板底部的 ■ 按钮，创建剪贴蒙版，使调整只对其下方的第一个图层有效。调整色阶，将图像调亮，如图6-214~图6-216所示。需要注意，亮度不能过高，否则化妆瓶的阴影会变小并呈现

难看的结块效果。

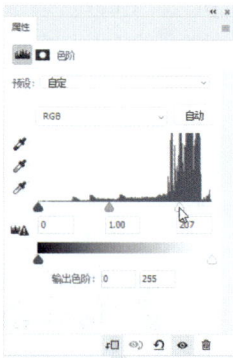

图 6-213　　　图 6-214

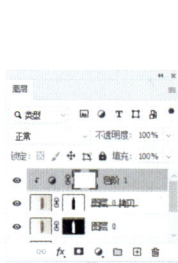

图 6-215　　　图 6-216

08 选择自定形状工具 ✿，在工具选项栏中选择"形状"选项。在"形状"面板中选择太阳形状，如图 6-217所示，拖曳光标创建太阳图形，如图6-218所示。将该形状图层拖曳到化妆瓶所在的图层下方，如图 6-219和图6-220所示。

图 6-217　　　图 6-218

图 6-219　　　图 6-220

09 在"形状"面板中分别选择月亮和波浪图形，创建这两个形状，效果如图6-221所示。

图 6-221

6.8.5 实例：用"选择并遮住"命令抠像

01 打开素材。使用快速选择工具 ✎将人物选取（避开头发边缘），如图6-222所示。单击"通道"面板底部的 ▢ 按钮，将选区保存到通道中，如图6-223所示。按Ctrl+D快捷键取消选择。

图 6-222　　　　　图 6-223

02 下面制作头发选区。使用矩形选框工具 ⬚将头部选取（包含所有头发），如图6-224所示。按Ctrl+J快捷键复制到一个新的图层中。执行"选择"|"主体"命令，创建选区，如图6-225所示。当前选区还不是特别准确，需要修改一下。

图6-224　　　　　　　图6-225

03 执行"选择"|"选择并遮住"命令。在"属性"面板中将视图模式设置为"叠加"，此时选区之外的图像上会覆盖一层透明的红色，处理选区边界时更便于观察范围，如图6-226和图6-227所示。

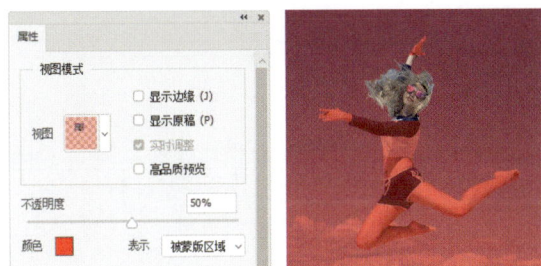

图6-226　　　　　　　图6-227

04 单击"颜色识别"按钮，如图6-228所示。选择调整边缘画笔工具，将笔尖"大小"设置为15像素（也可以按 [键和] 键调整其大小），如图6-229所示。

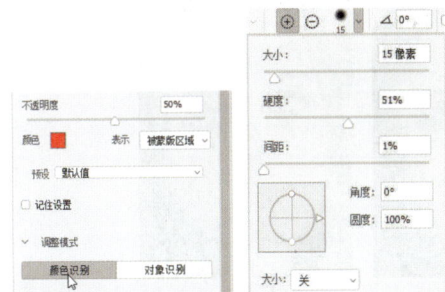

图6-228　　　　　　　图6-229

提示

"选择并遮住"命令提供了两种选区边缘调整方法，背景简单或色调对比比较清晰时，在"颜色识别"模式下操作效果更好，"对象识别"模式适合更复杂的背景。

05 将光标放在发丝空隙中的黑色背景上单击，如图6-230所示，然后拖曳光标，在发丝上涂抹，如图6-231所示。

06 勾选"净化颜色"复选框，如图6-232所示，以改善毛发选区，将断掉的选区连接起来。继续在头发边缘涂抹，如图6-233和图6-234所示。选择画笔工具，按住

Alt键在头发以外的身体上涂抹，将其排除到选区外，如图6-235所示。

图6-230　　　　　　　图6-231

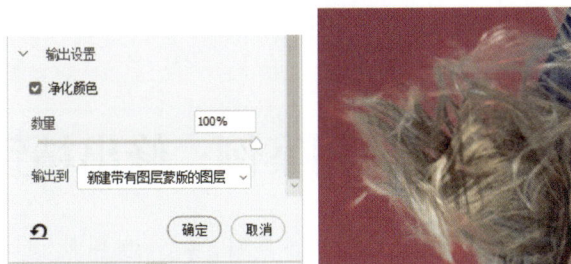

图6-232　　　　　　　图6-233

图6-234　　　　　　　图6-235

07 在"输出到"下拉列表中选择"新建带有图层蒙版的图层"选项，按Enter键完成选区的修改。按住Ctrl键单击蒙版缩览图，如图6-236所示，从中加载选区，如图6-237所示。

图6-236　　　　　　　图6-237

08 按Ctrl+Shift快捷键并单击"Alpha 1"通道的缩览图，如图6-238所示，将该通道中保存的选区（即女孩轮廓）与现有选区进行相加运算，这样就得到了女孩的完整选区，如图6-239所示。

图6-238　　　　　图6-239

图6-240　　　　　图6-241

09 单击"背景"图层，如图6-240所示，按Ctrl+J快捷键抠图。图6-241所示为将其他图层隐藏后的效果。

6.9　应用案例：修出精致美人

本案例使用"液化"滤镜修图。该滤镜能识别人的五官，并可对眼睛、鼻子、嘴唇进行单独调整。例如，可以让脸变窄、让眼睛变大、让嘴角上翘、展现微笑等，非常适合修改表情。

01 打开素材，按Ctrl+J快捷键复制"背景"图层。执行"滤镜"|"液化"命令，打开"液化"对话框，选择膨胀工具◈，设置大小、密度和速率，如图6-242所示。

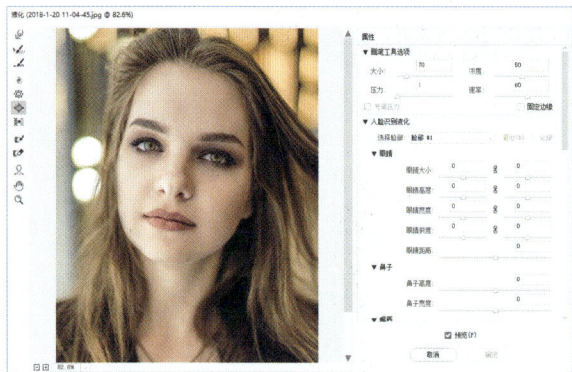

图6-242

02 将光标放在右眼上，光标的十字中心对齐眼球的位置，如图6-243所示，双击，将眼睛放大，如图6-244所示。

图6-243　　　　　图6-244

03 用同样的方法放大右眼，如图6-245所示。选择褶皱工具▧，在鼻尖位置单击，缩小鼻子，如图6-246和图6-247所示。减小嘴唇的厚度，如图6-248所示。

图6-245　　　　　图6-246

图6-247　　　　　图6-248

04 选择向前变形工具 🖐，将光标放在脸颊上，如图 6-249 所示，向斜上方拖曳光标，提拉面部肌肉，如图 6-250 所示，使脸型的轮廓更完美，如图 6-251 所示。

图 6-249

图 6-250

图 6-251

05 按 [键将画笔调小，修饰眼角、鼻翼和嘴角的形状，

如图 6-252 和图 6-253 所示。

原图
图 6-252

修饰后的效果
图 6-253

6.10 应用案例：瘦脸、磨皮

本案例使用"液化"滤镜和"Neural Filters"滤镜修饰人像，进行瘦脸和磨皮，效果如图 6-254 所示。Neural Filters（神经网络滤镜）是 AI 滤镜，需要下载才能使用。打开"Neural Filters"面板后，可 ! ♣📅 按钮，从云端下载滤镜插件。

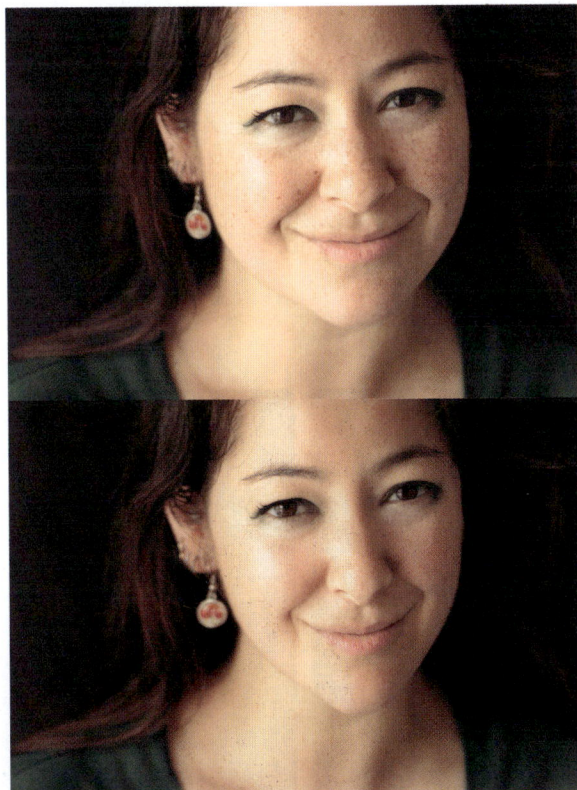
图 6-254

01 执行"滤镜" | "液化"命令，打开"液化"对话框，在"人脸识别液化"选项组中设置参数，将"鼻子宽度"设置为 -40，使鼻子变窄；"下巴高度"调整为 100，让下巴短一些；"下颌""脸部宽度"都设置为 -100，使脸部轮廓整体向内收，起到瘦脸效果，如图 6-255 所示。

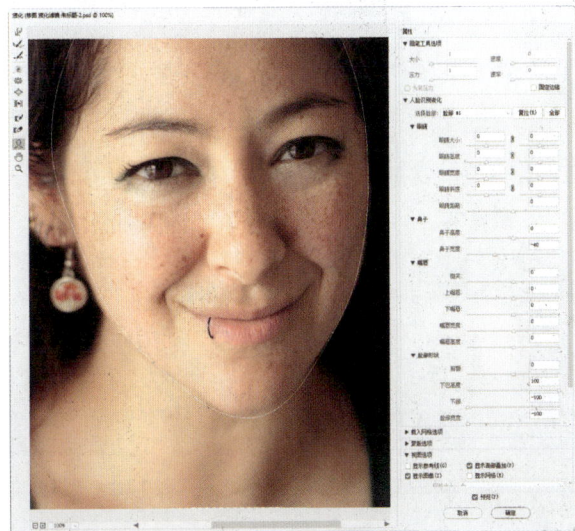
图 6-255

02 按 Ctrl+J 快捷键复制图层。执行"滤镜" | "转换为智能滤

镜"命令，将图层转换为智能对象。执行"滤镜"|"Neural Filters"命令，打开"Neural Filters"面板。开启"皮肤平滑度"滤镜，将参数调到最大，如图6-256所示。单击"确定"按钮进行磨皮。

图6-256

图6-257　　　　　图6-258

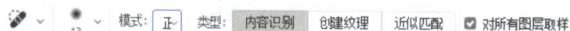

图6-259

03 单击智能滤镜的蒙版，如图6-257所示。选择画笔工具 🖌 及柔边圆笔尖，在工具选项栏中将工具的"不透明度"设置为50%，在眉毛、眼睛、鼻尖和嘴巴上涂抹黑色，用蒙版遮盖模糊效果，让下方图层中清晰的图像显示出来，如图6-258所示。

04 新建一个图层。选择污点修复画笔工具 🩹 及勾选"对所有图层取样"复选框，如图6-259所示，在较大的色斑上单击，将色斑清除，如图6-260所示。

图6-260

6.11　应用案例：换脸

本案例使用选区、"自动混合图层"命令、蒙版、"Neural Filters"滤镜等为人像换脸，如图6-261所示。

图6-261

01 打开两幅素材，分别如图6-262和图6-263所示。选择套索工具 🔗，拖曳光标创建图6-264所示的选区，将男士的脸部选中。按Ctrl+C快捷键复制。切换到另一个素材，按Ctrl+V快捷键粘贴图像，如图6-265所示。

图6-262　　　　　图6-263

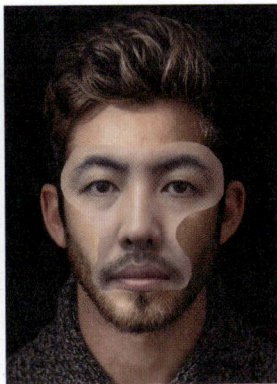

图6-264　　　　　　　　图6-265

02 将图层的"不透明度"设置为50%，如图6-266和图6-267所示。

图6-266　　　　　　　　图6-267

03 按Ctrl+T快捷键显示定界框，以下方人像的眼睛为基准，拖曳控制点调整图像大小，调整到与下方图像相适应为止，如图6-268所示。按Enter键确认。将"不透明度"恢复为100%，如图6-269所示。

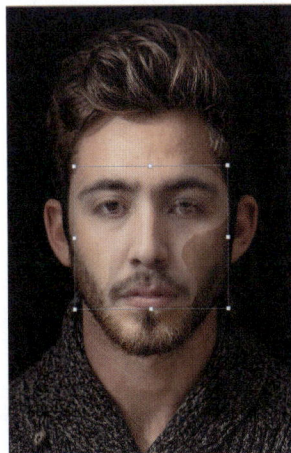

图6-268　　　　　　　　图6-269

04 按住Ctrl键单击"图层1"的缩略图，加载其中的选区，如图6-270和图6-271所示。

图6-270　　　　　　　　图6-271

05 执行"选择"｜"修改"｜"收缩"命令，将选区向内收缩5像素，如图6-272所示。

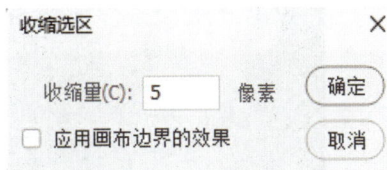

图6-272

06 将光标放在"背景"图层的锁状图标 🔒 上，如图6-273所示，单击，解除图层的锁定。按Delete键删除选区内的图像，如图6-274所示。按Ctrl+D快捷键取消选择。

图6-273　　　　　　　　图6-274

07 按住Ctrl键单击"图层1"，将两个图层一同选取，如图6-275所示。执行"编辑"｜"自动混合图层"命令，打开"自动混合图层"对话框，选中"全景图"单选按钮，如图6-276所示，单击"确定"按钮，将两个面孔完美地融合在一起，如图6-277和图6-278所示。

图 6-275

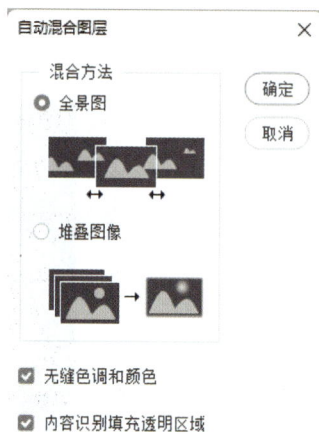

图 6-276

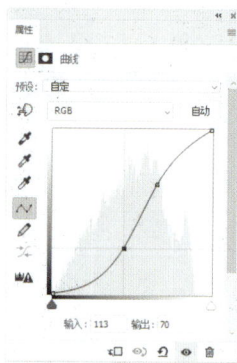

图 6-281

图 6-282

10 按Ctrl+Delete快捷键，在"曲线"调整图层的蒙版中填充黑色，如图6-283所示，将调整效果隐藏，此时图像会恢复为原状，如图6-284所示。

图 6-277

图 6-278

08 这两幅人像的皮肤的纹理和光滑细度有所不同，还需要执行"滤镜"|"Neural Filters"命令，开启"皮肤平滑度"功能，进行磨皮，如图6-279所示。以便让皮肤的融合效果更加细腻，如图6-280所示。

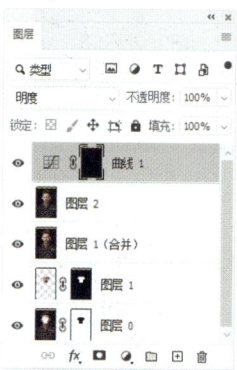

图 6-283

图 6-284

11 将前景色设置为白色。选择画笔工具 ，在颜色较亮的皮肤上涂抹，使调整效果重现，将颜色降下来，两副面孔的合成会更加自然，如图6-285和图6-286所示。

图 6-279

图 6-280

09 创建"曲线"调整图层，拖曳曲线，将其调为S形，如图6-281所示，增强色调的对比度，如图6-282所示。

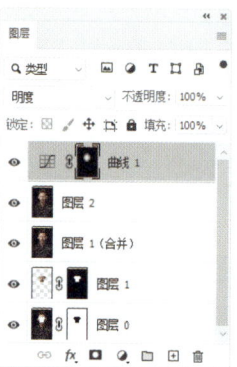

图 6-285

图 6-286

6.12 作业与习题

本章介绍了 Photoshop 的修图工具和抠图方法。下面是课后作业和复习题，有助于读者巩固本章所学知识。

6.12.1 课后作业：用消失点滤镜修图

"消失点"滤镜可以在包含透视平面（如建筑物侧面或任何矩形对象）的图像中进行透视编辑，包括绘画、复制和粘贴，在变换图像时，Photoshop 能将对象调整到透视平面中，使其符合透视要求，因而效果更加真实。

打开素材，执行"滤镜"|"消失点"命令，打开"消失点"对话框。使用创建平面工具 定义透视平面 4 个角的节点；使用仿制图章工具 按住 Alt 键并单击地板，对图像进行取样；取样后，释放 Alt 键，在地面的杂物上拖曳光标，Photoshop 会自动匹配图像，使其自然衔接，如图 6-287 和图 6-288 所示。

创建透视平面并复制地板
图 6-287

修复效果
图 6-288

6.12.2 课后作业：替换天空

本作业将风光照中的天空替换成美丽的晚霞，如图

6-289 所示。执行"编辑"|"天空替换"命令，打开"天空替换"对话框。在"天空"下拉列表中选取合适的天空图像并调整参数以替换现有天空，如图 6-290 所示。创建一个"颜色查找"调整图层，使用预设的调整文件，让颜色更加厚重，如图 6-291 所示。

图 6-289

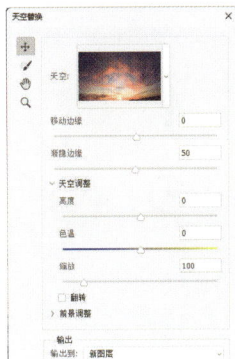
图 6-290

图 6-291

6.12.3 复习题

1. 分辨率以什么为单位？它对图像有何影响？

2. 如果一幅图像的分辨率较低，将其放大时，画面变模糊了，提高分辨率能使图像变清晰吗？

3. 修复画笔工具 、污点修复画笔工具 和修补工具 是较为常用的照片修饰工具，这些工具基于怎样的原理工作？

4. 降噪、锐化是分别基于什么原理实现的？

5. 抠汽车、毛发、玻璃杯适合使用哪些工具？

注：复习题答案在配套资源中

第7章
UI 设计：矢量图形与效果

本章简介

在 UI 设计、VI 设计、网页制作中，图形和界面部分一般会使用矢量工具来绘制，因为矢量工具绘图方便，图形容易修改，且可无损缩放。加之与图层样式和滤镜等结合使用，能很好地模拟金属、玻璃、木材、大理石等材质；表现纹理、浮雕、光滑、褶皱等质感，以及创建发光、反射、反光和投影等特效。学好矢量绘图功能的关键是掌握其绘图方法，尤其是用钢笔工具绘图，需要经过大量练习才能做到得心应手。

学习重点

7.1 关于UI设计

UI（User Interface，用户界面或人机界面）是 20 世纪 70 年代由施乐公司帕洛阿尔托研究中心（Xerox PARC）施乐研究机构工作小组提出的，并率先在施乐一台实验性的计算机上使用。

UI 设计是一门结合了计算机科学、美学、心理学、行为学等学科的综合性艺术，应用领域包括手机通信移动产品、计算机操作平台、软件产品、数码产品、车载系统、智能家电、游戏、在线推广等。图 7-1 所示为 UI 图标设计，图 7-2 所示为 App 界面设计。

扁平化图标

写实图标

渐变图标

图 7-1

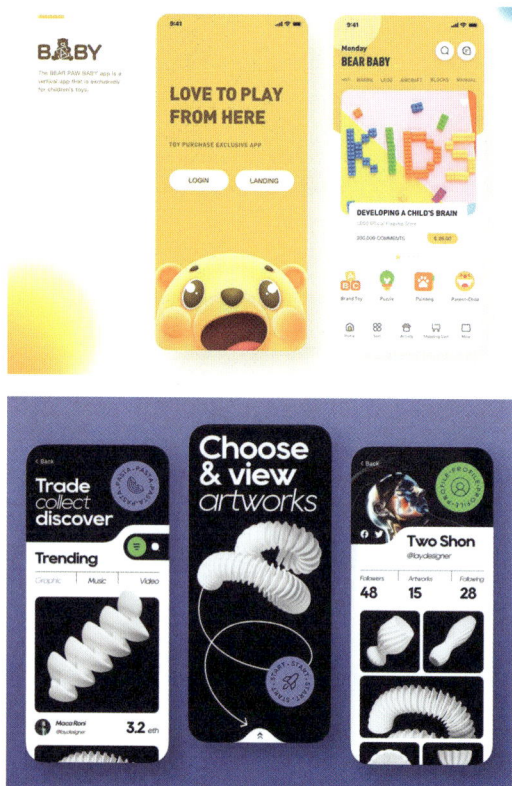

图 7-2

7.2 矢量图形

在 Photoshop 中，矢量图主要是指使用钢笔工具和各种形状工具绘制的路径和各种矢量图形，以及加载到 Photoshop 中的由其他软件制作的矢量素材。

7.2.1 矢量图与位图的区别

矢量图形是由被称作矢量的数学对象定义的直线和曲线构成的。其优点是任意缩放和旋转，清晰度都不变，且容易修改，如图7-3所示。因此，常用于绘图、制作不同尺寸或不同分辨率的对象，如图标、Logo等。

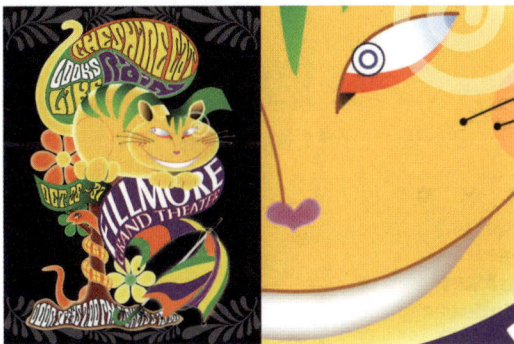

矢量插画及放大600%的局部效果（图形丝毫未变，仍光滑清晰）

图7-3

位图（图像）由像素构成，能完整地呈现真实世界中的所有色彩和景物。但进行旋转和放大时，多出的空间需要 Photoshop 来生成像素并填充，结果会导致图像的清晰度变差，这是其最大缺点。例如，图7-4所示为位图及放大600%后的局部效果，可以明显看到图像细节已经模糊了。由此可见，矢量图与位图是互补的关系。

位图及放大600%的局部效果（清晰度变差）

图7-4

7.2.2 绘图模式

选择矢量工具后，可以在工具选项栏中设置绘图模式，如图7-5所示。

图7-5

选择"形状"选项，可创建形状图层，其由填充区域和形状（矢量图形）两部分组成，形状同时出现在"图层"和"路径"面板中，如图7-6所示。选择"路径"选项，可创建工作路径，并出现在"路径"面板中，如图7-7所示。选择"像素"选项，可在当前图层上绘制以前景色填充的图像，如图7-8所示。

图7-6

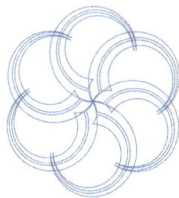

图7-7

图7-8

提示

"路径"面板用于保存和管理路径，可以显示每条存储的路径、当前工作路径、当前矢量蒙版的名称和缩览图。使用钢笔工具或形状工具绘图时，如果先新建路径（单击"路径"面板中的"创建新路径"按钮 ⊞），再绘图，可以创建路径；如果没有新建路径而直接绘图，则创建的是工作路径。工作路径是一种临时路径，用于定义形状的轮廓。将工作路径拖曳到面板底部的 ⊞ 按钮上，可将其转换为路径。

提示

未填色或描边时，如果取消选择，路径会自动隐藏。

7.2.3 为形状设置填充和描边

在工具选项栏中选择"形状"选项后，可以单击"填充"和"描边"按钮，打开下拉面板，如图 7-9 所示，选择用纯色、渐变或图案对图形进行填充和描边，分别如图 7-10 和图 7-11 所示。

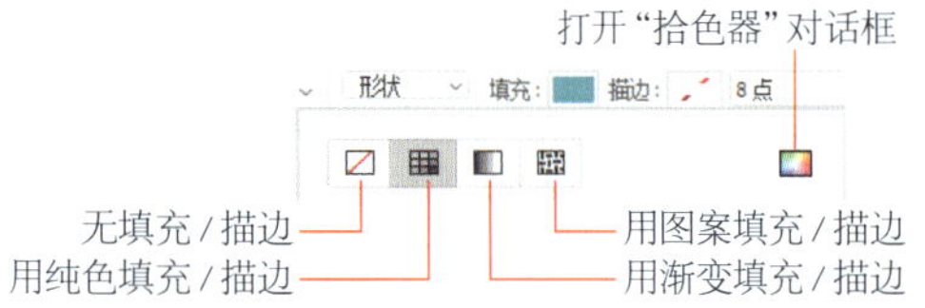

图 7-9

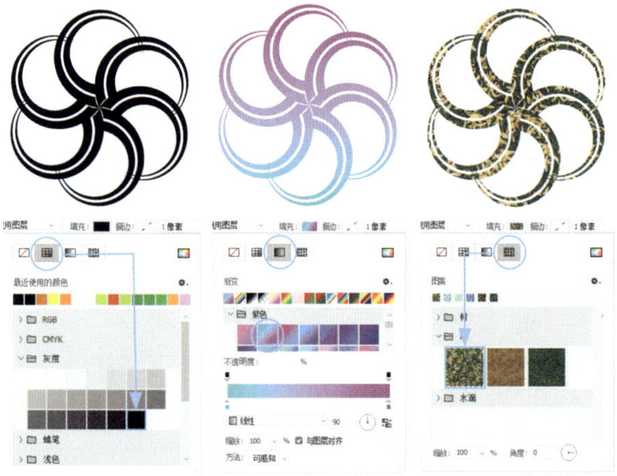

用纯色填充　用渐变填充　用图案填充

图 7-10

用纯色描边　用渐变描边　用图案描边

图 7-11

7.2.4 路径及形状运算

使用钢笔或各种形状工具等矢量工具时，可以对路径或形状进行运算，以得到所需的轮廓。

单击工具选项栏中的 按钮，可以在打开的下拉面板中选择运算方式，如图 7-12 所示。例如，画布上已经有一个矩形，将要绘制一个圆形，如图 7-13 所示。图 7-14 所示为不同的运算结果。

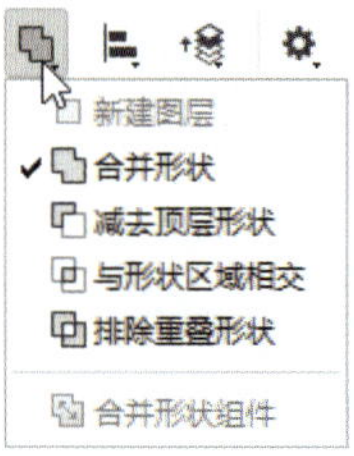

运算按钮　　　　现有的矩形和即将绘制的圆形

图 7-12　　　　图 7-13

合并形状 　　　　减去顶层形状

与形状区域相交 　　排除重叠形状

图 7-14

7.3 使用钢笔工具

钢笔工具有两个用途，一是用于绘制矢量图形；二是用于描摹对象的轮廓，将轮廓转换为选区后，可以进行抠图（指将所选图像分离到单独的图层上）。

7.3.1 锚点的特征及调整方法

路径有直线和曲线两种，如图7-15所示。从外观上看，路径是一段一段的线条状轮廓，各路径段由锚点连接。从路径中转换出6种对象，即选区、形状图层、矢量蒙版、文字基线（可用于创建路径文字）、填充颜色的图像、用画笔描边的图像，如图7-16所示。通过这些转换，可以完成绘图、抠图、合成图像、创建路径文字等工作。

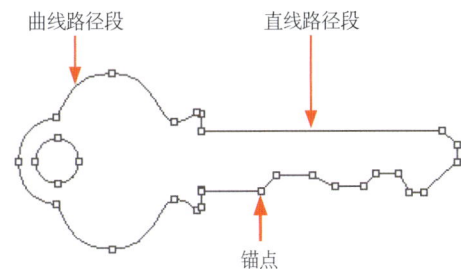

图7-15

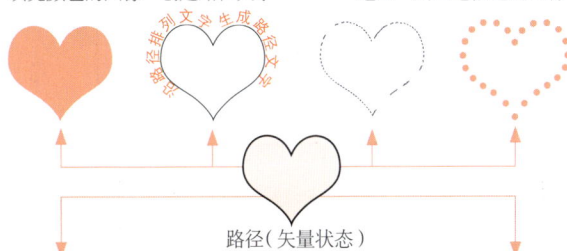

图7-16

锚点也分为两种，一种是平滑点，一种是角点。平滑的曲线由平滑点连接而成，如图7-17所示。直线和转角曲线则由角点连接而成，分别如图7-18和图7-19所示。

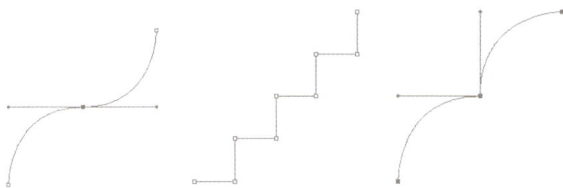

平滑点连接的曲线　　角点连接的直线　　角点连接的转角曲线
图7-17　　　　　　图7-18　　　　　　　图7-19

在曲线路径上，每个锚点都包含一条或两条方向线，方向线的端点是方向点，如图7-20所示。拖曳方向点可以调整方向线的长度和方向，进而改变曲线的形状。直接选择工具▶和转换点工具▶都可进行此操作。其中，直接选择工具▶会区分平滑点和角点。对于平滑点，拖曳其任何一端的方向点，都影响锚点两侧的路径段，因此，方向线永远是一条直线，如图7-21所示。角点上的方向线可单独调整，即拖曳角点上的方向点，只调整与方向线同侧的路径段，如图7-22所示。

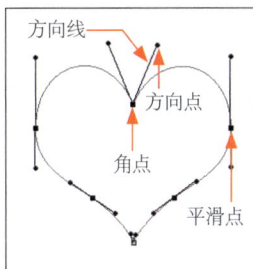

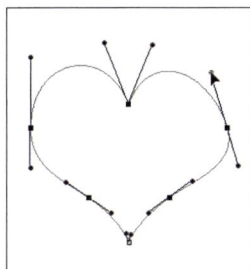

图7-20　　　　　　　　　图7-21

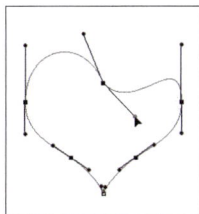

图7-22

提示

选择转换点工具▶后，将光标放在锚点上，如果当前锚点为角点，拖曳可将其转换为平滑点；如果当前锚点为平滑点，单击可以将其转换为角点。

使用转换点工具▶时，无论拖曳哪种方向点，都只调整锚点一侧的方向线，不影响另外一侧的方向线和路径段，分别如图7-23和图7-24所示。

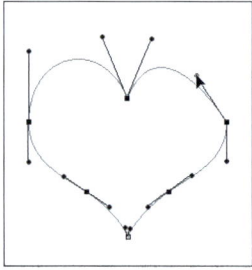
图7-23

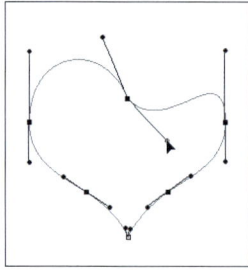
图7-24

7.3.2 绘制直线

选择钢笔工具 ✐，在工具选项栏中选择"路径"选项，在画板单击创建锚点；释放鼠标左键，在其他位置单击，可以创建直线路径（按住Shift键单击，可锁定水平、垂直或以45°角为增量创建直线路径）。如果要封闭路径，可在路径的起点单击。图7-25所示为矩形的绘制过程。

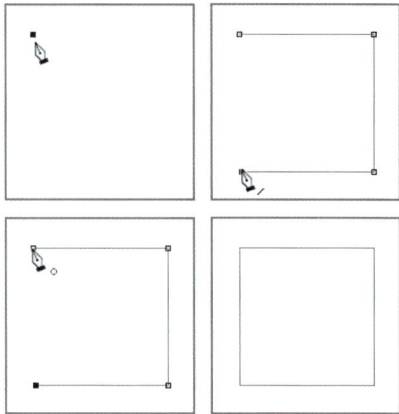
图7-25

绘制一段直线后，将光标放在最后一个锚点上，如图7-26所示，按住Alt键并拖曳光标，可以从该锚点上拖出方向线，如图7-27所示。在其他位置拖曳光标，可以在直线后面绘制出曲线，分别如图7-28和图7-29所示。

图7-26

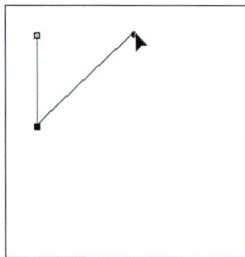
图7-27

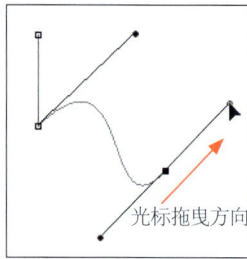
图7-28

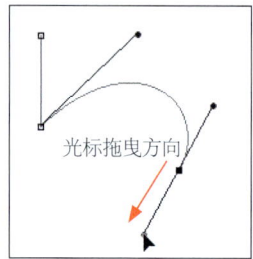
图7-29

提示

如果要结束一段开放式路径的绘制，可以按住Ctrl键（临时转换为直接选择工具 ↳），在空白处单击，或者选择其他工具，也可按Esc键结束路径的绘制。

7.3.3 绘制曲线

选择钢笔工具 ✐，在画板上拖曳光标，创建平滑点（拖曳过程中可调整方向线的长度和方向），如图7-30所示；将光标移动至下一位置，如图7-31所示，拖曳光标，创建第二个平滑点，如图7-32所示；继续创建平滑点，即可生成曲线，如图7-33所示。

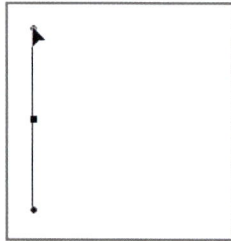
图7-30

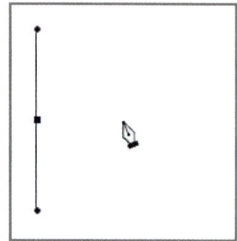
图7-31

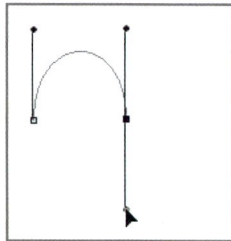
图7-32

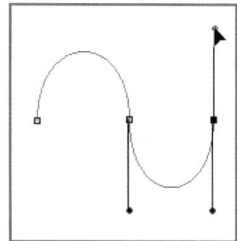
图7-33

绘制一段曲线后，将光标移动到最后一个锚点上，按住Alt键并单击，如图7-34所示；可以将该平滑点转换为角点，这时其另一侧方向线会被删除，如图7-35所示；在其他位置单击（不要拖曳光标），可在曲线后面绘制出直线，如图7-36所示。

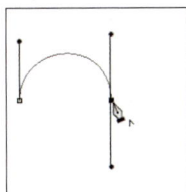 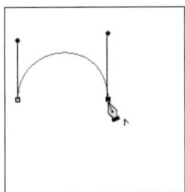 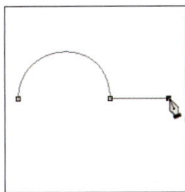

图 7-34　　　　图 7-35　　　　图 7-36

7.3.4　绘制转角曲线

　　转角曲线是与上一段曲线之间出现转折的曲线。要绘制这种曲线，需要先改变曲线的走向。操作时将光标放在最后一个平滑点上，如图7-37所示；按住 Alt 键，光标变为 ▶ 状，单击该锚点，将其转换为只有一条方向线的角点，如图7-38所示；然后在其他位置拖曳光标，便可以绘制出转角曲线，如图 7-39 所示。

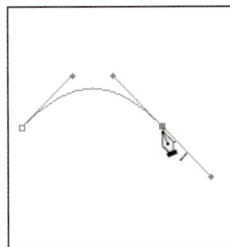 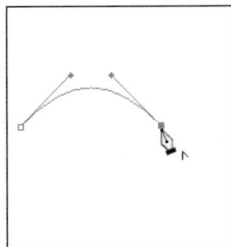

图 7-37　　　　　　　图 7-38

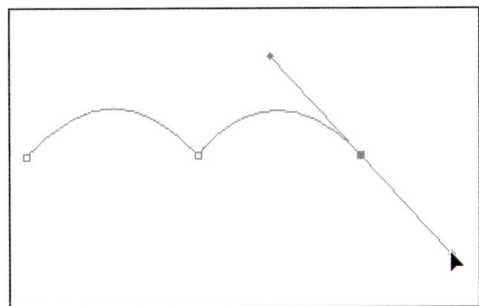

图 7-39

提示

选择一条开放的路径，选择钢笔工具 ✎，并将光标移动到路径的一个端点上，光标会变为 ▶ 状，单击该锚点，之后可继续绘制此路径。绘制路径时，将钢笔工具 ✎ 移至另外一条开放路径的端点上，光标会变为 ▶ 状，单击，可以将这两段开放式路径连接为一条路径。此外，在工具选项栏中勾选"自动添加/删除"复选框后，光标在路径上时会变为 ▶ 状，单击可以在路径上添加锚点；当光标在锚点上时变为 ▶ 状，单击可以删除锚点。

7.3.5　选择锚点和路径

　　使用直接选择工具 ▷ 单击锚点时，可以选择该锚点，选中的锚点为实心方块，未选中的锚点则为空心方块，如图7-40所示。单击路径，可以选择该路径，如图7-41所示。使用路径选择工具 ▶ 单击路径，可以选择整条路径，如图7-42所示。选择锚点、路径段和整条路径后，按住鼠标左键不放并拖曳，即可将其移动。

图 7-40　　　　图 7-41　　　　图 7-42

7.3.6　路径与选区的转换方法

　　创建选区后，如图7-43所示，单击"路径"面板中的 ◈ 按钮，可以将选区转换为工作路径，如图7-44和图7-45所示。如果要将路径转换为选区，可以按住 Ctrl 键单击"路径"面板中的路径缩览图，如图7-46所示。

图 7-43　　　图 7-44　　　图 7-45　　　图 7-46

7.3.7　实例：马克杯抠图

01 打开素材。选择钢笔工具 ✎，在工具选项栏中选择"路径"及"合并形状"选项，如图7-47所示。

图 7-47

02 按Ctrl++快捷键，放大窗口的显示比例。在杯子左下角单击，创建一个角点，如图7-48所示；按住Shift键在杯子左上角单击，创建第2个角点，按住Shift键操作可以

123

锁定垂直方向并得到直线路径，如图7-49所示。虽然这个杯子的轮廓线并非垂直的，但这样做是为了让抠出的图像更加美观。

图7-48　　　　　图7-49

03 在杯子顶部拖曳光标，创建平滑点，如图7-50所示；在右上角单击，创建平滑点，如图7-51所示。

图7-50　　　　　图7-51

04 按住Shift键，在前一个锚点下方单击，创建角点并得到垂直的路径，如图7-52所示；在杯子把手上拖曳光标，创建平滑点，分别如图7-53和图7-54所示。要想轮廓准确，方向线拖曳的长度是关键，尤其是把手下方最后一个锚点，方向线一定要非常短才行，如图7-55所示。另外为保证曲线流畅，也要尽量少一些锚点。

图7-52　　　　　图7-53

图7-54　　　　　图7-55

05 由于把手最后一个锚点后面要绘制成垂直的直线路径，但最后一个锚点是平滑点，需要进行转换，可按住Alt键在该锚点上单击一下，将其转换为只有一条方向线

的角点，如图7-56所示，这样绘制下一段路径时就能发生转折。杯子右侧边界与底部之间有一个小弯，按住Shift键在杯子右下角单击并拖曳光标，创建平滑点，如图7-57所示。注意，方向线不要过长。

图7-56　　　　　图7-57

06 后面两个锚点也是平滑点，分别如图7-58和图7-59所示。最后一个锚点用于封闭轮廓，需要将光标放在整个路径轮廓的第一个锚点上方进行拖曳，方向线不要过长。

图7-58　　　　　图7-59

07 下面进行路径运算，将把手中的空隙排除出去。在工具选项栏中单击"排除重叠形状"按钮，如图7-60所示，在把手空隙中绘制路径，如图7-61所示。

图7-60　　　　　图7-61

08 按Ctrl+Enter快捷键将路径转换为选区，如图7-62所示。单击"图层"面板底部的 ▢ 按钮，基于选区创建蒙版，将背景隐藏，如图7-63所示。

图7-62　　　　　图7-63

7.3.8 实例：用钢笔工具和通道抠婚纱

01 打开素材，如图7-64所示。单击"路径"面板底部的 按钮，新建一个路径层，如图7-65所示。

图7-64   图7-65

02 选择钢笔工具 ，在工具选项栏中选择"路径"选项，沿人物的轮廓绘制路径，描绘时要避开半透明的婚纱，如图7-66和图7-67所示。

图7-66   图7-67

03 按Ctrl+Enter快捷键将路径转换为选区，如图7-68所示。单击"通道"面板底部的 按钮，将选区保存到通道中，如图7-69所示。

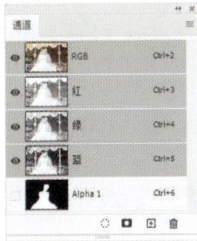

图7-68   图7-69

04 将蓝通道拖曳到 按钮上进行复制。使用快速选择工具 选取女孩（包括半透明的头纱），按Shift+Ctrl+I快捷键反选，如图7-70和图7-71所示。

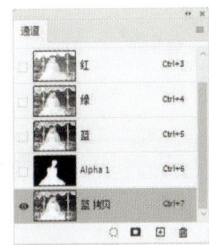

图7-70   图7-71

05 在选区中填充黑色，如图7-72和图7-73所示，按Ctrl+D快捷键取消选择。

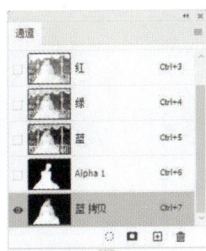

图7-72   图7-73

06 执行"图像"|"计算"命令，让"蓝副本"通道与Alpha 1通道采用"相加"模式混合，如图7-74所示。单击"确定"按钮，得到新的通道，如图7-75和图7-76所示。由于现在显示的是通道图像，可单击"通道"面板底部的 按钮，直接载入婚纱选区。按Ctrl+2快捷键显示彩色图像，如图7-77所示。

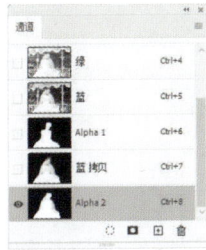

图7-74   图7-75

图7-76   图7-77

07 打开素材，将抠出的婚纱图像拖入该文件中，如图7-78所示。添加"曲线"调整图层，将头纱调亮，如图7-79所示。按Ctrl+I快捷键将蒙版反相，使用画笔工具 在头纱上涂抹白色，使头纱变亮，按Alt+Ctrl+G快捷键创建剪贴蒙版，如图7-80和图7-81所示。

图7-78

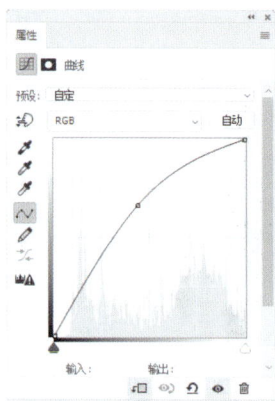

图 7-79

图 7-80

图 7-81

7.4 使用形状工具

　　Photoshop 中的形状工具可以绘制矩形、圆角矩形、圆形、椭圆、多边形、星形、直线，也可以绘制 Photoshop 中预设的形状及用户自定义的图形。

7.4.1 创建几何状图形

● 矩形工具 □：拖曳光标可以绘制矩形；按住 Shift 键并拖曳光标可以绘制正方形，如图 7-82 所示。创建矩形后，在"属性"面板中设置圆角半径，可以得到圆角矩形，效果如图 7-83 所示。

● 椭圆工具 ○：拖曳光标可以绘制椭圆形和圆形（按住 Shift 键），如图 7-84 所示。

图 7-82

图 7-83

图 7-84

● 三角形工具 △：拖曳光标可以绘制三角形。

● 多边形工具 ○：用来创建三角形、多边形和星形。选择该工具后，可以在工具选项栏的 ⌗ 选项中设置多边形（或星形）的边数。如果要创建星形，还需单击工具选项栏中的 ✿. 按钮，打开下拉面板设置星形的比例等参数，如图 7-85 所示，效果如图 7-86 所示。

图 7-85

| 五边形 | 星形（5 边） | 平滑星形缩进 |

图 7-86

● 直线工具 ╱：用来绘制直线和带有箭头的线段，如图 7-87 所示。按住 Shift 键拖曳光标，可以锁定水平或垂直方向。

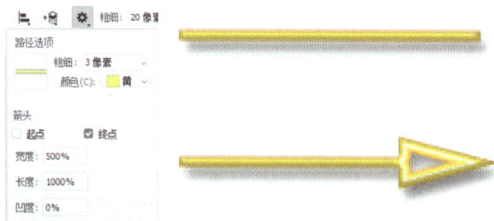

图 7-87

> **提示**
>
> 绘制矩形、圆形、多边形、直线和自定义的形状时，按住空格键并拖曳光标，可以移动形状。

7.4.2 修改实时形状

在工具选项栏中选择"形状"或"路径"选项，以形状图层或路径的形式绘制出矩形、三角形、多边形和直线后，如图7-88所示，可以拖曳图形上的控件，调整形状的大小和角度，也可将直角改成圆角，如图7-89所示。也可以通过"属性"面板来进行调整。

图7-88

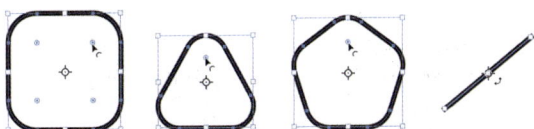

图7-89

7.4.3 创建自定义形状

选择自定义形状工具 ✿，打开"形状"面板或单击工具选项栏中的 按钮，打开"形状"下拉面板，选择形状后，如图7-90所示，拖曳光标可绘制图形，如图7-91所示。绘制时按住Shift键，可以保持形状的比例不变。

Photoshop中预设的形状库

图7-90

图7-91

单击"形状"面板右上角的 ☰ 按钮，打开面板菜单，执行"导入形状"命令，可以将本书提供的形状库加载到该面板中。如果从网上下载了形状库，也可以使用该命令进行加载。

7.4.4 实例：白天变黑夜并加窗影

本实例先将白天照片改造成夜晚效果，再使用形状工具绘制窗户(重点练习图形运算)，并制作成窗影效果，如图7-92所示。

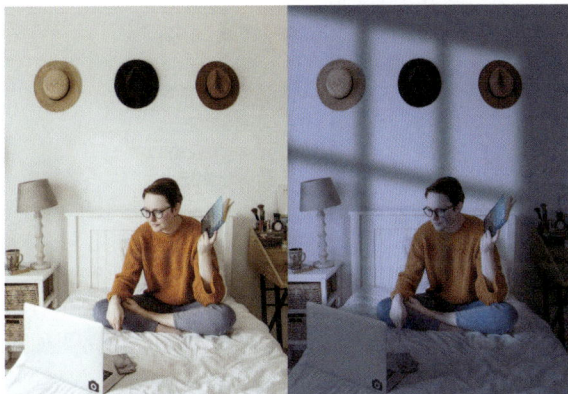

图7-92

01 单击"图层"面板底部的 ◐ 按钮打开下拉列表，选择"颜色查找"命令，创建"颜色查找"调整图层，使用预设让图像变为暗夜效果，如图7-93和图7-94所示。

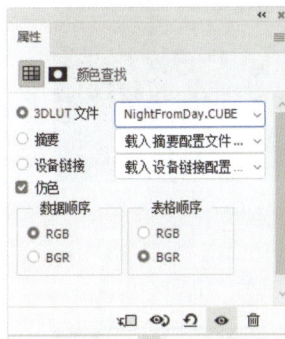

图7-93　　　　　　　图7-94

02 按Ctrl+J快捷键复制调整图层，设置混合模式为"减去"、"不透明度"为35%，让色调更暗、色彩更平淡一些，如图7-95和图7-96所示。选择矩形工具 ▢ 及"形状"选项，拖曳光标创建一个矩形，如图7-97所示。选择路径选择工具 ▸，在工具选项栏的下拉面板中选择"合并形状"选项，如图7-98所示。以便复制矩形时，让它们位于同一个形状图层中。

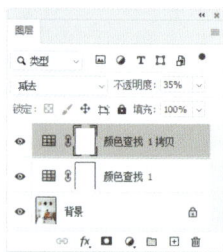

图 7-95

图 7-96

图 7-97

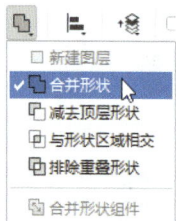

图 7-98

03 按Shift+Alt快捷键拖曳矩形进行复制，拖曳到位后，先释放鼠标左键，再同时释放Shift键和Alt键，效果如图7-99所示。继续复制矩形，如图7-100所示。

图 7-99

图 7-100

04 拖曳出一个选框，如图7-101所示，将这3个图形选取，按Shift+Alt快捷键向下拖曳进行复制，如图7-102所示。

图 7-101

图 7-102

05 在空白处单击取消选择，然后按Ctrl+T快捷键显示定界框，右击，在弹出的快捷菜单中执行"斜切"命令，如图7-103所示。将光标移动到定界框附近，如图7-104所示，拖曳进行斜切扭曲，如图7-105所示。按Enter键确认。

图 7-103

图 7-104

图 7-105

06 设置形状图层的混合模式为"叠加"，如图7-106和图7-107所示。执行"图层"|"智能对象"|"转换为智能对象"命令，将形状图层转换为智能对象。执行"滤镜"|"模糊"|"高斯模糊"命令，为窗影添加模糊效果，如图7-108和图7-109所示。

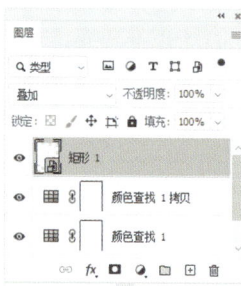

图 7-106

图 7-107

图 7-108

图 7-109

7.5 图层样式

图层样式是用于制作特效的功能，可以为图层中的对象添加投影、光泽和图案等。

7.5.1 添加图层样式

图层样式也称"图层效果"或"效果"。如果本书中出现为图层添加某一效果，如"阴影"效果，指的就是添加"阴影"图层样式。图层样式在"图层样式"对话框中设置。有两种方法可以打开该对话框。一是在"图层"面板中选择图层，然后单击面板底部的 *fx* 按钮，在打开的菜单中选择需要的样式，如图7-110所示；另一种方法是在图层右侧的空白处双击，如图7-111所示，直接打开"图层样式"对话框，然后在左侧的列表中选择需要添加的效果，如图7-112所示。

会显示相关的参数选项，可一边调整参数，一边观察对象的变化情况。如果勾选效果名称左侧的复选框，则可应用该效果，但不会显示效果选项。"描边""内阴影""颜色叠加"等效果右侧都有 ⊞ 按钮，单击该按钮，可以增加相应的效果。如果添加了多个相同的效果，可单击 ⬆ 按钮和 ⬇ 按钮，调整它们的堆叠顺序。此外，在"图层"面板中上下拖曳效果，也能进行调整。

7.5.2 效果概览

● "斜面和浮雕"效果：可以添加高光与阴影的各种组合，使对象呈现立体的浮雕效果，如图7-113所示。

图7-110　图7-111

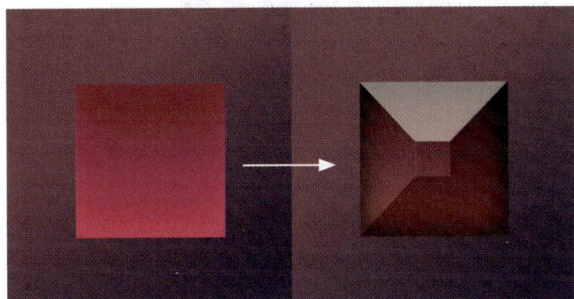

图7-113

● "描边"效果：可以使用颜色、渐变或图案描画对象的轮廓，如图7-114所示。该效果特别适合硬边形状，如文字、矢量图形等对象。

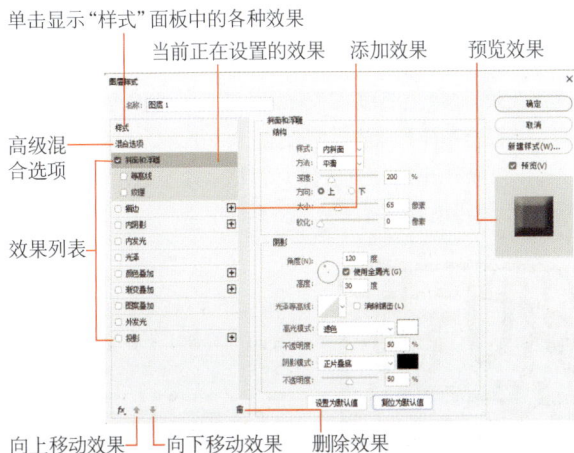

单击显示"样式"面板中的各种效果
当前正在设置的效果
添加效果
预览效果
高级混合选项
效果列表
向上移动效果　向下移动效果　删除效果

图7-112

该对话框左侧是效果列表，选择效果后，对话框右侧

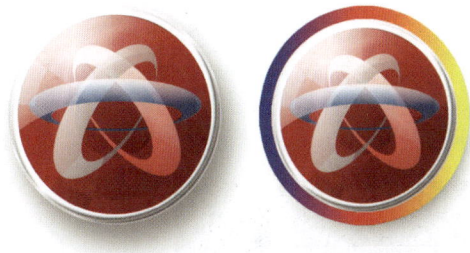

图7-114

● "内阴影"效果：可以在紧靠图层内容的边缘内添加阴影，使其产生凹陷效果，如图7-115所示。

图7-115

- "内发光"效果：可以沿图层内容的边缘向内创建发光效果，如图7-116所示。

图7-116

- "光泽"效果：可以应用具有光滑光泽的内部阴影，通常用来创建金属表面的光泽外观，如图7-117所示。

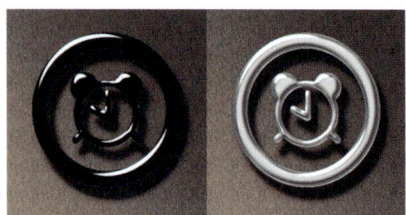

图7-117

- "颜色叠加"效果：可以在图层上叠加指定的颜色，如图7-118所示。通过设置颜色的混合模式和不透明度，可以控制叠加效果。

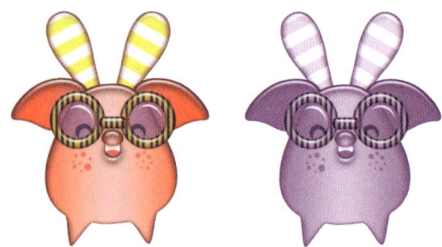

图7-118

- "渐变叠加"效果：可以在图层上叠加渐变颜色，如图7-119所示。

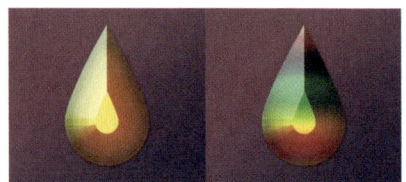

图7-119

- "图案叠加"效果：可以在图层上叠加图案，如图7-120

所示。图案可缩放，也可设置不透明度和混合模式。

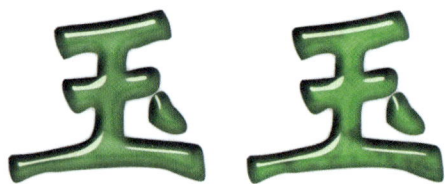

图7-120

- "外发光"效果：可以沿图层内容的边缘向外创建发光效果，如图7-121所示。

图7-121

- "投影"效果：可以为图层内容添加投影，使其产生立体感，如图7-122所示。

图7-122

7.5.3 编辑图层样式

- 修改效果参数：添加图层样式以后，如图7-123所示，图层下面会出现具体的效果名称，双击效果，如图7-124所示，可以打开"图层样式"对话框修改参数，如图7-125所示，效果如图7-126所示。

图7-123

图7-124

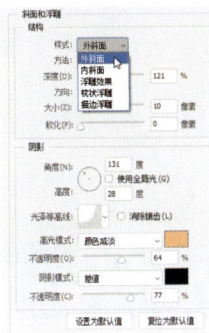
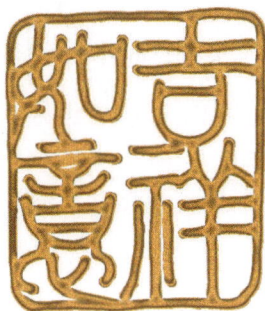

图7-125   图7-126

● 隐藏与显示效果：每个效果左侧都有眼睛图标 ◉ ，单击该图标可以隐藏效果，如图7-127所示。再次单击则重新显示效果，如图7-128所示。

图7-127   图7-128

● 复制效果：按住 Alt 键，将效果图标 *fx* 从一个图层拖曳到另一个图层，可以将该图层的所有效果都复制到目标图层，如图7-129和图7-130所示。如果只需要复制一个效果，可以按住 Alt 键拖曳该效果的名称至目标图层。

图7-129   图7-130

● 删除效果：如果要删除效果，可将其拖曳到"图层"面板底部的 🗑 按钮上。如果要删除图层的所有效果，可以将效果图标 *fx* 拖曳到 🗑 按钮上。

● 关闭效果列表：如果"图层"面板中的效果名称占用了太多空间，可单击效果图标右侧的 按钮，将列表关闭。

7.5.4 缩放效果

在对添加了图层样式的对象进行缩放时一定要注意，效果是不会改变比例的。例如，图7-131所示为缩放前的图像，图7-132所示为将图像缩小至50%的效果。由于效果的比例未变，在缩小的图像上就显得浮雕范围和投影区域过大，与原有效果不一致，就像小孩子穿着大人的衣服，非常不协调。出现这种情况时，可以执行"图层"|"图层样式"|"缩放效果"命令，在打开的对话框中对效果进行单独缩放，使其与图像的比例一致，如图7-133和图7-134所示。"缩放效果"命令只缩放效果，不会缩放图层中的对象。

图7-131   图7-132

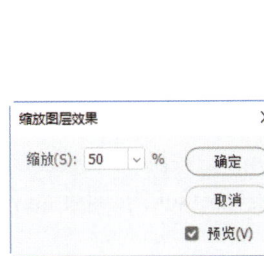

图7-133   图7-134

> **提示**
>
> 相同尺寸的两个文件，分辨率不同时，即使添加相同参数的图层样式，效果也会产生差别。究其原因，在于分辨率对像素的影响导致效果的范围出现视觉上的差异。

7.5.5 实例：在笔记本上压印图案

01 打开素材，如图7-135所示。这是一个分层文件，包含图案和笔记本文字图像。选择"图层1"，将"填充"设置为0%，如图7-136所示。双击"图层1"图层的空白处，打开"图层样式"对话框，添加"斜面和浮雕"效果，如图7-137和图7-138所示。

图7-135

图7-136

图7-137

图7-138

> **提示**
>
> 将"填充"设置为0%，可以隐藏图层中的对象（图案和笔记本文字），而不影响效果，即下面为图层添加"斜面和浮雕"效果，只有该效果显现，这样才能让图案看上去是压印在笔记本上的。

02 按Ctrl+T快捷键显示定界框，将光标放在定界框外进行拖曳，旋转图像，如图7-139所示。按住Ctrl键拖曳右侧的控制点，进行透视扭曲，如图7-140所示。按Enter键确认，如图7-141所示。

图7-139

图7-140

图7-141

7.5.6 实例：制作甜蜜糖果字

本实例练习怎样在Photoshop中加载、复制和粘贴图层样式。

01 打开素材，如图7-142所示。打开"样式"面板菜单，执行"导入样式"命令，如图7-143所示；打开"载入"对话框，选择样式文件，如图7-144所示，将其载入面板中。

图7-142

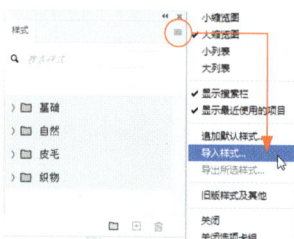

图7-143

图7-144

02 单击图7-145所示的图层，单击新载入的样式，为其添加效果，如图7-146和图7-147所示。

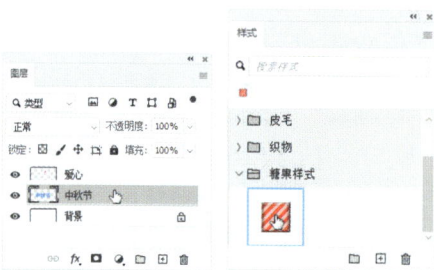

图7-145

图7-146

图7-147

03 双击"图案叠加"效果，如图7-148所示，打开"图层样式"对话框，将"缩放"值设置为70%，让图案变小，如图7-149和图7-150所示。关闭对话框。

04 将光标移动到效果图标 *fx* 上，按住Alt键并向"爱心"图层拖曳，如图7-151所示，将效果复制给该图层，如图7-152所示。

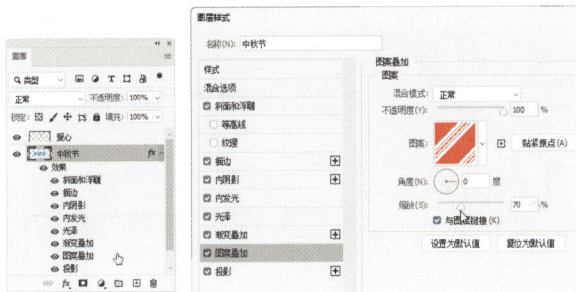

图7-148　　　图7-149

图7-150

图7-151　　　　　　图7-152

7.5.7 实例：制作发光图形

本实例使用形状图层制作发光图形，效果如图7-153所示。图7-154所示为在手机屏幕上的展示图。

图7-153　　　　　　图7-154

01 选择钢笔工具 ，在工具选项栏中选取"形状"选项，设置描边颜色为白色，无填充颜色，如图7-155所示。打开素材，如图7-156所示。在画布上单击，绘制一个三角形，如图7-157所示。

图7-155

图7-156　　　　　　图7-157

02 双击该形状图层，如图7-158所示，打开"图层样式"对话框，添加"内发光"和"外发光"效果，分别如图7-159～图7-161所示。

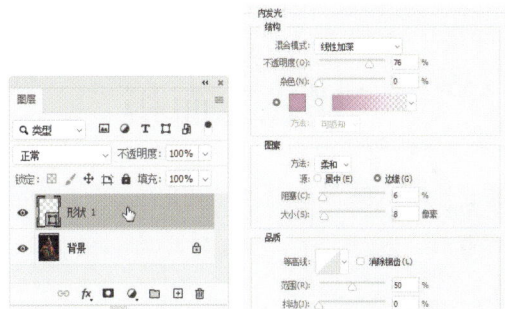

图7-158　　　　　　图7-159

图7-160　　　　　　图7-161

03 单击"图层"面板底部的 按钮，为形状图层添加图层蒙版。选择画笔工具 及硬边圆笔尖，在人物身体上的图形上拖曳光标涂抹黑色，绘制出缺口，如图7-162和图7-163所示。

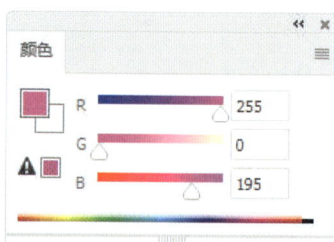

图 7-162　　　　　图 7-163

图 7-164　　　　　图 7-165

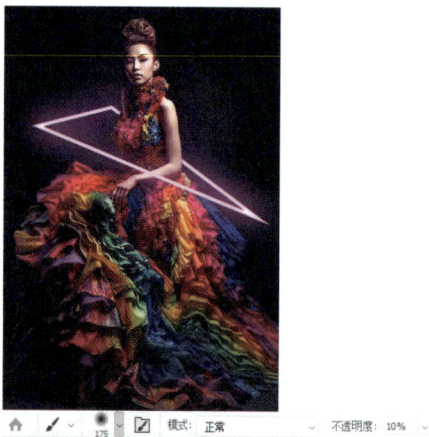

04 按住Ctrl键单击"图层"面板底部的 ⊞ 按钮，在当前图层下方新建一个图层，设置混合模式为"线性加深"，如图7-164所示。将前景色设置为洋红色，如图7-165所示。

05 选择柔边圆笔尖，将"不透明度"设置为10%，在三角形周边及人物身体上涂抹洋红色，绘制出光的发散效果，如图7-166所示。

图 7-166

7.6　"样式"面板

"样式"面板用来保存、管理和应用图层样式。此外，Photoshop 提供的预设样式及外部样式库也可以加载到该面板中使用。

7.6.1　添加、保存和加载样式

- 添加样式：单击图层，如图7-167所示，单击"样式"面板中的样式，即可为图层添加该样式，如图7-168所示。

- 保存样式：用图层样式制作出满意的效果后，可以单击"样式"面板中的 ⊞ 按钮，将效果保存起来。以后要使用时，选择图层，然后单击该样式就可以直接应用，非常方便。

- 载入样式：单击"样式"面板右上角的 ≡ 按钮，打开面板菜单，执行"旧版样式及其他"命令，可以载入以前版本的样式。执行"导入样式"命令，可以导入本书提供的样式素材。如果在网络上下载了样式库，也可以使用该命令加载。

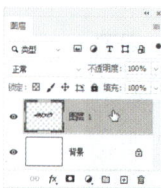

图 7-167

图 7-168

- 删除样式：将"样式"面板中的样式拖曳到"删除样式"按钮 🗑 上，可将其删除。

7.6.2 实例：制作圆环嵌套效果

01 按Ctrl+N快捷键，创建30厘米×20厘米、分辨率为100像素/英寸的文件。使用渐变工具 ▣ 填充径向渐变，如图7-169所示。

图7-169

02 选择椭圆工具 ◯ ，在工具选项栏中选择"形状"选项，设置描边颜色为黑色，设置宽度为20像素。按住Shift键拖曳光标创建圆环，如图7-170所示。执行"图层"|"栅格化"|"图层"命令，将图层栅格化，将矢量图形转换为图像，如图7-171所示。

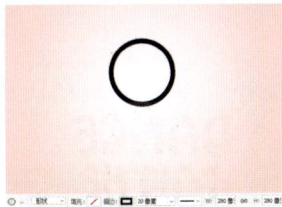
图7-170

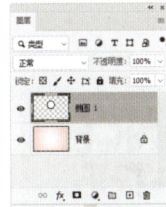
图7-171

03 打开"样式"面板菜单，执行"旧版样式及其他"命令，如图7-172所示，加载该样式库。在"Web样式"组中单击图7-173所示的金属样式，将圆环制作成金属效果，如图7-174所示。

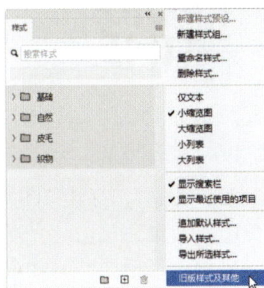
图7-172

图7-173

图7-174

04 选择移动工具 ✛ ，按住Alt键向左下方拖曳圆环进行复制，如图7-175所示。单击"图层"面板底部的 ▣ 按钮，为第二个圆环添加蒙版，如图7-176所示。下面需要处理两个圆环相交的位置，让一个圆环套入另一个圆环中。先按住Ctrl键单击第一个圆环所在图层的缩览

图，将其选区载入，如图7-177和图7-178所示。

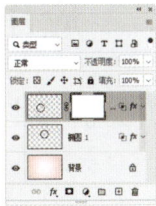

图7-175

图7-176

图7-177

图7-178

05 再使用画笔工具 ✎ 在圆环相交处涂抹黑色，如图7-179所示。按Ctrl+D快捷键取消选择，如图7-180所示。嵌套效果虽然做好了，但相交处有很深的压痕，这种效果显然并不真实。下面通过调整"高级混合"选项来控制蒙版中的效果范围。

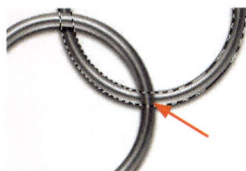

图7-179

图7-180

06 双击第二个圆环所在的图层，打开"图层样式"对话框，勾选"图层蒙版隐藏效果"复选框，将此处的效果隐藏，如图7-181和图7-182所示。再复制得到一个圆环，修改其蒙版，制作出如图7-183所示的效果。

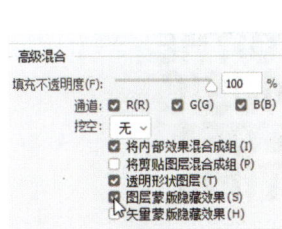

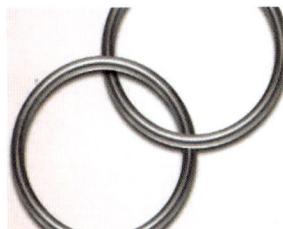

图7-181

图7-182

图7-183

135

7.7 应用案例：制作饮料杯上的镂空字

本案例使用变形功能修改文字，令其与杯子契合，再通过添加图层样式，制作为立体镂空字。

01 打开素材。文字图形是智能对象，分别如图7-184和图7-185所示。如果安装了Illustrator软件，则双击素材缩览图右下角的 图标，可以在Illustrator中打开原文件进行编辑，修改并存储以后，Photoshop中的文字会自动更新成与之相同的效果。

图7-184

图7-185

02 使用移动工具 将文字拖入饮料杯文件中。执行"图层"|"栅格化"|"智能对象"命令，将其转换为普通图层，如图7-186所示。执行"编辑"|"变换"|"变形"命令，显示变形网格，如图7-187所示。

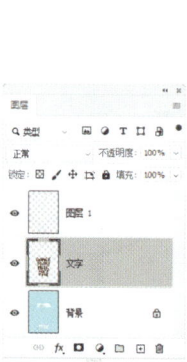
图7-186

图7-187

03 将光标放在第一行文字上，按住鼠标左键向上拖曳，如图7-188所示；最后一行文字向下拖曳，使文字边缘与饮料杯契合，如图7-189所示。

04 将中间的文字向边缘拖曳，使中间的文字略有膨胀感，两边的文字被挤压后会变窄，如图7-190所示。按Enter键确认操作，如图7-191所示。

图7-188

图7-189

图7-190

图7-191

05 双击该图层，打开"图层样式"对话框，添加"斜面和浮雕"效果。单击"光泽等高线"右侧的 按钮，打开"等高线编辑器"对话框，在等高线上单击，添加控制点并进行拖曳，改变等高线的形状，如图7-192所示。添加"等高线"和"渐变叠加"效果，分别如图7-193和图7-194所示。完成立体字的制作，如图7-195所示。

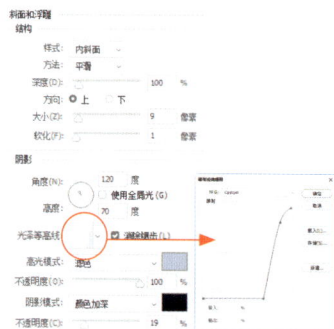
图7-192

图7-193

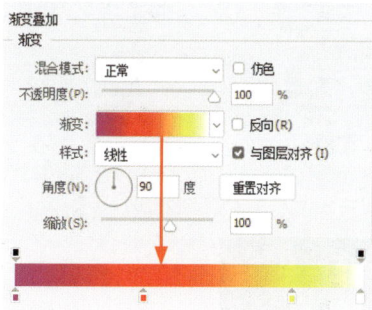

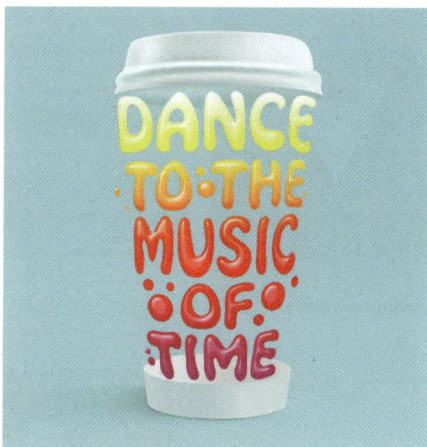

图7-194　　　　　　　　图7-195

7.8 应用案例：巧克力店UI图标

本案例是为巧克力店设计一款 UI 图标。图 7-196 所示为此图标在画册上的应用。整个 UI 的造型是一个心形，展现了爱的主题，通过 V 领和领结来体现绅士品位。

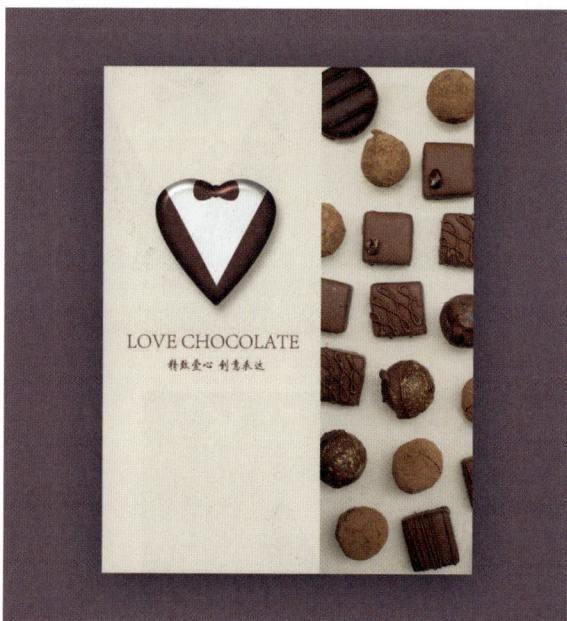

图7-196

① 打开素材，如图7-197所示。由于"背景"图层不能应用图层样式，需要先将其转换为普通图层。按住Alt键双击"背景"图层即可完成转换，默认名称为"图层0"，如图7-198所示。

图7-197

图7-198

② 双击"图层0"图层打开"图层样式"对话框，添加"图案叠加"效果。单击"图案"选项右侧的按钮打开下拉面板，在"旧版图案及其他"|"旧版图案"|"图案"组中选择"箭尾"图案，设置"混合模式"为"正片叠底"、"不透明度"为50%、"缩放"为33%，如图7-199和图

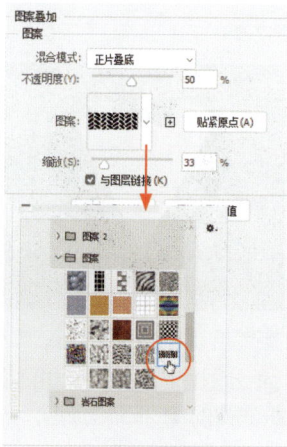

图7-199

7-200所示。

03 双击"巧克力"图层的空白处，打开"图层样式"对话框，添加"斜面和浮雕"效果，设置样式为"内斜面"，调整参数，使图形产生立体感，如图7-201所示。单击光泽等高线缩览图，打开"等高线编辑器"对话框，单击左下角的控制点，设置"输入"为50%，如图7-202所示。

图 7-200

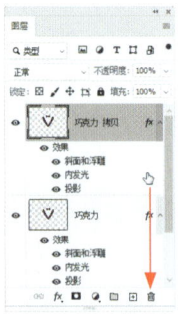
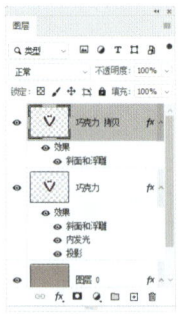
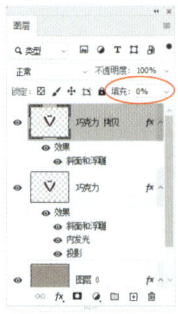

图 7-207   图 7-208   图 7-209

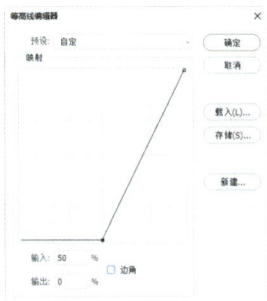

图 7-201   图 7-202

04 添加"内发光"和"投影"效果，分别如图7-203~图7-205所示。单击"确定"按钮关闭对话框。按Ctrl+J快捷键复制图层，如图7-206所示。

图 7-210

06 双击"斜面和浮雕"效果，打开"图层样式"对话框，在"光泽等高线"下拉面板中选择"线性"选项，其他参数保持不变，如图7-211和图7-212所示。选择横排文字工具 **T**，输入巧克力的名称与文案，如图7-213所示。

图 7-203   图 7-204

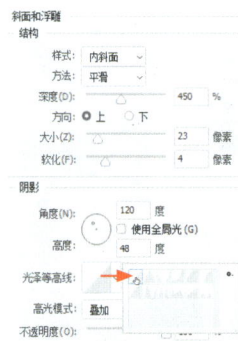

图 7-211   图 7-212

图 7-205   图 7-206

05 分别将"内发光"和"投影"效果拖曳到"图层"面板底部的 🗑 按钮上删除，分别如图7-207和图7-208所示。设置"填充"为0%，如图7-209所示；强化巧克力的高光，如图7-210所示。

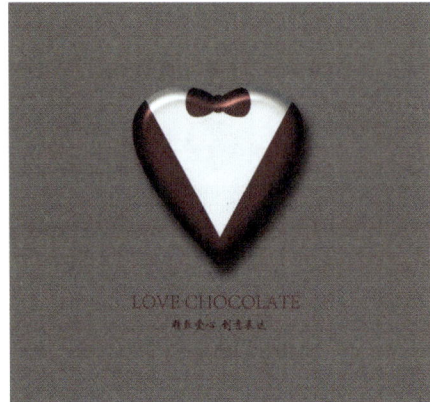

图 7-213

7.9 作业与习题

本章介绍了怎样使用 Photoshop 中的矢量工具绘图、抠图，以及用图层样式制作特效。下面是课后作业和复习题，有助于读者巩固本章所学知识。

7.9.1 课后作业：制作咖啡拉花效果

本作业使用"样式"面板中的预设样式，将小猫图案制作成咖啡拉花的效果，如图7-214和图7-215所示。首先对小猫图案进行透视变形，以符合咖啡杯的角度，然后添加样式，如图7-216所示；之后将"填充"设置为0%，使图案融入咖啡背景中，如图7-217所示。

素材

图7-214

实例效果

图7-215

使用预设样式

图7-216

调整"填充"不透明度

图7-217

7.9.2 课后作业：制作带锈迹的金属徽标

本作业是使用本书提供的金属样式将文字和小熊制作为金属徽标，如图7-218和图7-219所示。该样式需要执行"样式"面板菜单中的"导入样式"命令加载到 Photoshop 中，如图7-220所示。

图7-218　　　　图7-219

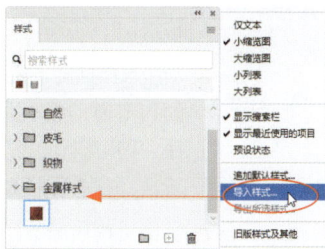

图7-220

7.9.3 复习题

1. 位图和矢量图是完全不同的两种对象，请说出二者的主要区别。

2. Photoshop 中的矢量工具不仅可以绘制矢量图形，也能绘制出位图（图像），这取决于什么？

3. 请简要说明锚点、方向点和方向线的用途。

4. "图层样式"对话框中的"全局光"选项有什么作用？

5. 怎样在不影响图层中的对象的情况下单独调整图层样式的比例？

注：复习题答案在配套资源中

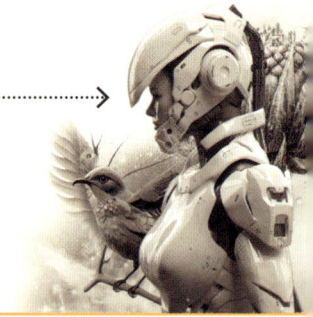

第8章
插画设计：滤镜与特效

本章简介

滤镜原本是一种摄影器材，摄影师将其安装在相机的镜头前面，可以影响色彩或产生特殊的拍摄效果。Photoshop中的滤镜用于制作特效、校正相机的镜头缺陷、模拟绘画效果，也可以编辑图层蒙版、快速蒙版和通道。滤镜分为内置滤镜和外挂滤镜两大类。内置滤镜是Photoshop提供的各种滤镜；外挂滤镜则是由其他软件公司或个人开发的滤镜插件，需要安装在Photoshop中才能使用。

学习重点

8.1 插画设计

插画作为一种重要的视觉传达形式，在现代设计中占有特殊的地位。在欧美等国家，插画被广泛应用于广告、传媒、出版、影视等领域，而且还被细分为儿童类、体育类、科幻类、食品类、数码类、纯艺术类、幽默类等多种专业类型，插画的风格也丰富多彩。

● 装饰风格插画：注重形式美感的设计，设计者要传达的含义都是较为隐性的，这类插画多采用装饰性的纹样，其构图精致，色彩协调，如图8-1所示。

● 动漫风格插画：在插画中使用动画、漫画和卡通形象，以此增加插画的趣味性。采用流行的表现手法使插画的形式新颖、时尚，如图8-2所示。

图8-1   图8-2

● 矢量风格插画：能够充分体现图形的艺术美感，如图8-3所示。

● Mix & match风格插画：能够融合许多独立的，甚至互相冲突的艺术表现形式，使之呈现协调的整体风格，如图8-4所示。

● 儿童风格插画：多用于儿童杂志或书籍，颜色较为鲜艳，画面生动有趣，造型简约、可爱或怪异，场景也会比较Q，如图8-5所示。

图8-3   图8-4

● 线描风格插画：利用线条和平涂的色彩作为表现形式，具有单纯和简洁的特点，如图8-6所示。

● 涂鸦风格插画：具有粗犷的美感，自由、随意，充满个性。

图8-5   图8-6

8.2 滤镜

Photoshop 中的滤镜像是神奇的魔术师，随手一变，就能让普通的图像呈现令人惊奇的视觉效果。它不仅可以校正照片、制作特效，还能模拟各种绘画效果。

8.2.1 滤镜怎样生成特效

位图（如照片、图像素材等）是由像素构成的，滤镜能改变像素的位置和颜色，从而生成特效。例如，图8-7所示为原图像，图8-8所示是用"染色玻璃"滤镜处理后的图像，从放大镜中可以看到像素的变化情况。

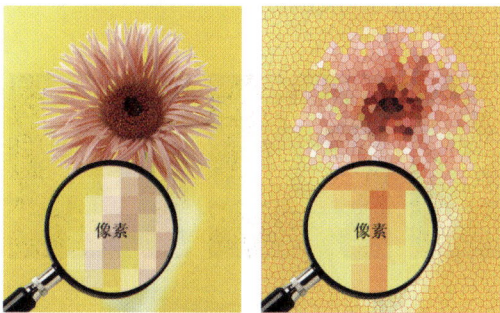

图8-7　　　　　　图8-8

Photoshop 的所有滤镜都在"滤镜"菜单中。如果安装了外挂滤镜，则会出现在该菜单的底部。由于数量较多，Adobe 对滤镜组进行了优化，将"画笔描边""素描""纹理""艺术效果"滤镜组整合到了"滤镜库"中。因此，默认状态下，"滤镜"菜单中没有这些滤镜，这样菜单更简洁、更清晰。如果想让所有滤镜出现在"滤镜"菜单中，可以执行"编辑"|"首选项"|"增效工具"命令，打开"首选项"对话框，勾选"显示滤镜库的所有组和名称"复选框。

提示

Photoshop允许安装第三方厂商开发的滤镜插件。本书附赠的"Photoshop外挂滤镜使用手册"中详细介绍了外挂滤镜的安装方法，以及KPT7、Eye Candy 4000和Xenofex滤镜的具体使用方法。

8.2.2 滤镜的使用规则和技巧

● 使用滤镜处理某一图层中的对象时，需要选择该图层，并且图层必须是可见的（缩览图左侧的眼睛图标 👁 可见）。

需要注意，滤镜不能同时应用于多个图层。

● 如果创建了选区，滤镜只处理选区内的图像，未创建选区时，处理当前图层中的全部图像。

● "滤镜"菜单中显示为灰色的命令是不可使用的命令，通常情况下，这与图像模式有关。例如RGB模式的图像可以使用所有滤镜，其他模式会受到限制。在处理非RGB模式的图像时，可以先执行"图像"|"模式"|"RGB颜色"命令，将图像转换为RGB模式，再应用滤镜。

● 在任意设置滤镜参数的对话框中按住Alt键，"取消"按钮会变成"复位"按钮。单击该按钮，可以将参数恢复到初始状态。

● 使用滤镜后，"滤镜"菜单的第一行便会出现相应滤镜的名称，如图8-9所示，单击或按Alt+Ctrl+F快捷键，可以快速应用该滤镜。

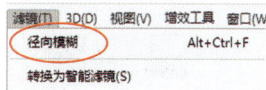

图8-9

● 滤镜的处理效果是以像素为单位进行计算的，因此，相同的参数处理不同分辨率的图像，其效果也会有所不同，如图8-10所示。

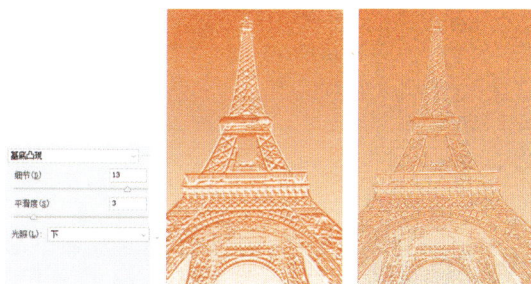

同样的滤镜应用于分辨率为72像素/英寸和300像素/英寸的图像

图8-10

● 使用"光照效果""木刻"和"染色玻璃"等滤镜，以及编辑高分辨率的大图时，Photoshop 的运行速度会变慢。如果出现这种情况，可以在使用滤镜之前，执行"编辑"|"清理"命令释放内存，也可退出其他应用程序，为Photoshop 提供更多的可用内存。此外，当内存不够用时，Photoshop 会自动将计算机中的空闲硬盘空间作为虚拟

内存来使用（也称暂存盘）。因此，如果计算机中的某个硬盘空间较大，可将其指定给 Photoshop 使用。执行"编辑"|"首选项"|"性能"命令，打开"首选项"对话框，"暂存盘"选项中显示了计算机的硬盘驱动器盘符，将空闲空间较多的驱动器设置为暂存盘，如图 8-11 所示，然后重新启动 Photoshop 即可。

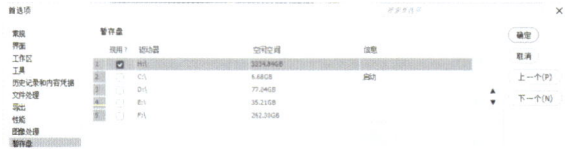

图 8-11

- 只有"云彩"和"纤维"滤镜可以应用在没有像素的区域，其他滤镜都必须应用在包含像素的区域，否则不能使用这些滤镜。外挂滤镜除外。

- 在应用滤镜的过程中，如果要停止处理，可以按 Esc 键。

8.2.3 "Neural Filters"滤镜

Neural Filters（神经网络）是 AI 智能滤镜，包含了多个滤镜，如图 8-12 所示，需要下载才能使用。操作时先打开 Adobe 官网，创建 Adobe ID 并登录，之后在 Photoshop 中执行"滤镜"|"Neural Filters"命令，打开"Neural Filters"对话框，单击 ☁ 按钮即可下载。

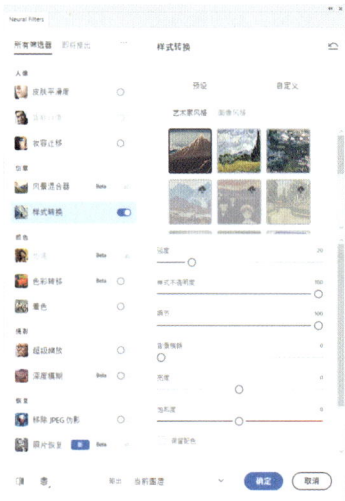

图 8-12

- 皮肤平滑度：可以祛除皮肤上的痘痘、色斑和瑕疵，让皮肤变得细腻、光滑。

- 智能肖像：可以修改人像的年龄、眼神、表情、面部朝向及光照方向等，如图 8-13 所示。

- 妆容迁移：可以将眼部和嘴部的妆容从一幅图像应用于另一幅图像，如图 8-14 所示。

- 风景混合器：可以增强风景照片的视觉效果，让四季更加分明，甚至能让季节发生转换。图 8-15 所示为将夏季转换为冬季的效果。

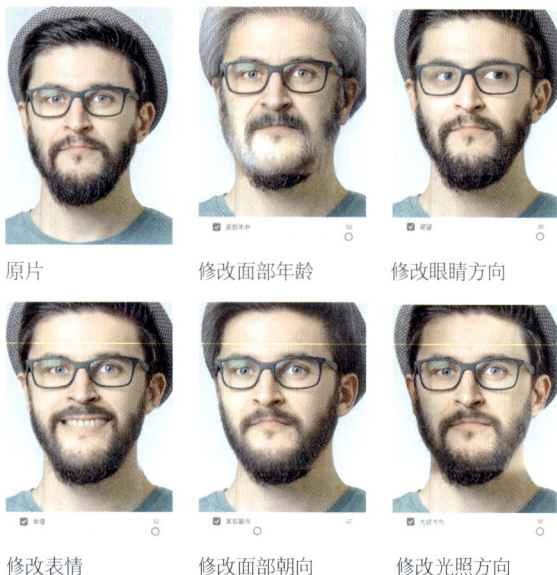

原片　　　　修改面部年龄　　　　修改眼睛方向

修改表情　　　修改面部朝向　　　修改光照方向

图 8-13

带妆容的素材　　需要处理的图像　　妆容迁移效果

图 8-14

图 8-15

- 样式转换：可以将预设的艺术风格应用于图像。

- 协调：可以处理抠好的图像，使其与另一幅图像的色调相匹配，得到完美的合成效果。

- 色彩转移：可以转换图像的整体色彩。

- 着色：可以快速为黑白照片上色。

- 超级缩放：可以放大和裁剪图像，再添加细节。

- 深度模糊：可以在主体对象周围添加环境薄雾，也可调整环境色温，使其更暖或更冷。

- 移除 JPEG 伪影：使用 JPEG 格式保存图像时会进行压缩，导致图像品质下降，有时还会出现伪影，影响图像的美观。该滤镜可移除压缩时产生的伪影。

- 照片恢复：可快速修复旧照片，提高对比度，增强细节，消除划痕。

8.2.4 创建智能滤镜

"滤镜"菜单中，除"液化""消失点"等少数滤镜外，其他滤镜都可作为智能滤镜使用。智能滤镜是应用于智能对象的滤镜，具有非破坏性的特点，可以修改和删除。

单击"图层 1"，如图 8-16 所示，执行"滤镜"|"转换为智能滤镜"命令，将其转换为智能对象，此后应用的滤镜即为智能滤镜，如图 8-17 所示。

图 8-16

图 8-17

8.2.5 编辑智能滤镜

智能滤镜会像图层样式一样附加在智能对象所在的图层上，因而不会像普通滤镜那样真正地改变对象，而且可以编辑和修改，如图 8-18 所示。

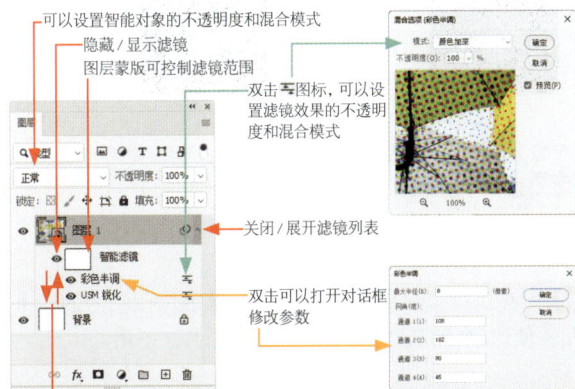

可以设置智能对象的不透明度和混合模式
隐藏 / 显示滤镜
图层蒙版可控制滤镜范围
双击 图标，可以设置滤镜效果的不透明度和混合模式
关闭 / 展开滤镜列表
双击可以打开对话框修改参数
上下拖曳可以调整智能滤镜堆叠顺序

图 8-18

例如，可双击智能滤镜，如图 8-19 所示，打开相应的对话框修改参数，效果如图 8-20 所示；也可以单击智能滤镜的蒙版，然后用黑色 / 灰色涂抹，遮盖 / 减弱滤镜效果，如图 8-21 和图 8-22 所示；也可以按住 Alt 键拖曳智能滤镜至其他智能对象上，进行复制。

图 8-19　　　　图 8-20

图 8-21　　　　图 8-22

8.2.6 实例：制作银质纪念币

01 打开素材，如图 8-23 所示。这是 PSD 格式的分层文件，人像在单独的图层中。

图 8-23

02 执行"滤镜"|"风格化"|"浮雕效果"命令，打开"浮雕效果"对话框，创建浮雕效果，如图 8-24 和图 8-25 所示。

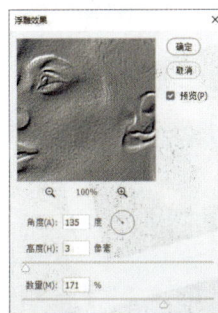

图 8-24　　　　图 8-25

03 在"图层"面板中双击"图层 1"的空白处，打开"图层样式"对话框，添加"斜面和浮雕"和"投影"效果，分别如图 8-26 和图 8-27 所示。

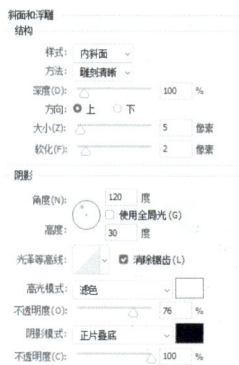

图 8-26　　　　　图 8-27

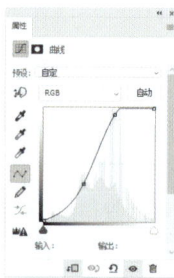

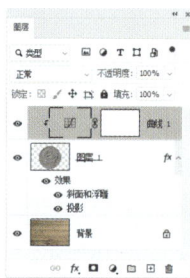

图 8-28　　　　　图 8-29

04 单击"调整"面板中的 按钮，创建"曲线"调整图层，在曲线上单击，添加两个控制点，然后拖曳控制点调整曲线，如图8-28所示，增强色调的对比度。

05 单击"调整"面板底部的 按钮，创建剪贴蒙版，使"曲线"调整图层只影响纪念币，不会影响背后的桌面，如图8-29和图8-30所示。

图 8-30

8.3 应用案例：火凤凰插画

本案例使用"镜头光晕"和"极坐标"滤镜制作发光图形，通过变换的方法摆成凤凰状，再使用渐变及混合模式上色。图 8-31 所示为在镜框中的展示效果。

01 新建一个大小为800像素×600像素、分辨率为72像素/英寸、背景为黑色的RGB模式文件。

02 按Ctrl+J快捷键复制"背景"图层。执行"滤镜"|"渲染"|"镜头光晕"命令，选中"电影镜头"单选按钮，设置"亮度"为100%，在预览框的中心单击，将光晕设置在画面的中心，如图8-32所示。关闭对话框。再次执行该命令，打开"镜头光晕"对话

图 8-31

框，在预览框的左上角单击，定位光晕中心，如图8-33所示，单击"确定"按钮关闭对话框。

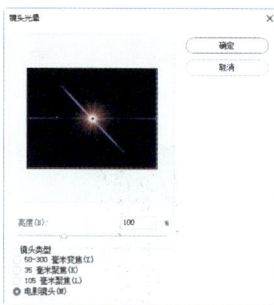

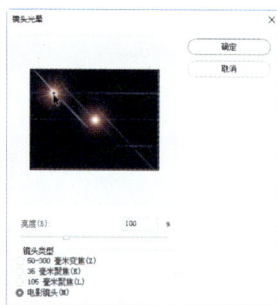

图 8-32　　　　　图 8-33

03 再次执行该命令，这一次将光晕定位在画面的右下角，使这3个光晕处于一条斜线上，如图8-34所示。

04 执行"滤镜"|"扭曲"|"极坐标"命令，在打开的对话框中选中"平面坐标到极坐标"单选按钮，如图8-35和图8-36所示。按Ctrl+T快捷键显示定界框，右

击，在弹出的快捷菜单中执行“垂直翻转”命令，再执行“逆时针旋转90度”命令，然后将图像放大并调整位置，如图8-37所示。

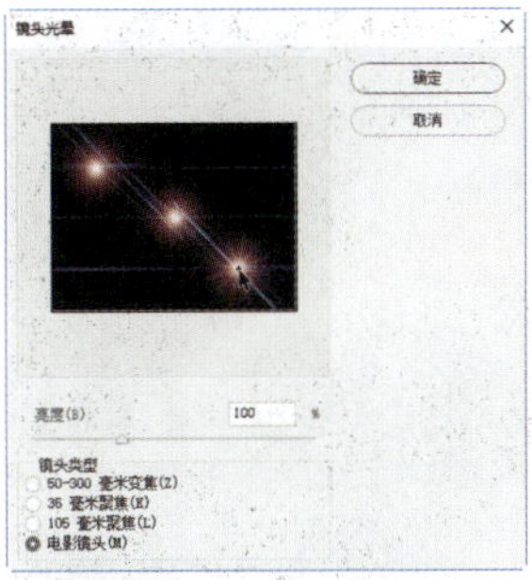

图8-34

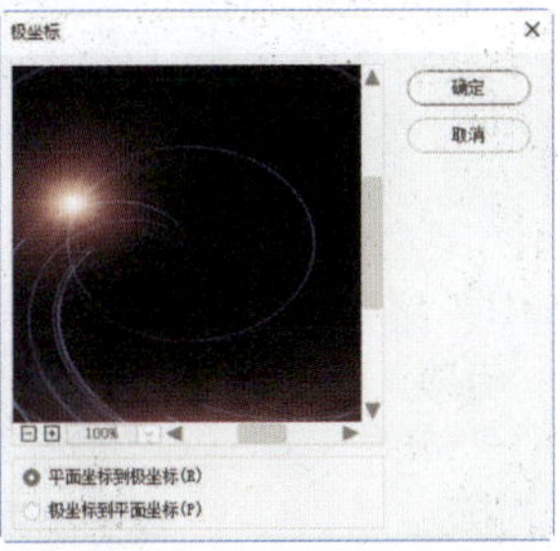

图8-35

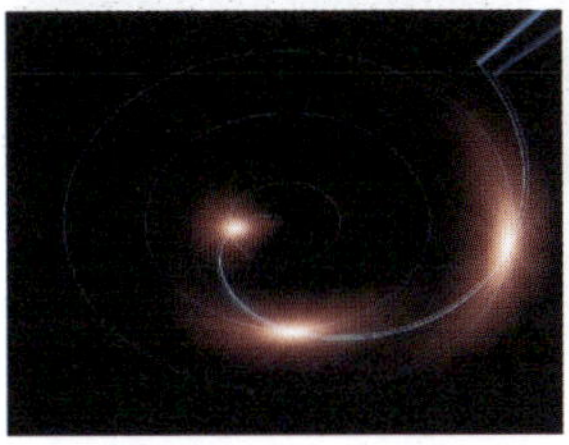

图8-36

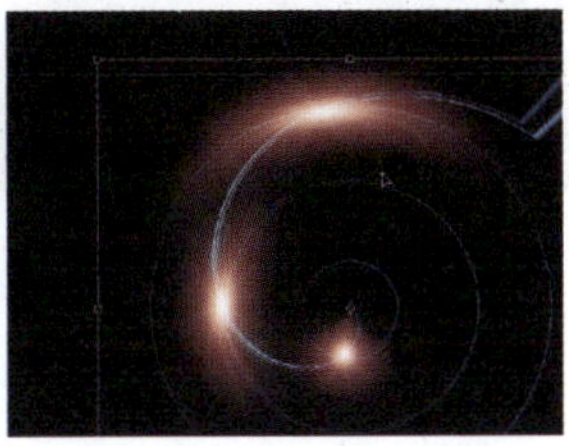

图8-37

05 按Ctrl+J快捷键复制“图层1”，得到“图层1 拷贝”，设置混合模式为“变亮”，如图8-38所示。按Ctrl+T快捷键显示定界框，将图像沿逆时针方向旋转，并适当放大，如图8-39所示。

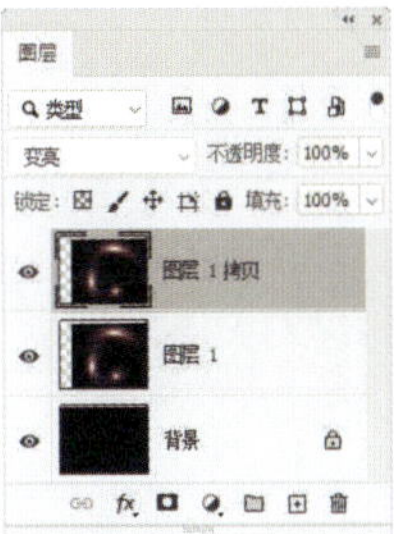

图8-38

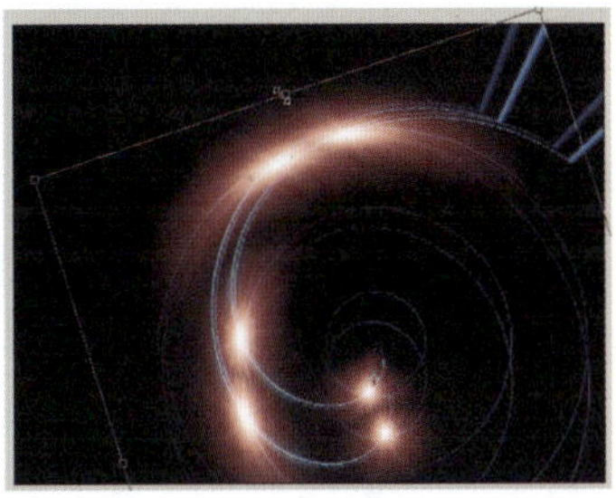

图8-39

06 再次按Ctrl+J快捷键复制图层，将图像沿顺时针方向旋转，如图8-40所示。使用橡皮擦工具 擦除该图层中的小光晕，只保留图8-41所示的大光晕。

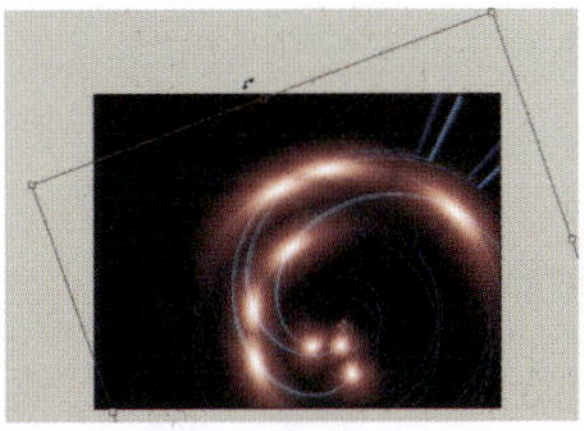

图8-40

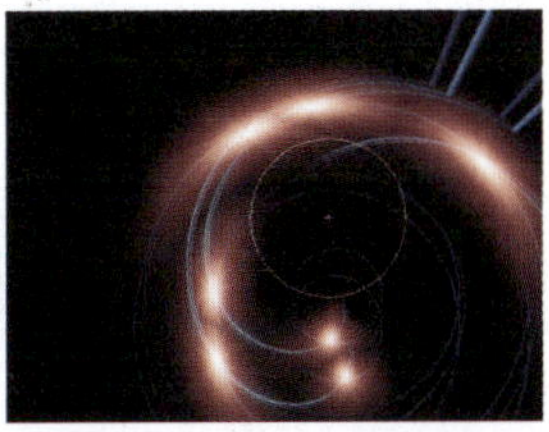

图8-41

07 按Ctrl+J快捷键复制当前图层，将复制后的图像缩小，沿逆时针方向旋转，将光晕定位在图8-42所示的位置，形成凤凰的头部。

08 选择渐变工具 ，在工具选项栏中选择“经典渐变”选项，单击“径向渐变”按钮 ，再单击渐变颜色条，打开“渐变编辑器”对话框，调整渐变颜色，如图8-43所示。新建一个图层，填充径向渐变，如图8-44所示。设置该图层的混合模式为“叠加”，效果如图8-45所示。

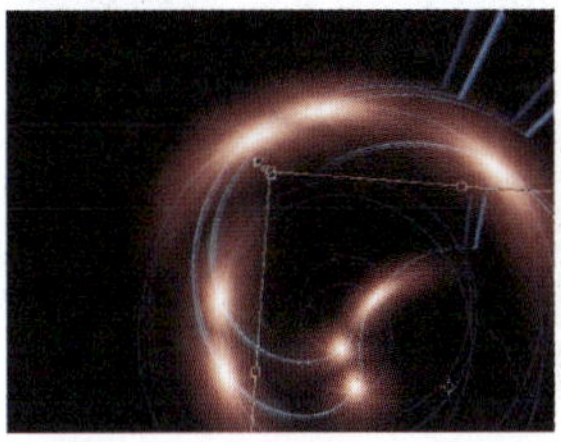

图8-42

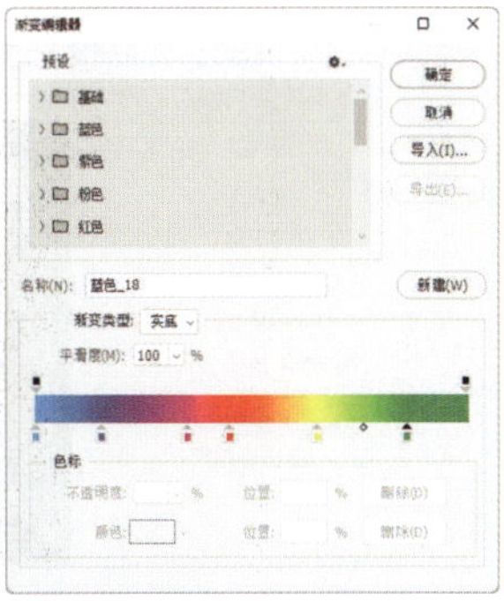

图8-43

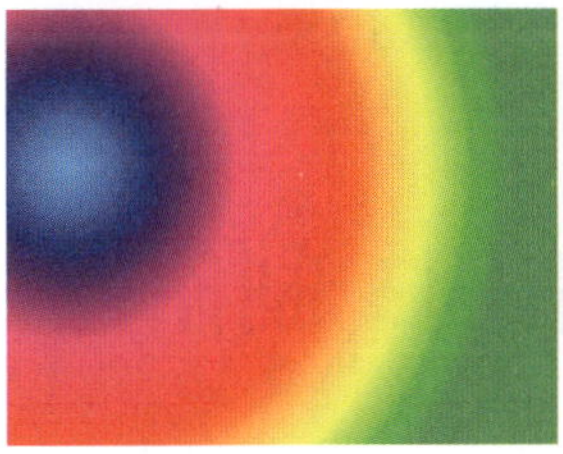

图8-44

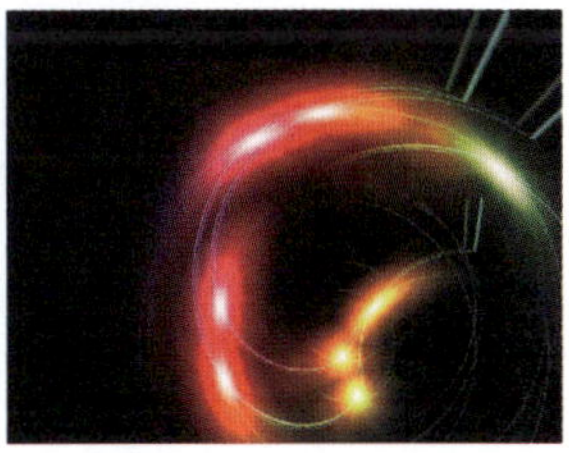

图8-45

09 按Alt+Shift+Ctrl+E快捷键，将图像盖印到新的图层（“图层3”）中，保留“图层1”和“背景”图层，将其他图层删除。调整图像的高度，并将其移动到画面中心，如图8-46所示。使用橡皮擦工具 擦除整齐的边缘，在处理靠近凤凰边缘的位置时，将橡皮擦的“不透明度”设置为50%，这样的修边方法可以使边缘变浅，颜色不再强烈，如图8-47所示。

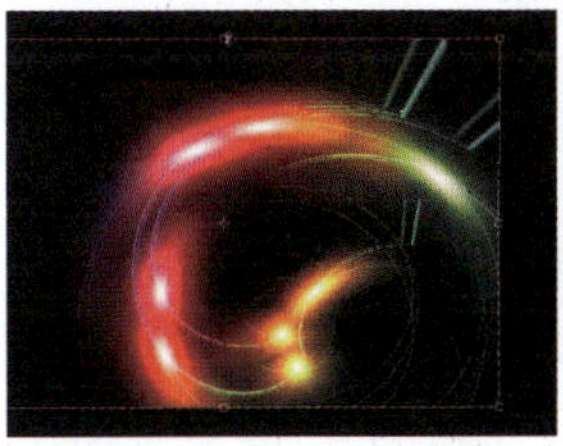

图8-46

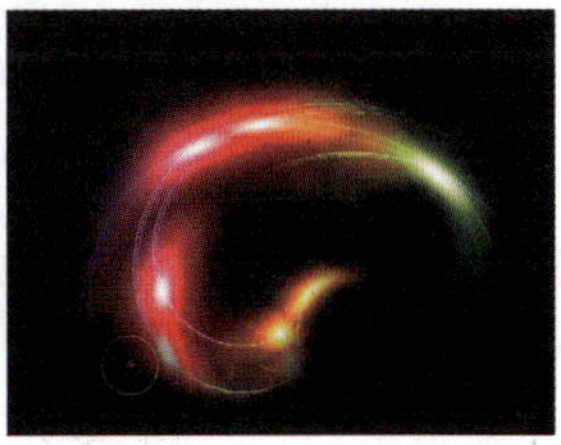

图8-47

10 按Ctrl+J快捷键复制当前图层，设置复制得到的图层的混合模式为“变亮”，再将其沿逆时针方向旋转，如图8-48所示。使用橡皮擦工具 擦除多余的区域，如图8-49所示。

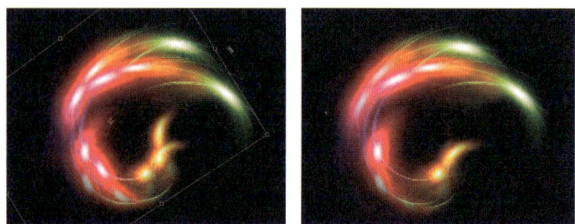

图 8-48   图 8-49

11 按Ctrl+U快捷键打开"色相/饱和度"对话框，调整"色相"为-180，如图8-50和图8-51所示。

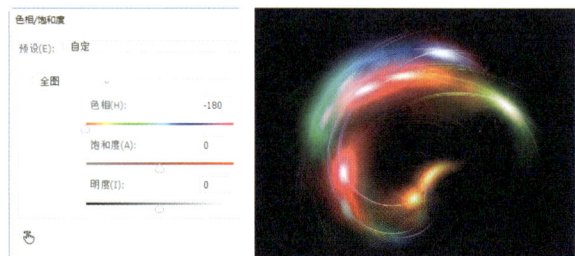

图 8-50   图 8-51

12 继续用上面的方法制作其余的图像，可以先复制凤尾图像，再调整颜色和大小，组合排列成为凤凰的形状，完成后的效果如图8-52所示。

图 8-52

8.4 应用案例：制作包装效果图

本案例使用"消失点"滤镜为商品包装贴图。该滤镜能让图像与包装完美贴合并产生透视效果，如图 8-53 所示。下面介绍操作方法。

图 8-53

01 打开人像素材，如图8-54所示。按Ctrl+A快捷键全选，按Ctrl+C快捷键复制图像。打开包装盒素材，如图8-55所示。

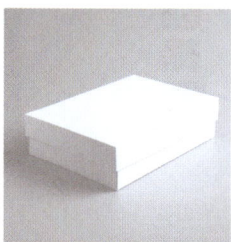

图 8-54   图 8-55

02 新建一个图层。执行"滤镜"|"消失点"命令，打开"消失点"对话框。使用创建平面工具 ▦ 在包装盒的4个角单击创建透视平面，如图8-56所示。蓝色的平面为准确的透视平面，能确保复制、修复等操作按照透视关系进行扭曲。黄色和红色平面是无效透视平面。

03 选择编辑平面工具 ▸，将光标移动到图8-57所示的控制点上，按住Ctrl键并拖曳，拉出新的透视平面，如图8-58所示。在右侧也拉出透视平面，如图8-59所示。

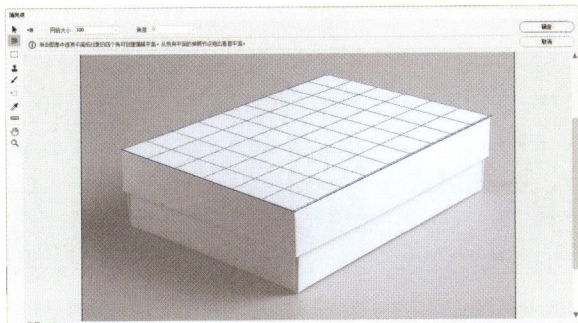

图 8-56

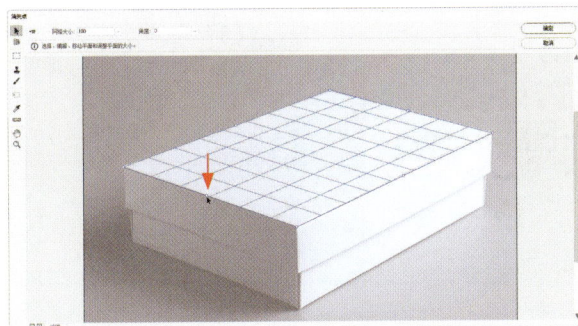

图 8-57

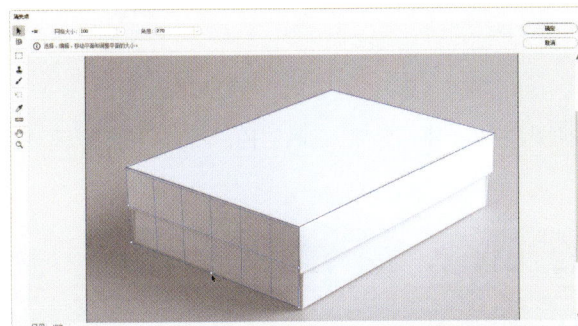

图 8-58

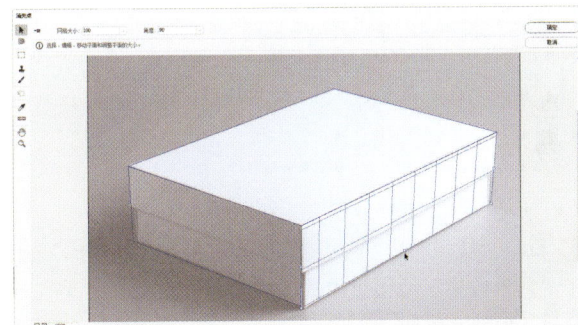

图 8-59

④ 按Ctrl+V快捷键粘贴图像，如图8-60所示。选择变换工具 ，将光标移动到图像左上角，按住Shift键并拖曳光标，将图像等比缩小，如图8-61所示。使用该工具时，可以通过拖曳定界框的控制点来缩放、旋转或移动浮动选区，类似于在矩形选区上使用"自由变换"命令。

图 8-60

图 8-61

⑤ 当前图像中有一部分区域位于包装盒顶面，将光标移动到此处，如图8-62所示，将图像拖曳到包装盒顶面，如图8-63所示。按Enter键关闭对话框。

图 8-62

图 8-63

⑥ 将当前图层隐藏，如图8-64所示。使用多边形套索工具 在包装盒下半部分创建选区，如图8-65所示。

图 8-64

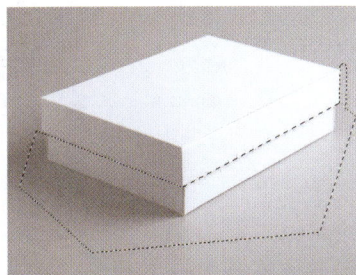

图 8-65

⑦ 将图层重新显示出来，如图8-66所示。按住Alt键单击 按钮，添加一个反向的蒙版，将选区外的图像隐

藏，效果如图8-67所示。

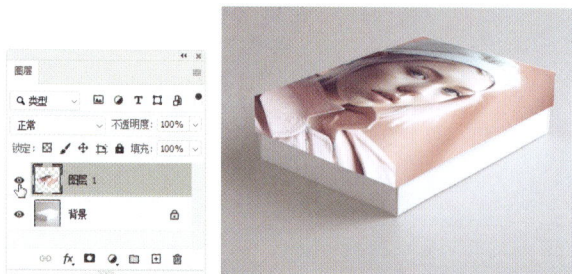

图8-66　　　　　图8-67

图8-68　　　　　图8-69

08 修改图层的混合模式为"正片叠底"，如图8-68和图8-69所示。

09 当前人像的颜色有些偏蓝。按Ctrl+J快捷键复制图层，修改混合模式为"颜色"，对颜色进行修正，如图8-70和图8-71所示。

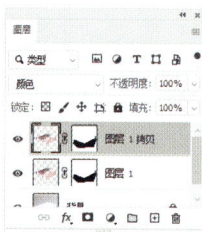

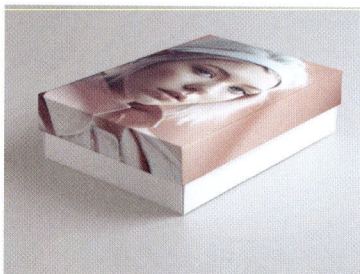

图8-70　　　　　图8-71

8.5　应用案例：冰手特效

本案例制作冰手特效，可用于商业插画（企业或产品绘制插图，常用于书籍装帧、商品包装、广告、网络媒介等）。

01 打开素材。选择快速选择工具 ，在工具选项栏中设置工具参数，如图8-72所示，拖曳光标，将手选中，如图8-73所示。

图8-72

图8-73

02 连续按4次Ctrl+J快捷键，将选中的手复制到4个图层中，如图8-74所示。分别在图层的名称上双击，为图层输入新的名称。选择"质感"图层，在其他3个图层的眼睛图标 上单击，将它们隐藏，如图8-75所示。

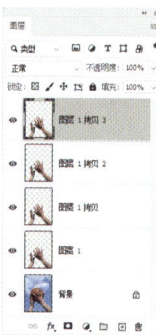

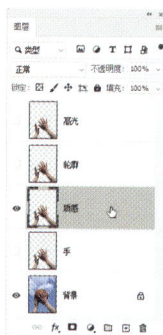

图8-74　　　　　图8-75

03 执行"滤镜"｜"滤镜库"命令，打开"滤镜库"，在"艺术效果"滤镜组中选择"水彩"滤镜，设置相关参数，如图8-76所示。

04 双击"质感"图层，打开"图层样式"对话框，按住Alt键向右侧拖曳"本图层"选项组中的黑色滑块，将其分为两部分，然后将右半部滑块定位在色阶237处，如图8-77所示。这样可以将该图层中色阶值低于237的暗色调像素隐藏，只保留由滤镜生成的淡淡的纹理，隐藏黑色边线，如图8-78所示。

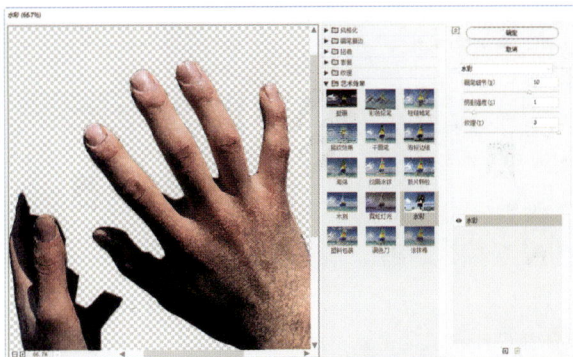

图8-76

图8-81

图8-82

图8-77

图8-78

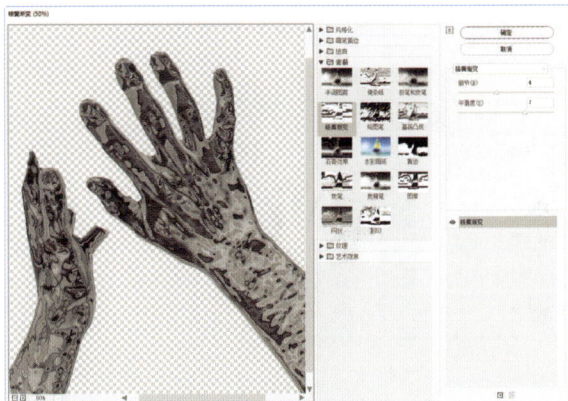

图8-83

05 选择并显示"轮廓"图层。执行"滤镜"|"滤镜库"命令，打开"滤镜库"，在"风格化"滤镜组中选择"照亮边缘"滤镜，参数设置如图8-79所示。将该图层的混合模式设置为"滤色"，生成类似于冰雪般的透明轮廓，效果如图8-80所示。

图8-84   图8-85

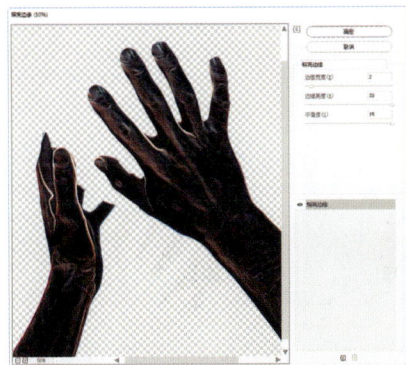

图8-79

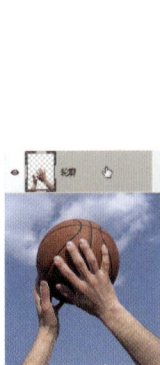

图8-80

06 按Ctrl+T快捷键显示定界框，拖曳两侧的控制点将图像拉宽，使轮廓线略超出手的范围。按住Ctrl键，将右上角的控制点向左移动一点，如图8-81和图8-82所示，按Enter键确认操作。

07 选择并显示"高光"图层，执行"滤镜"|"素描"|"铬黄"命令，参数设置如图8-83所示。将图层的混合模式设置为"滤色"，如图8-84和图8-85所示。

08 选择并显示"手"图层，单击"图层"面板顶部的 ⊞ 按钮，如图8-86所示，将该图层的透明区域锁定。按D键恢复默认的前景色和背景色，按Ctrl+Delete快捷键填充背景色（白色），使手图像成为白色，如图8-87所示。由于锁定了图层的透明区域，颜色不会填充到手外边。

09 单击"图层"面板底部的 ▣ 按钮，添加蒙版。选择画笔工具 ✐ 及柔边圆笔尖，在两只手内部涂抹灰色，颜色深浅应有一些变化，如图8-88和图8-89所示。

图8-88　　　　　图8-89

⑩ 单击"高光"图层，按住Ctrl键，单击该图层的缩览图，载入选区，如图8-90和图8-91所示。

图8-90　　　　　图8-91

⑪ 创建"色相/饱和度"调整图层，参数设置如图8-92所示，将手调整为冷色，如图8-93所示。选区会转换到调整图层的蒙版中，以限定调整范围。

图8-92　　　　　　　图8-93

⑫ 在调整图层上方新建一个图层，如图8-94所示。选择画笔工具 ✐ 及柔边圆笔尖，按住Alt键（可临时切换为吸管工具 ✐ ）在蓝天上单击，拾取蓝色作为前景色，然后释放Alt键，在手臂内部涂抹蓝色，让手臂看上去更加透明，如图8-95所示。

⑬ 使用椭圆选框工具 ◯ 选取篮球。选择"背景"图层，按Ctrl+J快捷键，将其复制到新的图层中。按Shift+Ctrl+]快捷键，将该图层调整到顶层，如图8-96所示。

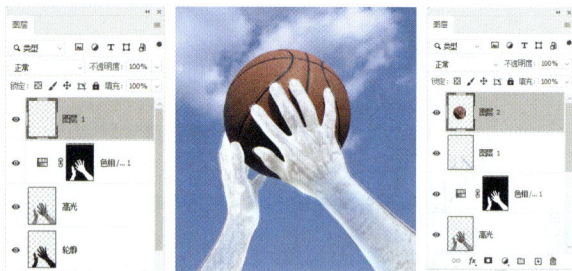

图8-94　　　　　图8-95　　　　　图8-96

⑭ 按Ctrl+T快捷键显示定界框，右击，在弹出的快捷菜单中执行"水平翻转"命令，翻转图像；将光标放在控制点外侧，拖动光标旋转图像，如图8-97所示，按Enter键确认操作。单击"图层"面板底部的 ◻ 按钮，为图层添加蒙版。使用画笔工具 ✐ 在左上角的篮球上涂抹黑色，将其隐藏。按数字键3，将画笔的"不透明度"设置为30%，在篮球右下角涂抹浅灰色，使手掌内的篮球呈现若隐若现的效果，如图8-98和图8-99所示。

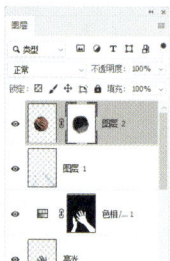

图8-97　　　　　图8-98　　　　　图8-99

⑮ 按住Ctrl键单击"手"图层的缩览图，载入选区，如图8-100所示。选择椭圆选框工具 ◯，按住Shift键拖曳光标，将篮球选中，可将其添加到现有选区中，如图8-101所示。

图8-100　　　　　　　图8-101

⑯ 执行"编辑" | "合并拷贝"命令，复制选中的图像，按Ctrl+V快捷键粘贴到新的图层中（"图层3"），如图8-102所示。按住Ctrl键，单击"轮廓"图层，将其与"图层3"同时选择，如图8-103所示。打开素材文件，如图8-104所示，使用移动工具 ✛ 将选中的两个图层拖入该文件，效果如图8-105所示。

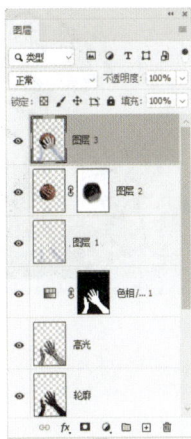
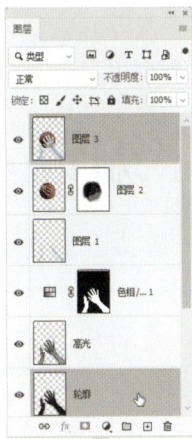

图 8-102　　　　　图 8-103　　　　　　图 8-104　　　　　　　图 8-105

8.6　作业与习题

本章介绍了怎样使用 Photoshop 中的滤镜制作特效。下面是课后作业和复习题，有助于读者巩固本章所学知识。

8.6.1　课后作业：制作两种球面全景图

本作业使用"扭曲"滤镜组中的"极坐标"命令制作两种球面全景图效果，如图 8-106 和图 8-107 所示。制作第一种效果时，在"极坐标"对话框中选中"平面坐标到极坐标"单选按钮，对图像进行扭曲，然后按 Ctrl+T 快捷键显示定界框，拖曳控制点，将天空调整为球状。此外，可以使用仿制图章工具 🖈 对草地进行修复。制作第二种效果时，先执行"图像"|"图像大小"命令，打开"图像大小"对话框后，单击 🔗 按钮，取消宽度与高度比例的锁定，之后修改参数，将画布改为正方形；再执行"图像"|"图像旋转"|"180度"命令，将图像翻转过去，然后使用"极坐标"滤镜进行处理即可。

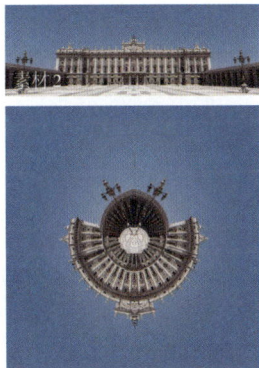

图 8-107

8.6.2　复习题

1. 滤镜基于怎样的原理生成特效？

2. 编辑 CMYK 模式的图像时，有些滤镜无法使用该怎么办？

3. 图像较大，分辨率也较高，使用滤镜时内存不够用，导致 Photoshop 闪退，遇到这种情况该怎样处理？

4. 外挂滤镜有何用处，怎样安装？

5. 智能滤镜有哪些优点？

注：复习题答案在配套资源中

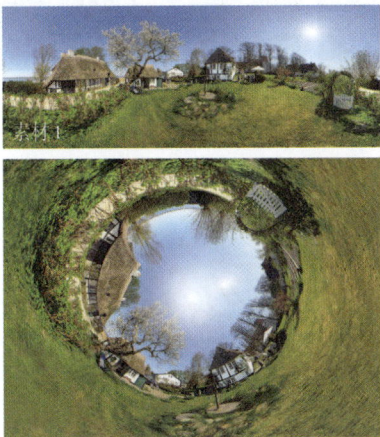

图 8-106

第9章
字体与版面设计：文字编辑

9.1 字体的创意方法

字体设计具有独特的艺术感染力，广泛应用于视觉传达设计中。好的字体设计是增强视觉传达效果、提高审美价值的重要因素之一。

字体设计首先应具备易读性，即在遵循形体结构的基础上进行变化，不能随意改变字体结构、增减笔画，切忌为了设计而设计，文字设计的根本目的是更好地表达设计的主题和构想理念，不能为变而变；第二要体现艺术性，文字应做到风格统一、美观实用、创意新颖，有一定的艺术性；第三是要具备思想性，字体设计应从文字内容出发，能够准确地诠释文字的含义。图9-1和图9-2所示是将文字与图画有机结合的字体设计，这两幅作品充分挖掘了文字的含义，并采用图画的形式使字体形象化。图9-3所示为装饰字体设计，以基本字体为原型，采用内线、勾边、立体、平行透视等变化方法，让字体变得活泼、浪漫，富于诗情画意。图9-4所示为书法字体设计，整体效果美观流畅、欢快轻盈，具有很强的节奏感和韵律感。

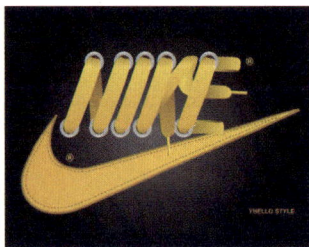
图9-1

图9-2

图9-3

图9-4

9.2 创建文字

在 Photoshop 中可以创建点文字、段落文字和路径文字。其中，路径文字还需要路径或矢量形状配合完成。

9.2.1 点文字

点文字是一个水平或垂直的文本行，可沿水平或垂直方向排列。如果一直输入文字，则文字会扩展到画布外面而看不到。需要换行时，得按 Enter 键。以这种方式生成的段落容易参差不齐，因此，点文字只适合字量较少的项目，如标题、标签和网页上的菜单选项等。

选择横排文字工具 **T**（也可以使用直排文字工具 ↓T 创建直排文字），在工具选项栏中设置字体、大小和颜色，如图 9-5 所示。在需要输入文字的位置单击，画面中会出现闪烁的 I 形光标，此时便可输入文字，如图 9-6 所示。单击工具选项栏中的 ✔ 按钮，结束输入操作，"图层"面板中会生成文字图层，如图 9-7 所示。如果要放弃输入，可单击工具选项栏中的 ⊘ 按钮或按 Esc 键。

图 9-5

图 9-6

图 9-7

创建文字后，使用横排文字工具 **T** 在文字上拖曳光标，可以选择文字，如图 9-8 所示，在工具选项栏中可修改所选文字的颜色（也可修改字体和大小等），如图 9-9 所示。重新输入文字，则可修改所选文字，如图 9-10 所示。按 Delete 键可删除所选文字，如图 9-11 所示。

图 9-8

图 9-9

图 9-10

图 9-11

如果要添加文字内容，可以将光标放在文字行上，当光标变为 I 状时，单击，设置文字插入点，如图 9-12 所示，然后输入文字，如图 9-13 所示。

图 9-12

图 9-13

9.2.2 段落文字

段落文字是一种在矩形定界框内排布的文字，能自动换行，文字区域的大小也可调整，非常适合制作宣传单等文字量较大的作品。

要创建段落文字，可以选择横排文字工具 **T**，在画布上拖曳光标，创建一个定界框，如图 9-14 所示。释放鼠标左键时，会出现闪烁的 I 形光标，此时便可输入文字，当文字到达文本框边界时会自动换行，如图 9-15 所示。单击工具选项栏中的 ✔ 按钮，可以完成段落文本的创建。

图 9-14

图 9-15

创建段落文字后，使用横排文字工具 **T** 在文字中单击，设置插入点，此时会显示文字的定界框，如图 9-16 所示。拖曳控制点调整定界框大小，文字会在调整后的定界框内重新排列，如图 9-17 所示。按住 Ctrl 键拖曳控制点可缩放文字，如图 9-18 所示。将光标移至定界框外，当光标变为弯曲的双向箭头时拖曳，可以旋转文字，如图 9-19 所示。如果按住 Shift 键拖曳光标，则能够以 15° 角为增量进行旋转。

图9-16

图9-17

图9-18

图9-19

提示

当定界框被调小而不能显示全部文字时，其右下角的控制点会变为 田 状。此时应拖曳控制点将定界框范围调大，让隐藏的文字显示出来，或者将文字的字号调小，使定界框能够容纳所有文字。

9.2.3 实例：用路径文字制作美容广告

路径文字是指沿路径排列的文字，修改路径的形状时，文字也会随之改变位置。本实例使用路径文字制作美容广告，如图9-20所示。

图9-20

01 新建21厘米×21厘米、分辨率为120像素/英寸的RGB模式文件。调整前景色，如图9-21所示，按

Ctrl+Delete快捷键填色，如图9-22所示。

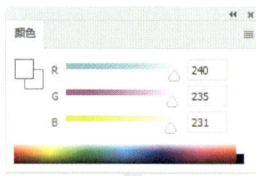

图9-21　　　　　　　　　图9-22

02 选择椭圆工具 ○ 及"形状"选项，按住Shift键拖曳光标，创建一个浅棕色圆环，如图9-23和图9-24所示。

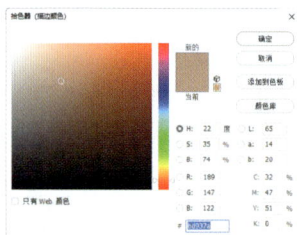

图9-23　　　　　　　　　图9-24

03 新建一个图层。创建几个圆形，如图9-25所示。再新建一个图层，创建一个小圆形，如图9-26所示。新建一个图层，使用直线工具 ╱ 按住Shift键拖曳光标，在小圆形旁边创建一条直线，如图9-27所示。

图9-25

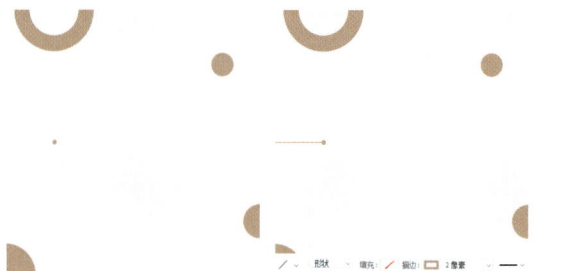

图9-26　　　　　　　　　图9-27

04 按住Ctrl键单击小圆形所在的图层，将其与直线所在的图层一同选取，如图9-28所示，按Ctrl+J快捷键复制。执行"编辑"|"变换"|"水平翻转"命令，进行翻转，然后使用移动工具 ✛ 拖曳到画面右侧，放在对称的位置上，如图9-29所示。按住Ctrl键单击各形状图层，将其一同选取，如图9-30所示，按Ctrl+G快捷键编入图层组中，如图9-31所示。

图9-28　　　　　　图9-29

图9-30　　　　　　图9-31

05 使用矩形工具 ▢ 创建一个矩形，在"属性"面板中将其设置为圆角，如图9-32和图9-33所示。

图9-32　　　　　　图9-33

06 选择横排文字工具 **T**，将光标移动到圆角矩形上方，如图9-34所示，单击，然后输入文字，如图9-35所示。单击 ✔ 按钮结束编辑。

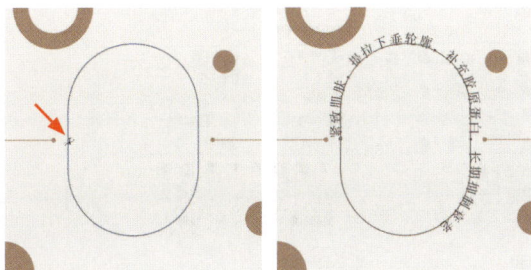

图9-34　　　　　　图9-35

07 在"字符"面板中设置字体及文字大小，如图9-36所示。选择路径选择工具 ▶，将光标放在文字上方，如图9-37所示，向路径内侧拖曳，翻转文字，如图9-38所示。沿路径拖曳文字，移动文字位置，如图9-39所示。

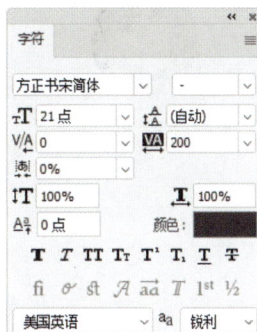 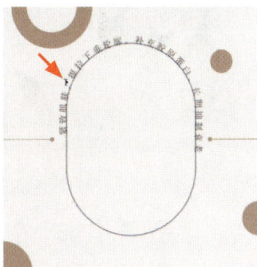

图9-36　　　　　　图9-37

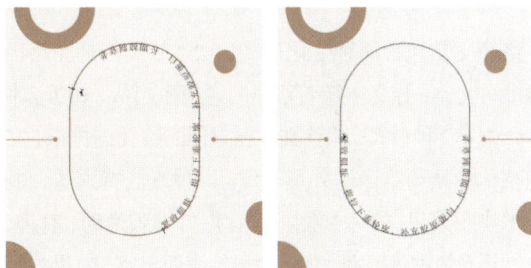

图9-38　　　　　　图9-39

08 将文字的"基线偏移"设置为19点，如图9-40所示，使文字离开圆角矩形一段距离，如图9-41所示。

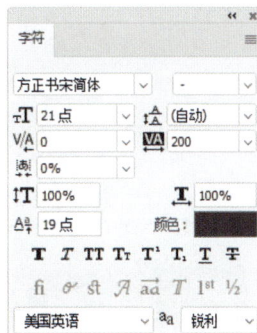 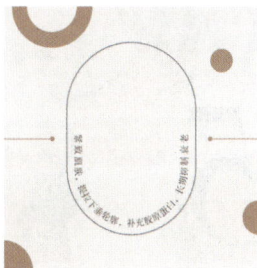

图9-40　　　　　　图9-41

09 选择横排文字工具 **T**，在远离图形的位置单击，然后输入文字，文字大小可适当调整，但字体不变，效果如图9-42所示。

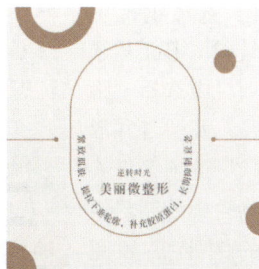

10 执行"文件"|"置入嵌入对象"命令，将人物素材置入当前文件中，如图9-43所示。选择图框工具 ⊠，单击工具选项栏中的 ⊗ 按钮，

图9-42

将光标移动到图像上方，按住Shift键并拖曳光标，创建圆形图框，效果如图9-44所示。

图9-43　　　　　　　图9-44

9.2.4 实例：制作文本绕图广告版面

路径文字包含两种变化形式，9.2.3节实例是在路径上方排布文字，让文字随着路径的弯曲而起伏、转折。本实例介绍第2种形式，即让文字在封闭的路径内排布，文字的整体形状与路径的外形一致。这种方法特别适合制作文本绕图效果。文本绕图可以让广告排版生动、有趣，而且设计元素占满版面，视觉效果饱满而丰富。效果如图9-45所示。

图9-45

01 选择钢笔工具 ⬙，在工具选项栏中选择"路径"及"合并形状"选项，沿人物轮廓绘制封闭的图形，如图9-46所示。

图9-46

02 选择横排文字工具 **T**，将光标移动到图形内部，如图9-47所示，单击，输入文字，如图9-48所示。

图9-47

图9-48

03 单击工具选项栏中的 ✔ 按钮，结束文字输入。执行"文字"|"文字排列方向"|"竖排"命令，让文字纵向排列，效果如图9-49所示。单击"段落"面板中的 ▥ 按钮，如图9-50所示，让文字基于顶部对齐。

04 在"字符"面板中选择字体并设置文字的字距、行距等属性，如图9-51和图9-52所示。

图9-49

图9-50　　　　　　图9-51

图 9-52

提示

如果出现标点符号排到字首位置等不符合文字使用规范的情况，可以在"字符"面板中调整文字大小和字符间距，使版面合理。

9.3 编辑文字

在文字工具选项栏以及"字符"面板中都可以设置文字的字体、大小、颜色、行距、字距，以及段落的对齐和缩进等。这些属性既可以先设置好，再创建文字；也可以创建文字之后再进行修改。

9.3.1 调整字体、大小、样式和颜色

图 9-53 所示为横排文字工具 **T** 的选项栏，图 9-54 所示为"字符"面板，通过这些选项栏可以选择字体、设置文字大小和颜色等，以及进行简单的文本对齐。默认情况下，设置字符属性时，会影响所选文字图层中的所有文字，如果要修改部分文字，可以先用文字工具将它们选中，再进行编辑。

图 9-53

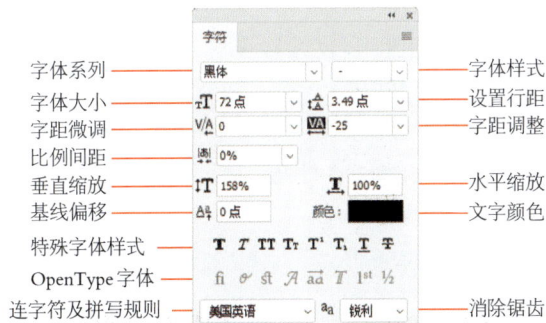

图 9-54

提示

选择文字后，按 Shift+Ctrl 快捷键并连续按 > 键，能以 2 点为增量将文字调大；按 Shift+Ctrl+< 快捷键，则以 2 点为增量将文字调小。按住 Alt 键并连续按 → 键，可增加字间距；按 Alt+← 键，则减小字间距。选择多行文字以后，可以按住 Alt 键并连续按 ↑ 键增加行间距；按 Alt+↓ 键，则减小行间距。

9.3.2 设置字符属性

在"字符"面板中可以调整所选文字的行距、字距，对文字进行缩放，以及为文字添加特殊样式等。

● 设置行距 ☴：可以设置各行文字之间的垂直间距，如图 9-55 和图 9-56 所示。默认选项为"自动"，表示让 Photoshop 自动

分配行距,即随着字体大小的改变而自动改变行距。一般情况下,同一个段落中可以应用一个点以上的行距量,但文字行中的最大行距值决定该行的行距值。

行距 75 点(文字大小为 60 点)   行距 60 点

图 9-55   图 9-56

- 字距微调 Ⅵ4:用来调整两个字符之间的间距。操作方法是,使用横排文字工具 T 在两个字符之间单击,出现闪烁的 I 形光标后,如图 9-57 所示,在该选项中输入数值并按 Enter 键,以增加(正数)字距,如图 9-58 所示,或者减少(负数)这两个字符之间的间距量,如图 9-59 所示。

在字符间单击   字距微调为 200   字距微调为 -200

图 9-57   图 9-58   图 9-59

- 字距调整 Ⅵ4:字距微调 Ⅵ4 只能调整两个字符之间的间距,字距调整 Ⅵ4 则可以调整多个字符或整个文本中所有字符的间距。如果要调整多个字符的间距,可以使用横排文字工具 T 将它们选取,如图 9-60 所示;如果未进行选取,则会调整所有字符的间距,如图 9-61 所示。

图 9-60   图 9-61

- 比例间距 Ⅵ4:可以按照一定的比例来调整字符的间距。在未进行调整时,比例间距值为 0%,此时字符的间距最大;设置为 50% 时,字符的间距会变为原来的一半;当设置为 100% 时,字符的间距变为 0。由此可知,比例间距 Ⅵ4 只能收缩字符之间的间距,而字距微调 Ⅵ4 和字距调整 Ⅵ4 既可以缩小间距,也可以扩大间距。

- 垂直缩放 ↕T/水平缩放 T:垂直缩放 ↕T 可以垂直拉伸文字;水平缩放 T 可以在水平方向上拉伸文字。当这两个百分比相同时,可进行等比缩放。

- 基线偏移 Aª:使用文字工具在图像中单击设置文字插入点时,会出现闪烁的 I 形光标,光标中的小线条标记的便是文字的基线(文字所依托的假想线条),如图 9-62 所示。默认状态下,绝大部分文字位于基线之上,小写的 g、p、q 位于基线之下。调整字符的基线可以使字符上升或下降,如图 9-63 所示。

文字基线   选取文字并设置基线偏移 15 点

图 9-62   图 9-63

- OpenType 字体:包含当前 PostScript 和 TrueType 字体不具备的功能,如花饰字和自由连字。

- 连字符及拼写规则:可对所选字符进行有关连字符和拼写规则的语言设置。Photoshop 使用语言词典检查连字符连接。

9.3.3 设置段落属性

输入文字时,每按一次 Enter 键,便会切换一个段落。"段落"面板可以调整段落的对齐、缩进和文字行的间距等,让文字在版面中显得更加规整,如图 9-64 所示。

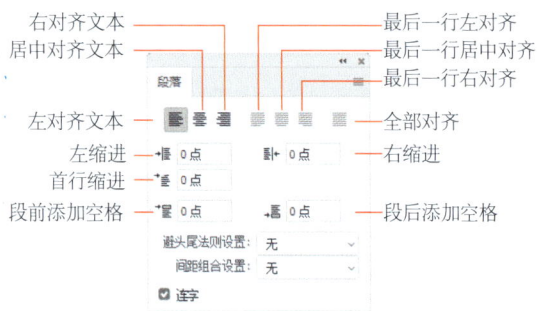

图 9-64

如果要设置单个段落的格式,可以使用横排文字工具 T 在该段落中单击,设置文字插入点,并显示定界框,如图 9-65 所示,然后进行调整;如果要设置多个段落的格式,先要选择相应的段落,如图 9-66 所示。如果要设置全部段落的格式,则先在"图层"面板中单击段落所在的图层,再进行调整。

图 9-65

图 9-66

9.3.4 栅格化文字

在文字图层上右击，在弹出的快捷菜单中执行"栅格化文字"命令，如图9-67所示，可进行栅格化，即将文字转换为图像。这意味着可以用绘画工具、调色工具和滤镜等编辑文字，但文字的属性（如字体、文字内容等）不能再修改，而且旋转和缩放时也容易使清晰度下降，使文字模糊。因此，栅格化之前，最好复制一个文字图层作为备份。

图9-67

9.3.5 实例：服饰广告海报字设计

本实例介绍怎样将文字转换为形状，然后修改形状，做出变形效果的文字，再为形状图层设置渐变填充，应用到服饰海报上，如图9-68所示。

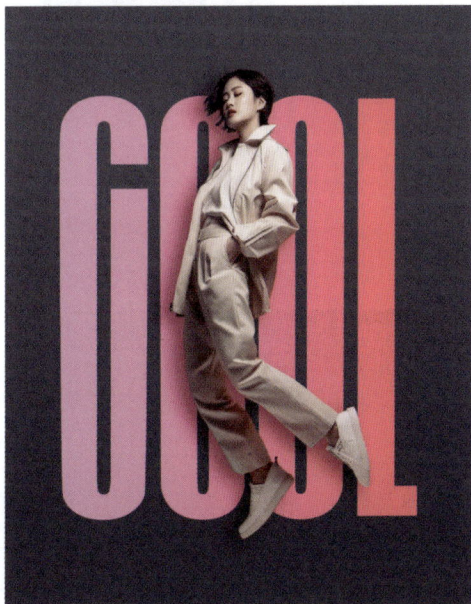

图9-68

01 打开素材，如图9-69所示。单击"图层"面板底部的 ⊘ 按钮打开下拉菜单，执行"渐变"命令，打开"渐变填充"对话框，选择黑白渐变，如图9-70所示。

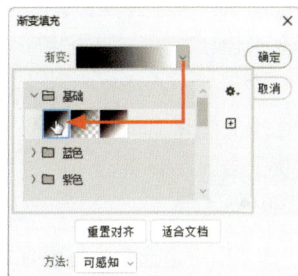

图9-69　　　　　　图9-70

02 单击渐变颜色条，如图9-71所示，打开"渐变编辑器"对话框，在左侧色标上双击，如图9-72所示，打开"拾色器"对话框修改颜色，如图9-73所示。双击右侧的色标，打开"拾色器"对话框，颜色设置如图9-74所示。

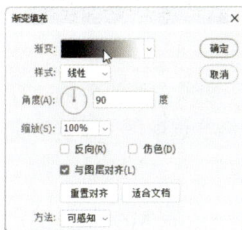
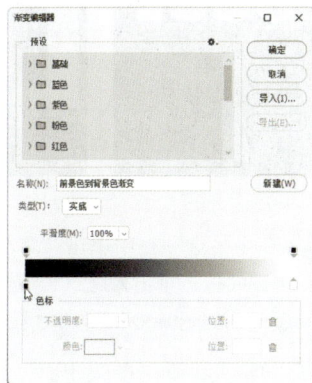

图9-71　　　　　　图9-72

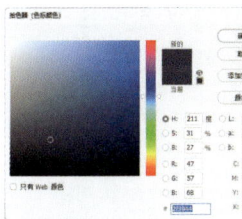
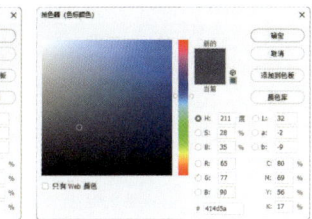

图9-73　　　　　　图9-74

03 关闭对话框后，会创建渐变填充图层。选择横排文字工具 **T**，在画布上单击并输入文字，如图9-75和图9-76所示。

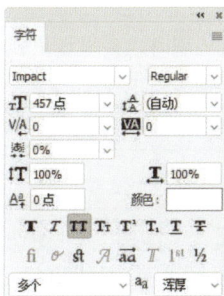

图9-75　　　　　　图9-76

04 执行"文字"|"转换为形状"命令，将文字转换为矢量形状。文字图层会变为形状图层，如图9-77所示。选择直接选择工具 ▶，矢量形状上会显示锚点，如图9-78所示。

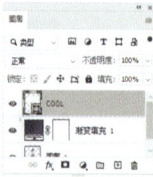

图9-77　　　　图9-78

05 拖曳出一个选框，将图9-79所示的锚点选取。将光标放在锚点（或路径）上方，如图9-80所示，按住Shift键向下拖曳，使锚点沿垂直方向向下移动，将文字拉伸为图9-81所示的效果。

图9-79　　　　图9-80　　　图9-81

06 在工具选项栏中单击"填充"选项右侧的色板，打开下拉面板，单击 ■ 按钮，显示渐变选项后，设置渐变的颜色，如图9-82和图9-83所示。

07 单击人物所在的"图层1"，按Shift+Alt+]快捷键，将其移至顶层。双击"图层1"，打开"图层样式"对话框，添加"投影"效果，如图9-84和图9-85所示。

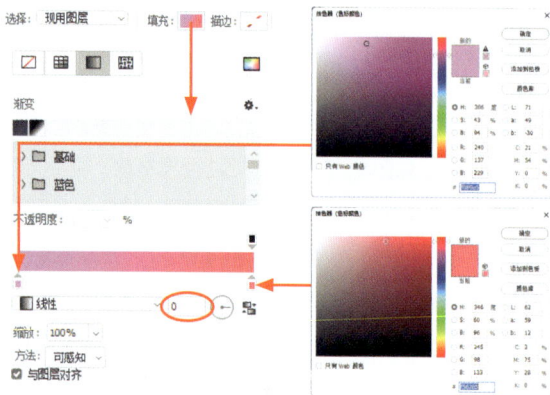

图9-82

图9-83

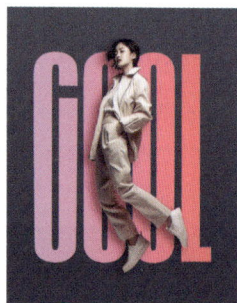

图9-84　　　　　　　图9-85

9.4 应用案例：特效字

当寻常的景象以不寻常的方式出现时，会呈现更强的视觉冲击力，进而引发人们的兴趣并留下深刻印象。本案例利用此手法制作特效字，如图9-86所示。

01 打开素材，如图9-87所示。执行"图像"|"图像旋转"|"顺时针90度"命令，旋转画面，如图9-88所示。

图9-86

图9-87   图9-88

02 选择横排文字工具 **T** ，在"字符"面板中选择字体，设置大小、颜色和间距，如图9-89所示。输入文字"P"，单击工具选项栏中的 ✔ 按钮，结束文字输入，如图9-90所示。

色呈现明暗变化，如图9-95和图9-96所示。

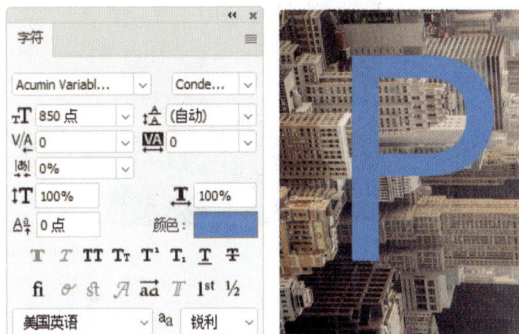

图9-89   图9-90

03 由于使用的是一种OpenType可变字体，可以在"属性"面板中选取一种字体样式，然后调整文字的直线宽度、文字宽度和倾斜角度等，如图9-91和图9-92所示。

图9-91   图9-92

图9-93   图9-94

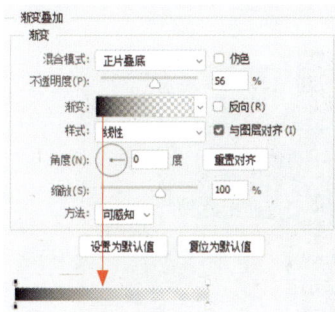 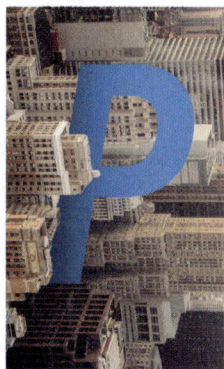

图9-95   图9-96

06 新建一个图层，设置混合模式为"正片叠底"，按Alt+Ctrl+G快捷键，将其与下方的文字图层创建为剪贴蒙版组，如图9-97所示。在工具选项栏中将画笔工具 ✐ 的"不透明度"调整为10%，选择柔边圆笔尖，在建筑后方文字上涂抹浅灰色阴影，如图9-98所示。

> **提示**
>
> 在字体列表中，OpenType可变字体的右侧有 **G**ᵥₐᵣ 状图标。

04 单击"图层"面板底部的 ▣ 按钮，为文字图层添加蒙版。选择画笔工具 ✐ 及硬边圆笔尖，将主要建筑物前方的文字涂黑，使文字看上去是被建筑遮挡住了，如图9-93和图9-94所示。

05 在"图层"面板中双击文字图层的空白处，打开"图层样式"对话框，添加"渐变叠加"效果，文字颜

图9-97   图9-98

07 将光标放在文字图层上，如图9-99所示，按住Alt键，并向上拖曳至图层列表顶部，如图9-100所示，释放鼠标左键及Alt键后，可以在列表顶部复制出一个文字图层，如图9-101所示。

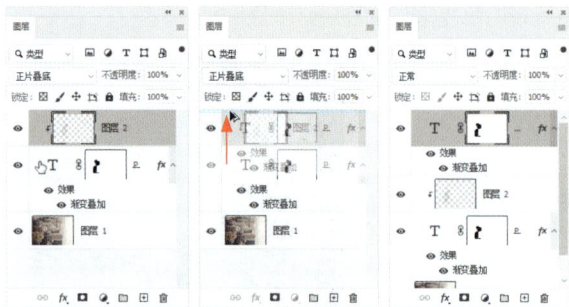

图9-99　　　　图9-100　　　　图9-101

08 双击文字的缩览图，如图9-102所示，可将文字选取，如图9-103所示，输入"S"。将光标放在文字左下角，如图9-104所示，向右拖曳文字，进行移动，如图9-105所示。单击工具选项栏中的 ✔ 按钮，结束文字的编辑。

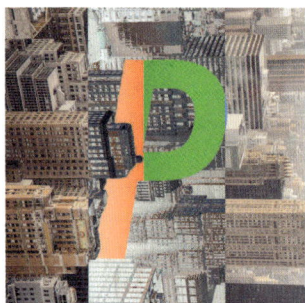

图9-102　　　　图9-103

图9-104

图9-105

09 将"文字大小"设置为750点，如图9-106所示。单击蒙版缩览图，如图9-107所示。

图9-106　　　　图9-107

10 使用画笔工具 ✐ 修改蒙版范围，如图9-108和图9-109所示。

图9-108　　　　图9-109

11 单击"图层1"，单击"图层"面板底部的 ◉ 按钮，打开下拉菜单，执行"渐变"命令，弹出"渐变填充"对话框，设置渐变颜色，如图9-110所示，单击"确定"按钮，在"图层1"上方创建填充图层，设置混合模式为"线性加深"，如图9-111和图9-112所示。

图9-110　　　　图9-111

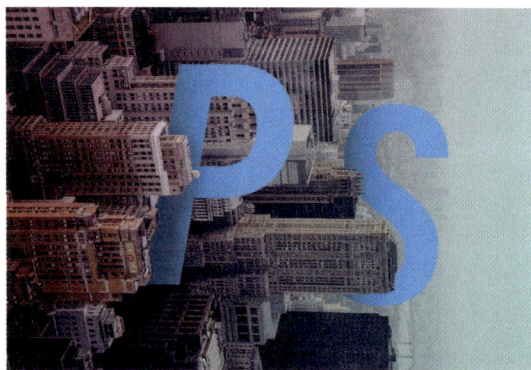

图9-112

9.5 应用案例：美食海报

用"文字变形"命令处理点文字、段落文字和路径文字，可以让文字外观发生扭曲，变为扇形、弧形等形状。本案例使用该功能及图层样式制作一幅海报。

01 打开素材，如图9-113所示。先来抠图。选择快速选择工具 ✎，勾选"增强边缘"复选框，如图9-114所示，创建选区时，可以使其边缘更加平滑。

图9-113　　　　图9-114

02 在面包及蔬菜上拖曳光标绘制选区，选区会向外扩展并自动查找边缘，以将它们选取，如图9-115所示。如果有多选的图像，可以按住Alt键在其上方拖曳光标，将其从选区中排除；有漏选的区域，可按住Shift键在其上方拖曳光标，将其添加到选区中。

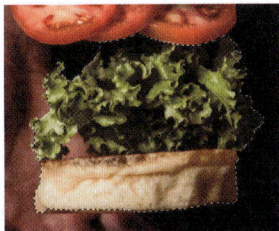

图9-115

03 按Ctrl+J快捷键，将选中的图像复制到新的图层中。单击"背景"图层，如图9-116所示。使用快速选择工具 ✎ 选择西红柿，按Ctrl+J快捷键抠图。采用同样的方法，将其他食材抠出并摆放成图9-117所示的形状。

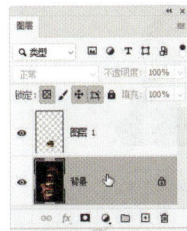

图9-116　　　　图9-117

04 单击"图层"面板底部的 ◑ 按钮，打开下拉菜单，执行"渐变"命令并设置渐变颜色，如图9-118所示，单击"确定"按钮，创建渐变填充图层。按Ctrl+[快捷键，将其移至底层，效果如图9-119所示。

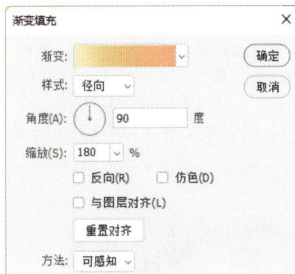

图9-118　　　　图9-119

05 执行"图层"|"智能对象"|"转换为智能对象"命令，将填充图层转换为智能对象。执行"滤镜"|"杂色"|"添加杂色"命令，在图像中添加杂色，如图9-120和图9-121所示。

图9-120　　　　图9-121

06 单击"图层"面板底部的 ⊞ 按钮，新建一个图层。选择画笔工具 ✎ 及柔边圆笔尖，拖曳控制点将笔尖压扁，如图9-122所示。将前景色设置为深棕色，如图9-123所示，在汉堡下方绘制阴影，如图9-124所示。

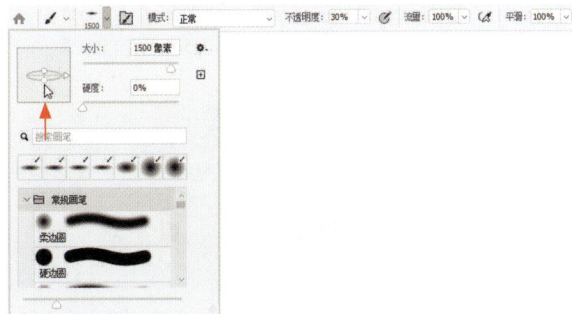

图9-122

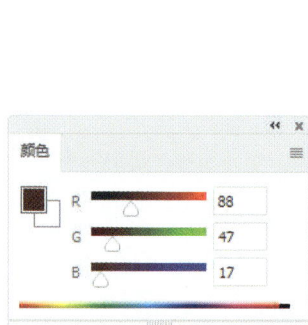

图9-123　　　　　　　　图9-124

07 选择横排文字工具 **T**，在"字符"面板中设置参数，如图9-125所示。输入文字后，按Ctrl+]快捷键将其移至顶层，如图9-126所示。

图9-125　　　　　　　　图9-126

08 执行"文字"|"文字变形"命令，打开"变形文字"对话框，使用"增加"样式处理文字，如图9-127和图9-128所示。

图9-127　　　　　　　　图9-128

09 执行"图层"|"图层样式"|"图案叠加"命令，打开"图层样式"对话框，添加图9-129所示的图案。

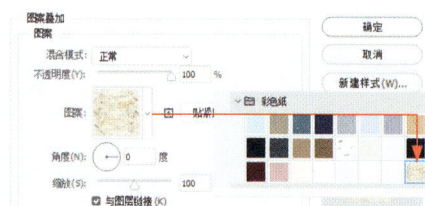

图9-129

10 添加"投影"效果，如图9-130和图9-131所示。执行"图层"|"图层样式"|"拷贝图层样式"命令，复制效果，后面会用到。

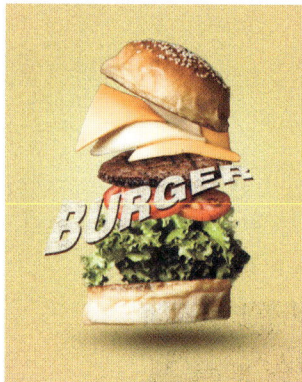

图9-130　　　　　　　　图9-131

11 选择自定形状工具 ✿，在工具选项栏中选择"形状"选项，打开"形状"下拉面板，选择图9-132所示的图形，按住Shift键（可锁定图形比例）拖曳光标，绘制该图形。将光标放在定界框外，拖曳光标旋转图形，如图9-133所示。按Enter键确认。执行"图层"|"图层样式"|"粘贴图层样式"命令，为其粘贴效果，如图9-134所示。

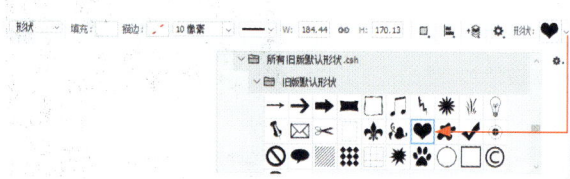

图9-132

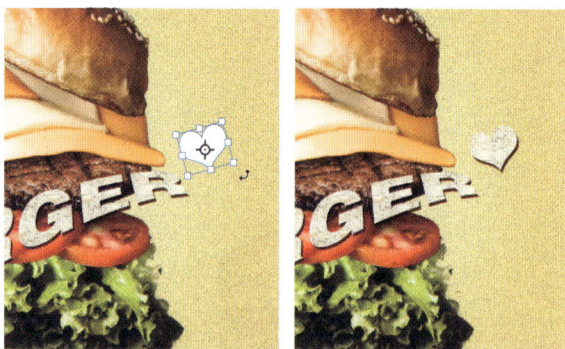

图9-133　　　　　　　　图9-134

12 选择钢笔工具 ✍，在工具选项栏中选择"形状"选项，绘制图9-135所示的图形。将形状图层拖曳到文字所在图层的下方，如图9-136所示。执行"图层"|"图层样式"|"粘贴图层样式"命令，为其粘贴效果，如图9-137所示。

图9-135　　　　图9-136　　　　图9-137

🔢 使用横排文字工具 **T** 输入几组文字，执行"文字"|"文字变形"命令，进行扭曲，并粘贴效果，如图9-138所示。

图9-138

9.6　作业与习题

本章介绍了怎样在 Photoshop 中创建和编辑文字。下面是课后作业和复习题，有助于读者巩固本章所学知识。

9.6.1　课后作业：用变形字制作早餐促销单

本章的课后作业是用变形文字功能制作一幅平面设计作品，如图9-139所示，可用于网页主页，或者作为手机屏幕贴纸。操作时先输入正常的文字，然后选择文字图层，执行"文字"|"文字变形"命令，打开"变形文字"对话框进行设置，如图9-140所示，然后添加"投影"效果即可，如图9-141所示。

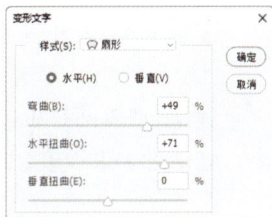
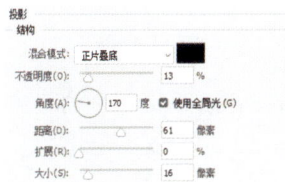

图9-140　　　　　　　　　　图9-141

图9-139

9.6.2　复习题

1. 在什么情况下可以随时修改文字内容、字体和段落等属性？

2. 在"字符"面板中，字距微调 ⱽ⒜ 和字距调整 ⒱⒜ 选项有何不同？

3. 怎样通过快捷方法修改文字颜色？

4. 除用于承载文字外，文字图层还具备哪些属性？

5. 当以某种文字为基础进行标准字、Logo 等设计时，需要对此字体创建的文字做出修改和再加工，Photoshop 中的哪种功能适合此任务？

注：复习题答案在配套资源中

第10章
网店装修：Web图形

10.1 网店设计师基本技能

电商的兴起创造了大量新兴岗位，网店设计师便是其中之一。网店设计师负责为客户提供店铺视觉设计，进行网店装修。其主要工作是对店家提供的素材进行修图、抠图、润饰、调色、合成等，即将不同的素材合成到一处，制作成网店 Banner、专题页、详情页等，如图 10-1 所示。

为表现更加真实的光影和立体效果，有经验的设计师还会使用 Cinema 4D、3ds max 等 3D 软件搭建场景、布置灯光，给商品建模并贴图，渲染出图作为素材使用。也可添加动效设计，即使用 After Effects 等软件为静态元素添加动态效果，让画面更加生动、活泼，更有吸引力。由此可见，一名优秀的网店设计师要具备全面的设计才能，除精通 Photoshop、IIIustrator 等平面软件外，最好还会使用 3D 和视频编辑软件。

图 10-1

10.2 Web图形

Photoshop 中的 PSD 文件、画板、图层、图层组等可以导出 PNG、JPEG、GIF 或 SVG 等格式的图像。

10.2.1 Web 安全色

计算机显示器、平板电脑、电视机、手机等都采用 RGB 颜色模式，因此，在制作以屏幕为输出终端的设计（如网页、UI）时，文件应该设置为该模式。此外，在网页设计和网店装修时，为确保颜色不因设备或系统的差异而出现偏差，还应该使用Web安全色，即浏览器专用的216种颜色。

使用"颜色"面板或"拾色器"对话框设置颜色时，选取相应的选项，便可在Web安全色模式下操作，如图10-2和图10-3所示。如果没有使用Web安全色，出现警告图标时，如图10-4所示，可单击该图标，用与之最为接近的Web安全色替换当前颜色，如图10-5所示。

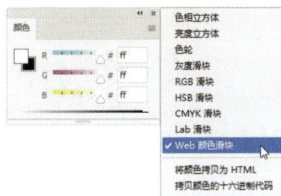

图10-2

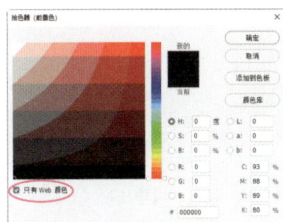

图10-3

新的

当前

图10-4

新的

当前

图10-5

10.2.2 使用画板

做网页设计、UI设计和移动设备界面时，一般需要为不同的显示器或移动设备提供不同尺寸的设计图稿。在Photoshop的文档窗口中，只有画布这一块区域用于显示图像。画板相当于在原有的画布之外又开辟出了新的画布，这样就可以在一个文件中制作不同的设计方案，如图10-6所示。

→画板1：iPhone屏幕大小的画板

→画板2：网页大小（1280×800）的画板

暂存区 →

图10-6

按Ctrl+-快捷键将文档窗口的比例调小，让暂存区显示出来，使用画板工具在暂存区拖曳光标可创建画板。如果想准确定义画板的宽度和高度，可以执行"图层" | "新建" | "画板"命令，打开"新建画板"对话框进行

设置。也可在工具选项栏的"大小"选项右侧的下拉列表中选择预设的画板，如图10-7所示，包括常用的iPhone、Android、Web、iPad、Mac界面等。

图10-7

由于每一个画板都相当于一个单独的画布，因此，在甲画板上创建的参考线不会在乙画板上显示。使用画板工具拖曳画板进行移动时，专属于当前画板的参考线会随之一同移动。

如果要编辑画板，例如，想调整画板的大小或者移动位置，需要在画板名称的右侧单击，如图10-8所示。要编辑画板中的图层，则直接单击相应的图层，如图10-9所示。

图10-8

图10-9

10.2.3 将画板导出为单独的文件

单击一个画板，如图10-10所示，执行"文件" | "导出" | "画板至文件"命令，可以将其导出为单独的文件，如图10-11所示。

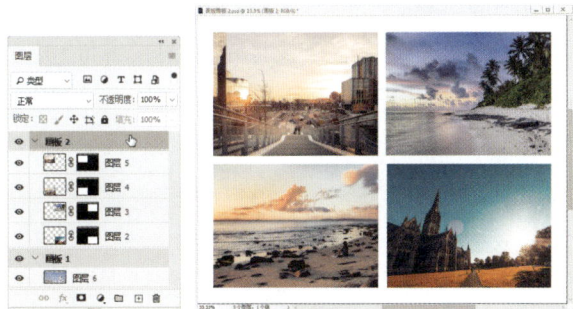

图10-10

图10-11

10.2.4 导出图像资源

进行Web设计时，制作好的图标可能会用在不同的地方，如计算机页面、移动设备终端等，因而，对于尺寸也会有所要求，有的可能是原有尺寸的一半，有的可能要放大到两倍才行。执行"文件" | "导出" | "导出为"命令，

打开"导出为"对话框,可以导出不同大小的文件,如图10-12所示。如果想将图层、图层组、画板或 Photoshop 文件导出为图像素材,也可用此命令操作。

图 10-12

10.2.5 从PSD文件中生成图像资源

Photoshop 可以将 PSD 文件的每一个图层生成一幅图像。有了这项功能,Web 设计人员就能从 PSD 文件中自动提取图像,免除了手动分离和转存工作的麻烦。操作时先执行"文件"|"生成"|"图像资源"命令,使该命令处于选取状态,然后在图层组的名称上双击,显示文本框,修改名称并添加文件格式扩展名(如 .jpg),如图10-13所示。在图层名称上双击,将该图层重命名(如"太阳 .gif"。需要注意的是,图层名称不支持特殊字符 /、: 和 ★),如图10-14所示。

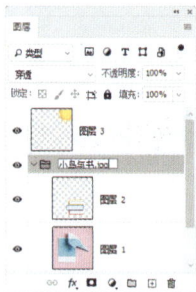
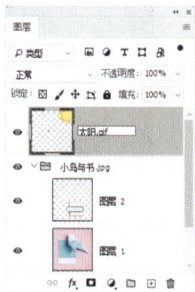

图 10-13   图 10-14

以上操作完成后,即可生成图像资源,Photoshop 会将其与源 PSD 文件一起保存在子文件夹中,如图10-15所示。如果源 PSD 文件尚未保存,则生成的资源会保存在桌面上的新文件夹中。如果要禁用图像资源生成功能,再次执行该命令,取消执行"文件"|"生成"|"图像资源"

命令即可。

图 10-15

10.2.6 导出PNG资源

PNG 是网络上常用的文件格式,其特点是体积小、传输速度快、支持透明背景。该格式采用的是无损压缩方法,可确保导出后图像的质量不会降低。

执行"文件"|"导出"|"快速导出为 PNG"命令,可以将文件或其中的所有画板导出为 PNG 资源。如果想要用该快捷方法将文件导出为其他格式,可以执行"文件"|"导出"|"导出首选项"命令,打开"首选项"对话框修改文件格式。

10.2.7 复制CSS

CSS 即级联样式表,是一种用来表现 HTML(标准通用标记语言的一个应用)或 XML(标准通用标记语言的一个子集)等文件样式的计算机语言。在 Photoshop 中执行"图层"|"复制 CSS"命令,可以从形状或文本图层生成级联样式表(CSS)属性。

10.2.8 复制SVG

单击一个图层,执行"图层"|"复制 SVG"命令,此后便可将 SVG 资源粘贴到 Adobe XD 文件中。此外,也可在 Photoshop 的画布中将 SVG 资源直接拖曳到 Adobe XD。

Adobe XD(Adobe Experience Design CC)是一款专为 UX、UI、原型、交互而生的矢量化图形设计软件,可快速设计和建立手机 App 和网站原型,包含线框稿、视觉设计、交互设计、用户体验设计、原型制作、预览和共享等功能。

10.3 应用案例：网站Banner及特效字

本案例制作网站 Banner 及特效字，如图 10-16 所示。文字的镂空区域可随着其位置的改变而呈现不同效果。实现这种效果需要修改填充不透明度，以及添加图层样式。

图10-16

01 打开素材。执行"选择"|"主体"命令，将人物选取，如图 10-17 所示。按Ctrl+J快捷键，将图像抠出，放到一个新的图层中，如图10-18所示。

图10-17　　　　　　　　图10-18

02 单击"图层"面板底部的 ⊞ 按钮，新建一个图层。打开"渐变"面板，单击图10-19所示的渐变，将当前图层转换为渐变填充图层，如图10-20所示。

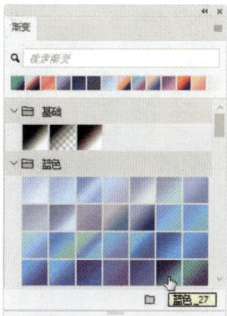

图10-19　　　　　　　图10-20

03 设置混合模式为"滤色"，用此渐变改变图像背景的颜色，如图10-21和图10-22所示。

图10-21　　　　　　　图10-22

04 选择矩形工具 ▢ ，在工具选项栏中选择"形状"选项。单击"填充"选项右侧的色板，打开下拉面板，单击 ▨ 按钮，显示渐变选项，单击图10-23所示的预设渐变。拖曳光标，创建一个填充了渐变的矩形，如图10-24所示。

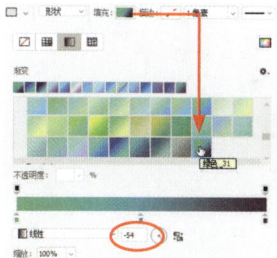

图10-23　　　　　　　图10-24

05 将形状图层拖曳到人物所在图层的下方，如图10-25和图10-26所示。

图10-25　　　　　　　图10-26

06 单击"渐变填充"图层，如图10-27所示。选择横排文字工具 **T** ，在画布上单击并输入文字，如图10-28和

图10-29所示。此时会在填充图层上方创建文字图层，如图10-30所示，从而避免文字落入矩形形状的内部。

图10-27

图10-28

图10-36

图10-29

图10-30

07 按Ctrl+J 快捷键复制文字图层，如图10-31所示。将复制出的图层拖曳到"图层1"下方，如图10-32所示。

图10-31

图10-32

图10-37

09 按住Ctrl键并单击"SALES 拷贝"图层，将其一同选取，如图10-38所示，单击 🔗 按钮将两个图层链接，如图10-39所示。在这种状态下，使用移动工具 ✛ 移动文字时，文字的镂空区域会发生实时变化，如图10-40所示。

图10-38

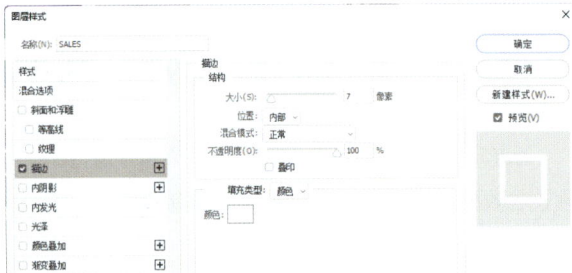

图10-39

08 单击位于上方的文字图层，如图10-33所示，将"填充"设置为0%，如图10-34所示。双击该图层，如图10-35所示，打开"图层样式"对话框，添加"描边"效果，如图10-36所示。让压到人物身上的文字变为镂空效果，如图10-37所示。

图10-33

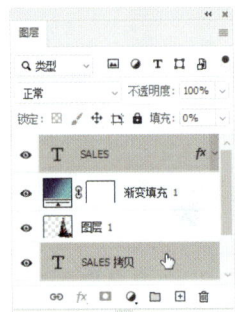

图10-34

图10-35

图10-40

⑩ 采用同样方法输入文字"50%"，进行复制后，为文字添加"描边"效果，如图10-41和图10-42所示。

图10-41　　　图10-42

图10-43

⑪ 打开标签素材，使用移动工具 ✛ 拖入Banner文件中，效果如图10-43所示。

10.4 作业与习题

本章介绍了 Photoshop 中可以为 Web 设计提供帮助的功能。下面是课后作业和复习题，有助于读者巩固本章所学知识。

10.4.1 课后作业：制作童装店店招

店招位于网店首页的顶端，其作用与实体店铺的招牌一样。本作业是制作一个童装店的店招，如图10-44所示。首先新建950像素×150像素、72像素/英寸的RGB模式文件。将背景填充为青蓝色（R192，G236，B215）。使用移动工具 ✛ 拖入素材，将这几个图层同时选取，单击工具选项栏中的"垂直居中对齐"按钮 ▥ 及"水平居中分布"按钮 ▥。为了突出商品，可以给童装加上"投影"效果，如图10-45所示，并在童装后面用白色和粉色加以衬托。

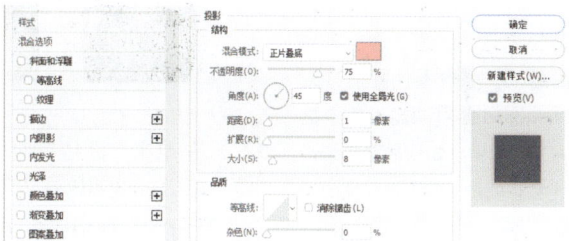

图10-45

10.4.2 复习题

1. 不同操作系统及显示设备会用不同的方法记录和显示色彩，制作网页设计时，怎样避免由于系统和设备的差异而出现偏色？

2. 网页设计师如果想将PSD文件中的图像分别存储，使用什么命令可以自动完成转存工作？

3. 如果软件开发人员要求提供多种尺寸的设计素材，该怎样处理？

注：复习题答案在配套资源中

图10-44

第11章
跨界设计：综合实例

11.1 制作影像合成特效

本案例制作人与树林相融合的特效，以此表达人与自然共生的和谐美感。

01 打开素材，如图11-1和图11-2所示。使用移动工具 ✛ 将风景素材拖入人物文件中。按Alt+Ctrl+G快捷键创建剪贴蒙版，以限定风景的显示范围，如图11-3和图11-4所示。

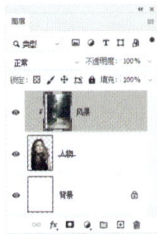

图 11-1　　　图 11-2　　　图 11-3　　　图 11-4

02 单击"图层"面板底部的 ▢ 按钮，添加蒙版。使用画笔工具 ✎（柔边圆笔尖，100像素）在人物面部区域涂抹黑色，让面部显示出来，如图11-5和图11-6所示。按住Alt键，将"人物"图层拖曳到"风景"图层上方，将图层复制到此处，如图11-7所示。设置混合模式为"浅色"、"不透明度"为30%，如图11-8所示。

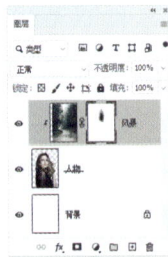

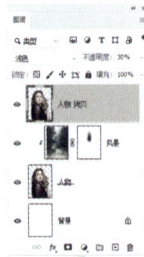

图 11-5　　　图 11-6　　　图 11-7　　　图 11-8

03 单击"调整"面板中的 ⊙ 按钮，创建"色彩平衡"调整图层，分别对"阴影""中间调"和"高光"进行调整，如图11-9~图11-11所示，让色调变得柔和、温暖，效果如图11-12所示。

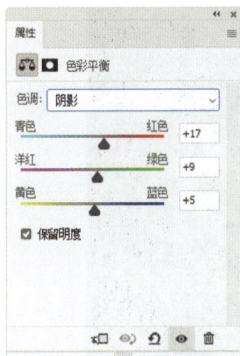
图 11-9

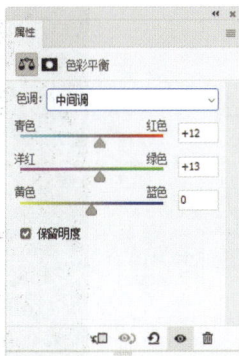
图 11-10

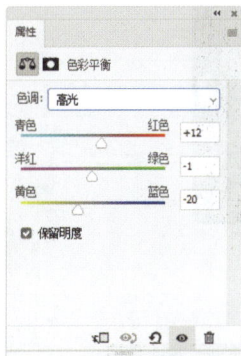
图 11-11

图 11-12

11.2 制作炫光图形

本案例制作炫光特效图形。这是一个使用连续复制功能制作而成的对称图形，添加"内发光"效果后，将填充不透明度设置为 0%，就能隐藏图形只显示光效，此后还可使用填充图层修改光的颜色。

01 创建一个210毫米×297毫米、分辨率为72像素/英寸的RGB模式文件。按Alt+Delete快捷键填充黑色。选择自定形状工具 ，在工具选项栏中选择"形状"选项，设置填充颜色为白色。打开"形状"面板菜单，执行"旧版形状及其他"命令，加载该形状库，选择其中的低音谱号图形，如图11-13所示，按住Shift键（可确保图形比例不变）拖曳光标绘制该图形，如图11-14所示。

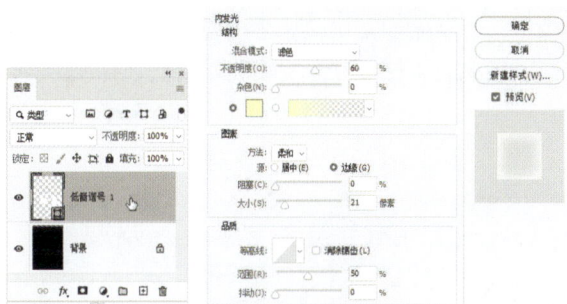

图 11-13

图 11-14

图 11-15   图 11-16

02 双击形状图层，如图11-15所示，打开"图层样式"对话框，添加"内发光"效果，如图11-16所示。

03 将"填充"设置为0%，隐藏图形，只显示添加的效果，如图11-17和图11-18所示。

图 11-17

图 11-18

04 按Ctrl+J快捷键复制当前图层。按Ctrl+T快捷键显示定界框。勾选工具选项栏中如图11-19所示的复选框，让中心点显示出来。将中心点移动到图形左上角，如图11-20所示，在工具选项栏中设置旋转角度为60度，如图11-21所示，按Enter键旋转图形。

图 11-19

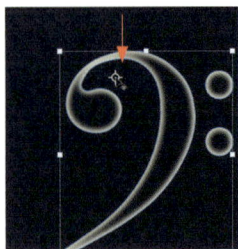
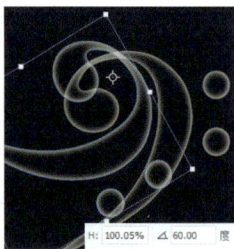

图11-20 图11-21

05 按住Alt+Shift+Ctrl快捷键不放，然后连按4次T键，进行变换复制操作，每按一次T键，就会复制出一个低音谱号，如图11-22和图11-23所示。

06 单击"图层"面板底部的 🔵 按钮打开菜单，执行"渐变"命令，弹出"渐变填充"对话框，如图11-24所示。创建渐变填充图层，设置混合模式为"颜色"，改变图形颜色，如图11-25和图11-26所示。

图11-22

图11-23

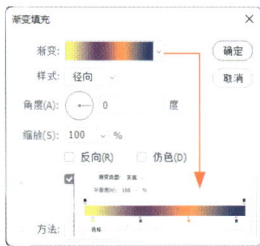

图11-24

图11-25

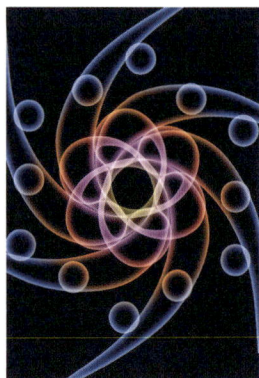

图11-26

07 如果想修改颜色，可以单击"调整"面板中的 按钮，创建"色相/饱和度"调整图层，拖曳"色相"滑块即可，如图11-27和图11-28所示。

图11-27

图11-28

11.3 制作线状镂空面孔

本案例制作线状镂空面孔。要表现此特效，需要先定义一个三角形笔尖，再使用画笔在图层蒙版上绘制连续的三角形，让所绘区域显示人像；利用蒙版的遮盖功能完成特效。

01 按Ctrl+N快捷键，打开"新建文档"对话框，创建5厘米×5厘米、分辨率为72像素/英寸、"背景内容"为"透明"的文件，如图11-29所示。

02 选择三角形工具 △，在工具选项栏中选择"形状"选项，设置"描边"颜色为黑色，粗细为"5像素"，如图11-30所示。按住Shift键拖曳光标，创建一个三角形，如图11-31所示。执行"编辑"|"定义画笔预设"命令，弹出"画笔名称"对话框，如图11-32所示，单击"确定"按钮，将三角形定义为画笔笔尖。

图11-29

图11-30

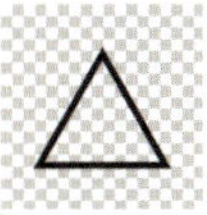

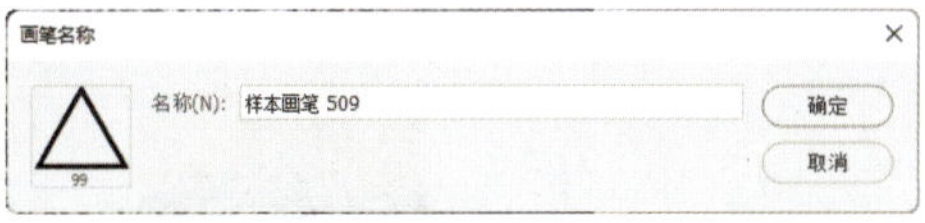

图11-31　图11-32

03 选择画笔工具。打开“画笔设置”面板，此时会自动选取新定义的三角形笔尖，修改参数，如图11-33和图11-34所示。

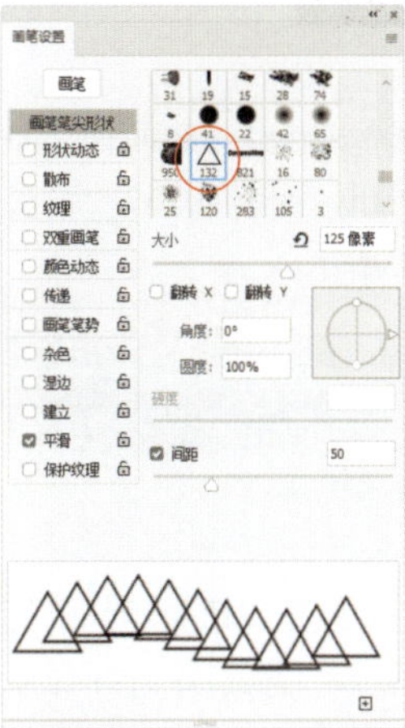

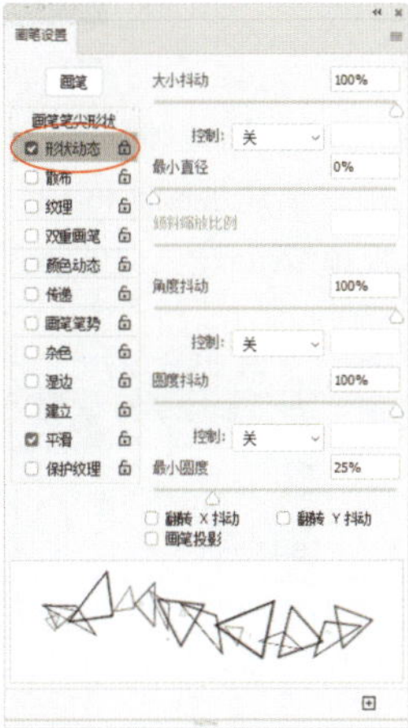

图11-33　图11-34

04 打开素材，如图11-35所示。选择“肖像”图层，如图11-36所示，按住Alt键单击“图层”面板底部的按钮，为其添加一个反相（即黑色）的蒙版，如图11-37所示。此时文档窗口中的肖像会被隐藏。

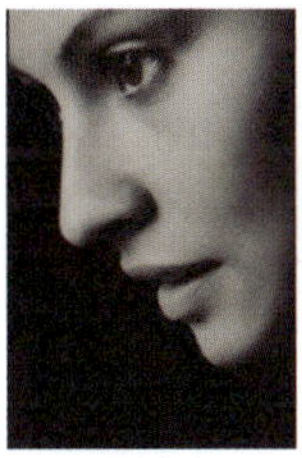

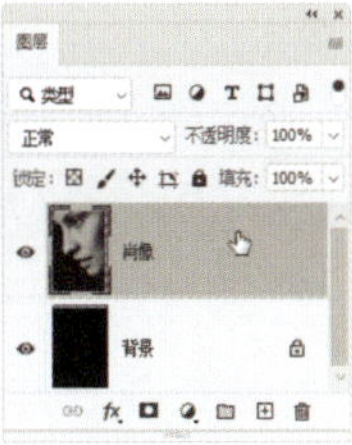

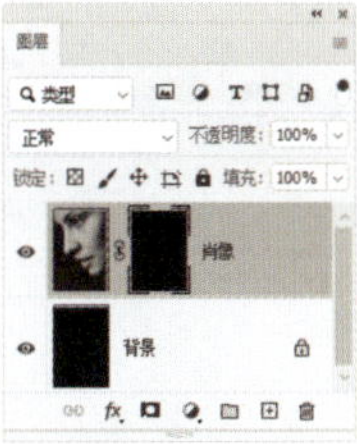

图11-35　图11-36　图11-37

05 将前景色设置为白色。在文档窗口拖曳光标，在蒙版中绘制白色的三角形，所绘区域会显示人像。图11-38所示为单独显示蒙版时的效果，图11-39所示为图像效果。操作时，可以按 [键和] 键调整画笔大小。

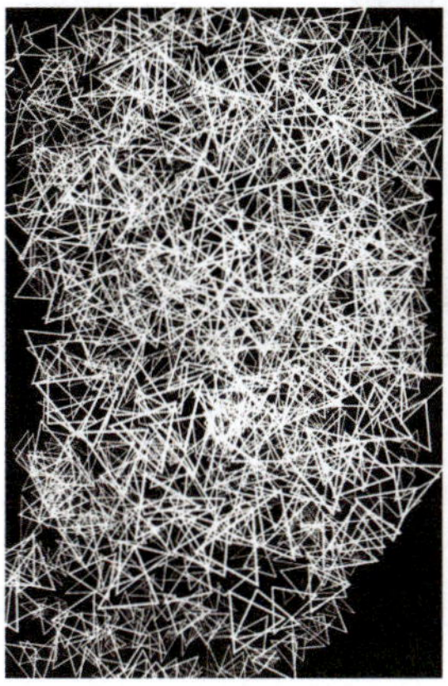

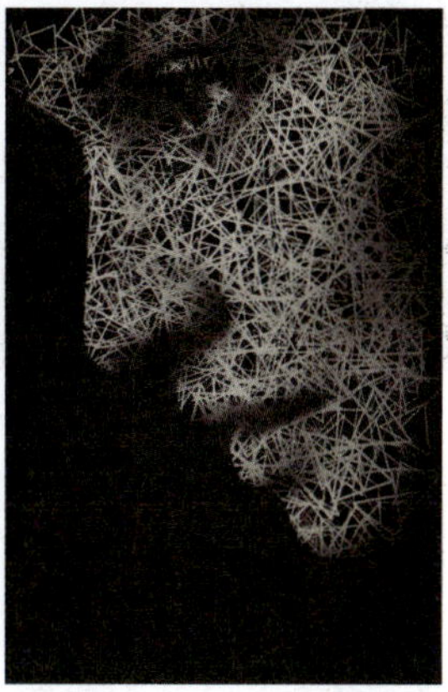

图11-38　图11-39

06 单击“调整”蒙版中的按钮，创建“曲线”调整图层。在曲线上单击并进行拖曳，如图11-40所示，将色调提亮，如图11-41所示。

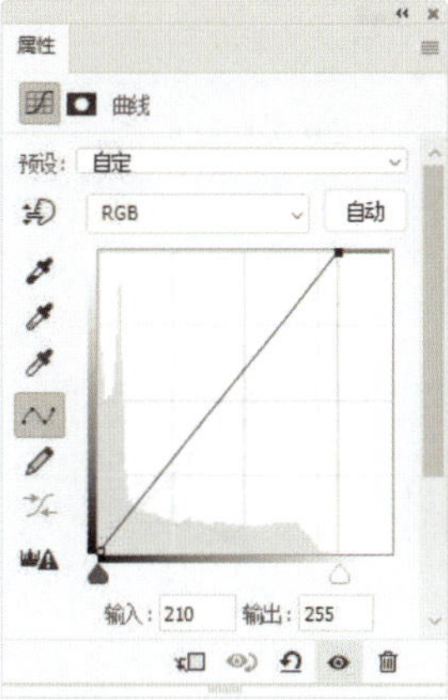

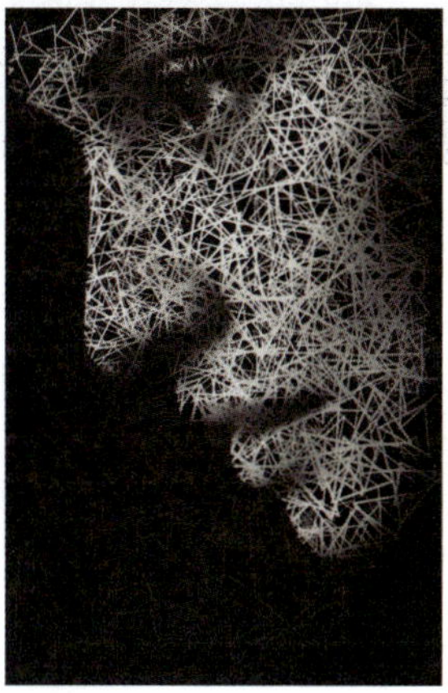

图11-40　图11-41

11.4 将照片制作成视频

本案例学习怎样将照片制作成动态视频文件。Photoshop 可以编辑视频文件，并可将其存储为 PSD 格式，以便在 Premiere Pro、After Effects 等软件中使用。此外，还可执行“文件”|“导出”|“渲染视频”命令，渲染视频并将其导出为 QuickTime 影片。

01 手机视频的比例一般为16:9，为使视频上传和播放更加顺利，最好不要创建太大的文件。本实例创建20像素×1280

像素、分辨率为96像素/英寸的RGB格式文件。

02 打开素材，如图11-42所示。使用移动工具 ✛ 将其拖入新建的文件中，让人物位于右下方，如图11-43所示。

图11-42　　　　　　　　　　图11-43

03 使用快速选择工具 ✐ 选取人物及地面，如图11-44所示，按Ctrl+J快捷键将选区内的图像复制到新的图层中，如图11-45所示。

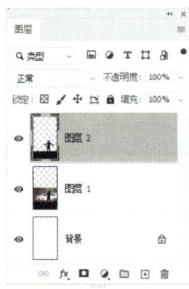

图11-44　　　　　　　　　　图11-45

04 执行"图层"|"智能对象"|"转换为智能对象"命令，将"图层2"转换为智能对象，如图11-46所示。将"图层1"拖到"图层"面板底部的 🗑 按钮上删除，如图11-47所示。

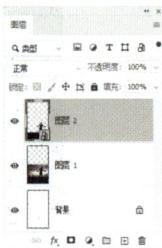

图11-46　　　　　　图11-47

05 打开素材并拖入人物文件中。按Ctrl+[快捷键移至"图层2"下方，如图11-48和图11-49所示。将该图层也转换为智能对象。

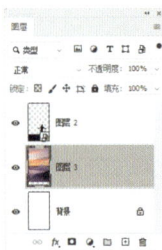

图11-48　　　　　　图11-49

06 双击"图层2"，打开"图层样式"对话框，勾选"内发光"复选框，将发光颜色设置为深紫色，与背景的暗部色调一

致，如图11-50和图11-51所示。

图11-50　　　　　　　　图11-51

07 执行"窗口"|"时间轴"命令，打开"时间轴"面板，单击"创建视频时间轴"按钮，如图11-52所示，切换到视频编辑状态，如图11-53所示。

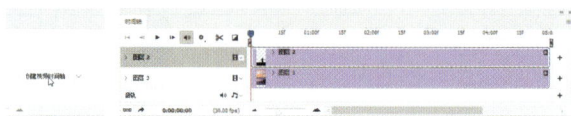

图11-52　　　图11-53

08 单击"图层2"左侧的 ▶ 按钮，展开视频图层，单击"变换"轨道前的"时间-变化秒表"按钮 ⏱，在视频的起始位置添加一个关键帧，如图11-54所示。将当前指示器 ▼ 拖曳到视频的结束位置，如图11-55所示，单击 ◆ 按钮，在视频结束位置添加一个关键帧，如图11-56所示。

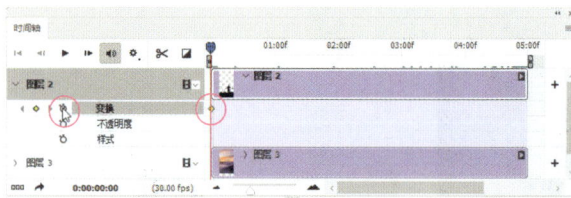

图11-54

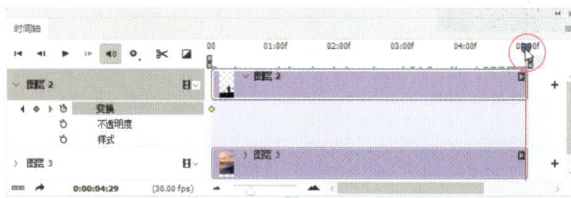

图11-55

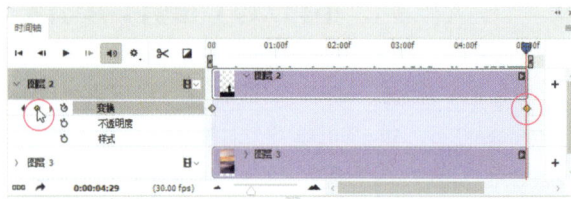

图11-56

09 按Ctrl+T快捷键显示定界框，按住Shift键拖动定界框的一角，将人物等比放大。将光标放在定界框右上角，按

住Ctrl键拖曳，进行透视调整，如图11-57所示，按Enter键确认操作。单击"图层3"，如图11-58所示。

图11-57　　　　　　图11-58

10 用同样的方法给"图层3"添加关键帧，并对图像大小和位置进行调整，使彩云能够映衬在人物周围，如图11-59和图11-60所示，按Enter键确认操作。

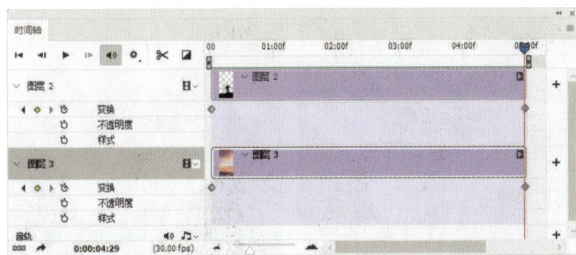

图11-59

图11-60

11 单击"时间轴"面板右上角的 ≡ 按钮，打开面板菜单，执行"渲染"命令，弹出"渲染视频"对话框，单击 ˅ 按钮，在下拉列表中选择"Adobe Media Encoder"选项，在"预设"下拉列表中选择"中等品质"选项，如图11-61所示。单击"渲染"按钮，将视频导出为mp4格式文件，就可传输到手机或视频网站，效果如图11-62和图11-63所示。

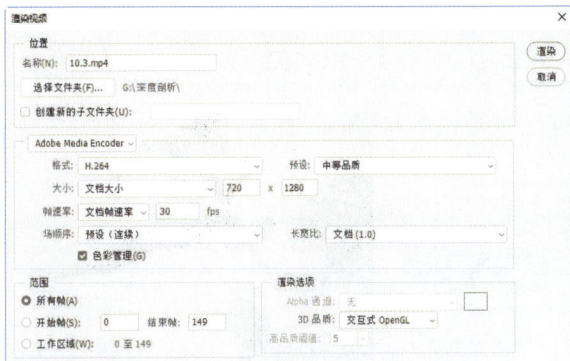

图11-61

图11-62　　　　　　　　图11-63

11.5 制作奔跑特效

本案例使用选区和蒙版合成人物奔跑特效，再通过后期调色统一素材的色彩风格，提升作品的整体美感。

01 打开人物和街景素材，如图11-64和图11-65所示。使用移动工具 ✛ 将街景拖入人物文件中，按Ctrl+[快捷键将其移至人物下方，如图11-66所示。在定界框外拖曳光标，将图像朝顺时针方向旋转，如图11-67所示。

图11-64　　　　　　　　图11-65

图 11-66　　　　　　　　图 11-67

02 单击 ▣ 按钮创建蒙版。选择画笔工具 ✎ 及柔边圆笔尖，在图像的边缘涂抹，将边缘隐藏，如图11-68和图11-69所示。

图 11-68　　　　　　　　图 11-69

03 切换到素材文件。单击"大地"图层，如图11-70所示，使用移动工具 ✛ 将其拖入人物文件中，通过自由变换将图像朝逆时针方向旋转，如图11-71所示。

图 11-70　　　　　　　　图 11-71

04 为"大地"图层添加蒙版，使用渐变工具 ▣ 填充"黑色到白色"的线性渐变，以隐藏蓝天，如图11-72和图11-73所示。

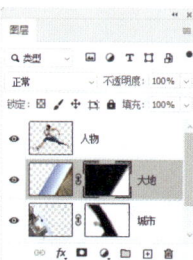

图 11-72　　　　　　　　图 11-73

05 加入"天空"素材并放在"城市"图层下方，如图11-74所示。朝逆时针方向旋转，如图11-75所示。

图 11-74　　　　　　　　图 11-75

06 在"人物"图层下方新建一个图层。使用多边形套索工具 ⊻ 在运动鞋下方创建选区，如图11-76所示，填充深棕色，使之成为阴影，如图11-77所示。按Ctrl+D快捷键取消选择。使用橡皮擦工具 ◆ （柔边圆笔尖，"不透明度"为20%）擦出深浅变化，如图11-78所示。用同样的方法为另一只鞋添加阴影，如图11-79所示。

图 11-76　　　　　　　　图 11-77

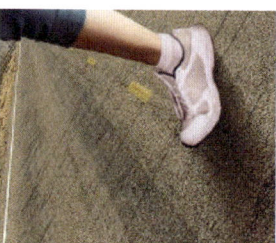

图 11-78　　　　　　　　图 11-79

07 单击"调整"面板中的 ▣ 按钮，创建"可选颜色"调整图层，分别对图像中的白色和中性色进行调整。按Alt+Ctrl+G快捷键创建剪贴蒙版，使调整图层只影响人物，如图11-80~图11-83所示。

图 11-80　　　　　　　　图 11-81

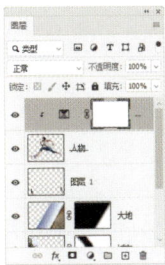

图11-82　　　　图11-83

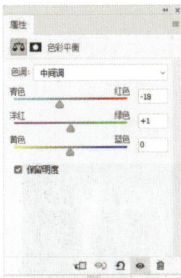
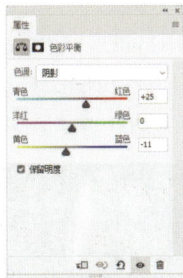
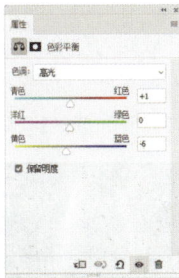

图11-86　　　　图11-87　　　　图11-88

08 将前景色设置为白色。选择渐变工具 ▬，单击"径向渐变"按钮 ◼，在"渐变"下拉面板中选择"前景色到透明渐变"选项，如图11-84所示。新建一个图层，在画面左上方填充径向渐变，制作出光效，如图11-85所示。

示。使用画笔工具 ✐ 在人物手臂、地平线等位置绘制白色，作为光效，如图11-89所示。

图11-84　　　　　图11-85

09 单击"调整"面板中的 ⊙ 按钮，创建"色彩平衡"调整图层，勾选"保留明度"复选框，对全图的色彩进行调整，使合成效果更加统一，如图11-86~图11-88所

图11-89

11.6 酒杯抠图并制作海报

本案例制作一幅海报，如图 11-90 所示。酒杯素材是透明物体，使用通道进行抠图效果最好，可以通过调整通道的明度及编辑图层蒙版来控制酒杯的透明度。

图11-90

01 选择对象选择工具 ▣，将光标移动到酒杯上，如图11-91所示，单击，选取酒杯，如图11-92所示。单击"通道"面板底部的 ◼ 按钮，将选区保存到通道中，如图11-93所示。

图11-91　　　　图11-92　　　　图11-93

02 图11-94所示为酒杯素材的红、绿、蓝通道图像。可以看到，"红"通道中的玻璃杯细节更充足。按住Ctrl键单击该通道的缩览图，如图11-95所示，将通道中的选区加载到画布上。按Alt+Shift+Ctrl快捷键并单击Alpha1通道的缩览图，通过这种方法加载酒杯选区并进行运算，将酒杯外的选区排除，如图11-96和图11-97所示。

红通道   绿通道   蓝通道

图11-94

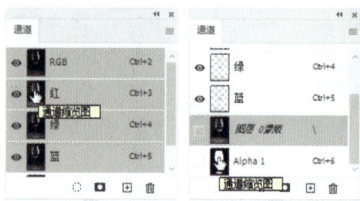 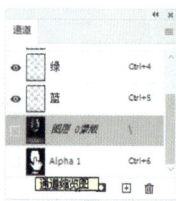 

图11-95   图11-96   图11-97

03 单击"图层"面板底部的 ▣ 按钮创建蒙版，完成抠图，如图11-98和图11-99所示。

图11-98   图11-99

04 按住Ctrl键单击Alpha1通道缩览图，加载酒杯轮廓选区，如图11-100所示。选择画笔工具 ✐ 及柔边圆笔尖，将工具的"不透明度"设置为30%，在红酒和杯座等处涂抹白色，提高这些区域的显示程度，如图11-101所示。按Ctrl+D快捷键取消选择。

05 按Ctrl+J快捷键复制图层，增强酒杯的显示程度，如图11-102和图11-103所示。

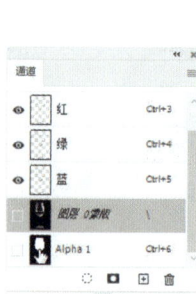 

图11-100   图11-101

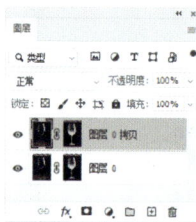 

图11-102   图11-103

06 单击"图层"面板底部的 ◐ 按钮，打开下拉菜单，执行"曲线"命令，创建"曲线"调整图层。单击"属性"面板中的 ⛶ 按钮创建剪贴蒙版。调整曲线，将杯子调亮，如图11-104和图11-105所示。

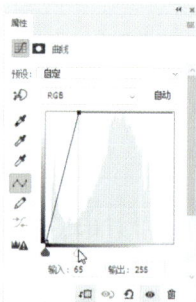 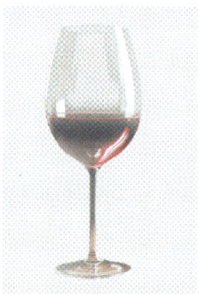

图11-104   图11-105

07 单击调整图层的蒙版，如图11-106所示，使用画笔工具 ✐ 在红酒和杯座等处涂抹黑色，通过修改蒙版，将这些区域的亮度降下来，如图11-107和图11-108所示。按住Ctrl键单击各图层，将它们选取，如图11-109所示，按Ctrl+G快捷键编组，如图11-110所示。

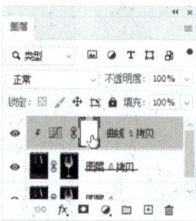 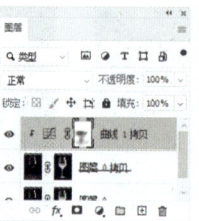

图11-106   图11-107

图 11-108　　　　图 11-109　　　　图 11-110

08 新建38厘米×53厘米的RGB模式文件。单击"图层"面板底部的 ⊘ 按钮，打开下拉菜单，执行"渐变"命令，打开"渐变填充"对话框。单击渐变颜色条，打开"渐变编辑器"对话框，设置渐变颜色，如图11-111所示。单击"确定"按钮，返回"渐变填充"对话框。将光标移动到图像中，如图11-112所示，向左下方拖曳光标，移动渐变位置，如图11-113所示。单击"确定"按钮，创建"渐变"填充图层。

图 11-111　　　　图 11-112　　　　图 11-113

09 执行"滤镜"|"转换为智能滤镜"命令，将填充图层转换为智能对象。执行"滤镜"|"杂色"|"添加杂色"命令，添加杂点，如图11-114和图11-115所示。

图 11-114　　　　图 11-115

10 使用移动工具 ✛ 将酒杯拖入该文件中，如图11-116所示。双击酒杯所在的图层组，如图11-117所示，打开"图层样式"对话框，添加"投影"效果，如图11-118和图11-119所示。

11 选择横排文字工具 T，在画布上单击并输入文字（按Enter键换行），如图11-120和图11-121所示。

图 11-116　　　　图 11-117

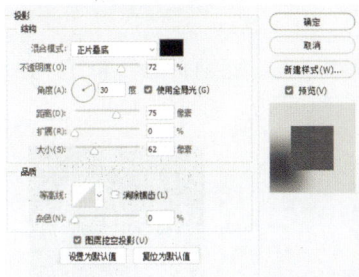

图 11-118　　　　　　　　　图 11-119

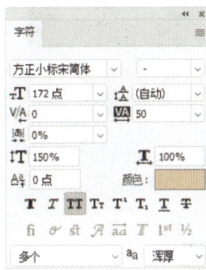
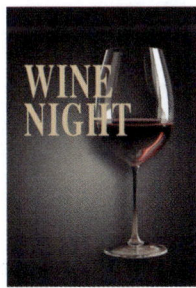

图 11-120　　　　图 11-121

12 在图1-122所示的文字上拖曳光标，将其选取，修改"文字大小"为131点、"行距"为171点，如图11-123和图11-124所示。单击工具选项栏中的 ✔ 按钮进行确认。

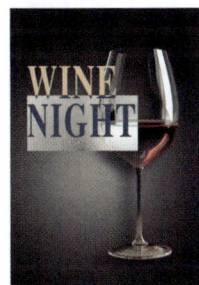

图 11-122

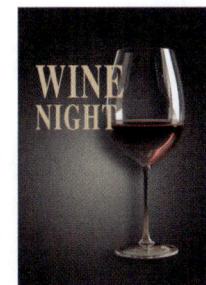

图 11-123　　　　图 11-124

13 执行"文字"|"文字变形"命令，打开"变形文

字"对话框，选择"增加"样式并调整变形参数，如图11-125和图11-126所示。

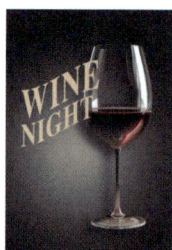

图 11-125   图 11-126

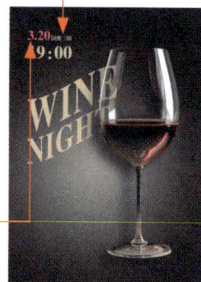

🕐 将图层拖曳到图层组下方，如图11-127和图11-128所示。使这组文字位于酒杯后方，如图11-129所示。

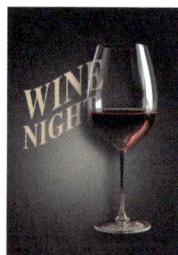

图 11-127   图 11-128   图 11-129

图 11-132

🕐 选择直线工具 ∕。在工具选项栏中选择"形状"选项，描边颜色设置为与大字相同的颜色，"描边"粗细为1像素，按住Shift键拖曳光标，绘制一条直线，如图11-133所示。输入其他文字，效果如图11-134所示。

🕐 继续输入文字，如图11-130和图11-131所示。使用横排文字工具 T 选取其中的文字，修改字符属性，如图11-132所示。

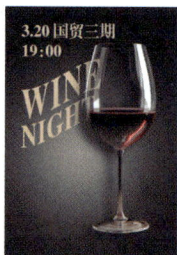

图 11-130   图 11-131

图 11-133   图 11-134

11.7 制作运动主题海报

本案例制作一幅以运动为主题的海报。用人物夸张的姿态，展现运动的速度与活力，用剪贴蒙版表现的拼图效果，增添画面的节奏感与空间层次。

🕐 打开素材，如图11-135所示。单击"街舞 拷贝"图层，如图11-136所示。按Ctrl+T快捷键，显示定界框，在工具选项栏中设置旋转角度为-16.6度，让图像沿逆时针方向旋转，如图11-137所示，按Enter键确认操作。打开另一个素材，如图11-138所示。这16个色块分别位于单独的图层中，将作为制作剪贴蒙版的基底图层。

如图11-146所示。

图 11-135　　　　　图 11-136

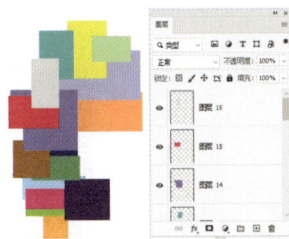

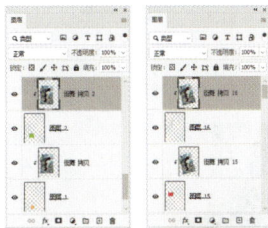

图 11-142　　　图 11-143　　　图 11-144

图 11-137　　　　　　　图 11-138

02 将街舞素材拖曳到文件中，如图11-139所示，放到"图层1"上方。按Alt+Ctrl+G快捷键创建剪贴蒙版，如图11-140所示。按Ctrl+J快捷键复制，将得到的"街舞 拷贝2"图层拖曳到"图层2"上方，如图11-141所示。

图 11-145　　　　　　　　图 11-146

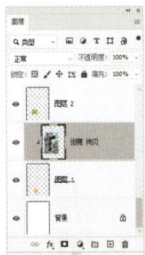

05 将光标放到手的左上方，单击，选取光标下方的图像，如图11-147所示，按Ctrl+U快捷键打开"色相/饱和度"对话框，修改图像颜色，如图11-148和图11-149所示。

图 11-147

图 11-139　　　　　图 11-140　　　图 11-141

03 按Alt+Ctrl+G快捷键创建剪贴蒙版，让图像只在"图层2"的范围内显示，如图11-142所示。采用同样的方法将16个图层（除"背景"图层）与相应的色块创建为剪贴蒙版组，如图11-143和图11-144所示。

04 选择移动工具，在工具选项栏中勾选"自动选择"和"图层"复选框。将光标放在画面中，单击可将光标下方的图像选取，选取后进行拖曳，调整图像的位置，让各图像错开，如图11-145所示。调整手部时，可以将图像放大至140%并适当旋转，以增强视觉冲击力，

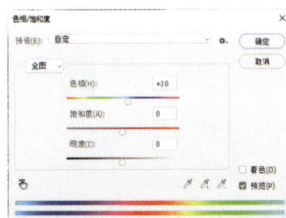

图 11-148　　　　　　　图 11-149

06 在膝盖前方单击，如图11-150所示，按Ctrl+B快捷键打开"色彩平衡"对话框，调整参数，使图像呈现泛黄的暖色调，如图11-151和图11-152所示。

07 在脚尖下方单击，如图11-153所示，按Ctrl+B快捷键调整颜色，如图11-154和图11-155所示。

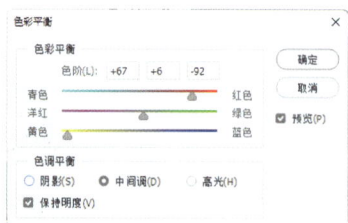

图11-150　　　　图11-151

图11-152　　　　图11-153

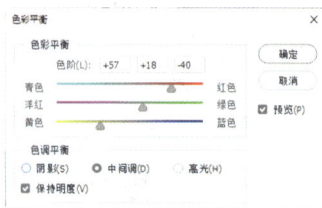

图11-154　　　　　　图11-155

08 使用横排文字工具 **T** 输入文字（需要换行时可以按Enter键），效果如图11-156所示。

图11-156

09 按住Shift键单击这3个文字图层，将它们选取，如图11-157所示，执行"编辑"|"变换"|"旋转90度（逆时针）"命令，旋转文字，效果如图11-158所示。

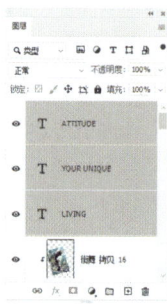

图11-157　　　　图11-158

11.8 制作圆环字旅游广告

本案例使用变形文字功能制作圆环状立体字，如图11-159所示。通过特效字增强画面的视觉吸引力。

01 打开素材。执行"选择"|"主体"命令，将人物选取，如图11-160所示。按Ctrl+J快捷键复制到一个新的图层中，如图11-161所示。

02 使用横排文字工具 **T** 输入文字，如图11-162和图11-163所示。执行"文字"|"文字变形"命令，对文字进行变形处理，如图11-164和图11-165所示。

图11-159

图 11-160　　　　　　　　图 11-161

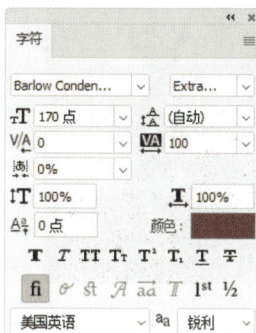

04 关闭"变形文字"对话框。将文字颜色设置为暗红色，如图11-168和图11-169所示。

图 11-168　　　　　　　　图 11-169

05 按两次Ctrl+[快捷键，将此文字图层移动到人物后方，如图11-170和图11-171所示。

图 11-162　　　　　　　　图 11-163

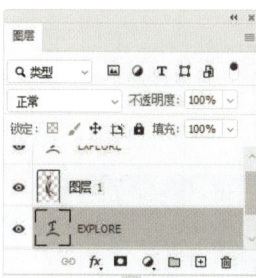

图 11-170　　　　　　　　图 11-171

06 按住Ctrl键单击位于上方的文字图层，将两个文字图层一同选取，如图11-172所示。按Ctrl+T快捷键显示定界框，拖曳光标旋转文字，如图11-173所示。

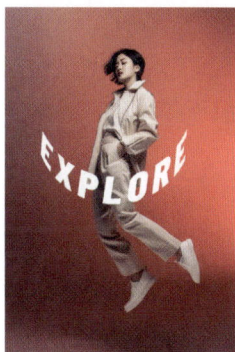

图 11-164　　　　　　　　图 11-165

03 按Ctrl+J快捷键复制文字图层。执行"文字"|"文字变形"命令，打开"变形文字"对话框，修改参数，如图11-166和图11-167所示。

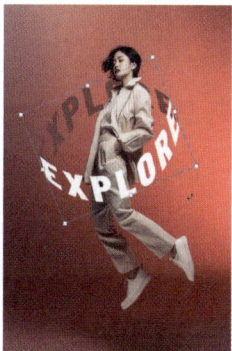

图 11-172　　　　　　　　图 11-173

07 使用横排文字工具 T 输入一行文字，如图11-174和图11-175所示。执行"文字变形"命令进行变形处理，如图11-176所示，移动到英文下方。在画面底部输入一行小字，如图11-177所示。

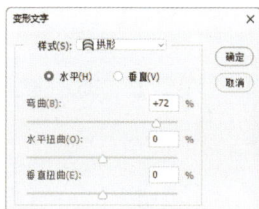

图 11-166　　　　　　　　图 11-167

图 11-174

图 11-175

图 11-176

图 11-177

11.9 拟物图标设计

本案例制作透明的液体容器拟物图标。图 11-178 所示为此图标的展示效果。拟物图标是指模拟现实物品的造型和质感，适度概括、变形和夸张，通过表现高光、纹理、材质、阴影等效果对实物进行再现。

图 11-178

11.9.1 制作透明液体图形

01 打开素材，如图11-179所示。单击"椭圆1"图层，

将"填充"设置为0%，如图11-180所示。

图 11-179　　　　　图 11-180

02 双击"椭圆1"形状图层，打开"图层样式"对话框，添加"斜面和浮雕"和"等高线"效果，如图11-181~图11-183所示。

图 11-181

图 11-182

图11-183

03 添加"内阴影"和"内发光"效果，参数设置如图11-184和图11-185所示。选择"渐变叠加"效果，单击渐变按钮███，打开"渐变编辑器"对话框，设置渐变颜色，如图11-186所示，效果如图11-187所示。

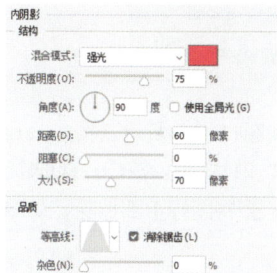
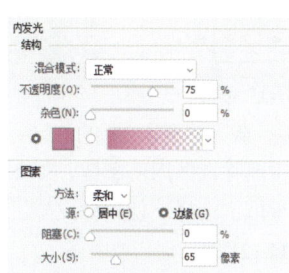

图11-184　　　　　　　　　图11-185

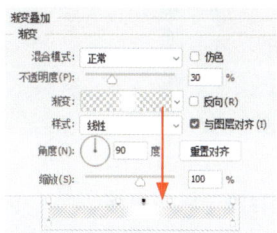
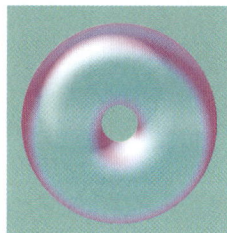

图11-186　　　　　　　　　图11-187

04 按Ctrl+J快捷键复制"椭圆1"图层，如图11-188所示。双击"椭圆1 拷贝"图层的空白处，打开"图层样式"对话框，对"斜面和浮雕""内阴影""内发光""渐变叠加"等效果的参数进行调整，使图标变得更加通透，如图11-189~图11-193所示。

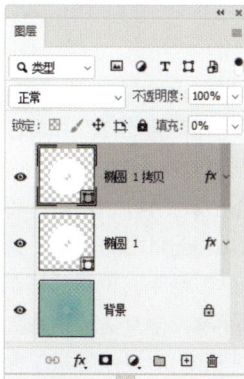
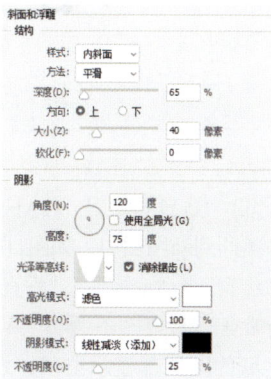

图11-188　　　　　　　　　图11-189

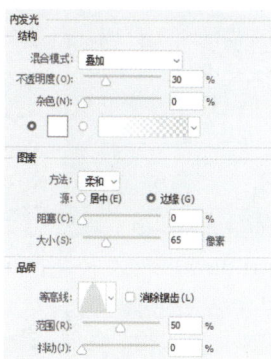

图11-190　　　　　　　　　图11-191

图11-192　　　　　　　　　图11-193

11.9.2 制作水面分隔效果

01 选择椭圆工具 ◯ 及"形状"选项，绘制一个椭圆形作为水面，如图11-194所示。设置该图层的"填充"为0%，如图11-195所示。

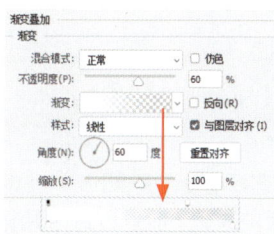

图11-194　　　　　　　　　图11-195

02 添加"渐变叠加"和"投影"效果，如图11-196~图11-198所示。按住Ctrl键单击"椭圆1"图层的缩览图，如图11-199所示，载入选区，如图11-200所示。新建图层，设置混合模式为"颜色"，如图11-201所示。

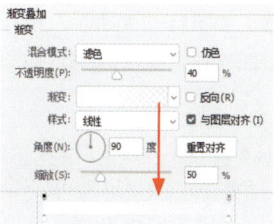
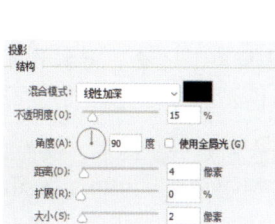

图11-196　　　　　　　　　图11-197

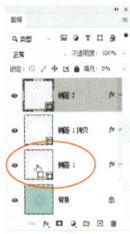

图 11-198　　　　　　图 11-199

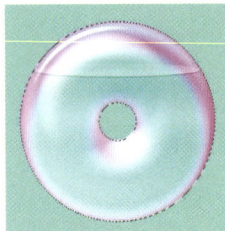

图 11-200　　　　　　图 11-201

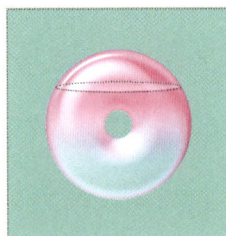

图 11-206　　　　　　图 11-207

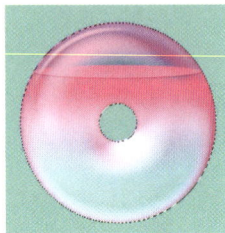

图 11-208　　　　　　图 11-209

03 将前景色设置为粉红色。选择渐变工具 ▣ 及 "经典渐变" 选项，在渐变下拉面板中选择 "前景色到透明渐变" 选项，如图 11-202 所示。在选区内由上至下拖曳光标，填充线性渐变，如图 11-203 所示。

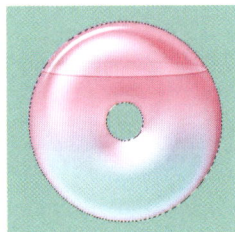

图 11-202　　　　　　图 11-203

04 水面还需要强化一下。按住 Ctrl 键单击 "椭圆 2" 图层的缩览图，如图 11-204 所示，载入水面选区，如图 11-205 所示。

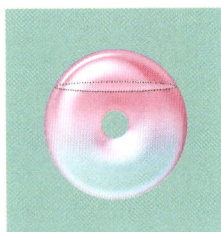

图 11-204　　　　　　图 11-205

05 按 Shift+Ctrl+I 快捷键反选，如图 11-206 所示。选择橡皮擦工具 ◢，将水平面以上的渐变颜色擦除，如图 11-207 所示。

06 新建一个图层，设置混合模式为 "正片叠底"、"不透明度" 为 50%，如图 11-208 所示。按住 Ctrl 键单击 "椭圆 1" 的缩览图，载入选区，填充线性渐变，如图 11-209 所示。

07 载入 "椭圆 2" 的选区，如图 11-210 所示。按 Delete 键删除选区内的图像，如图 11-211 所示。按 Ctrl+D 快捷键取消选择。使用橡皮擦工具 ◢ 将图标上部擦除，如图 11-212 所示。

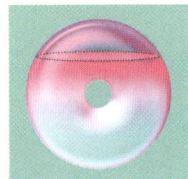

图 11-210　　　　　　图 11-211　　　　　　图 11-212

08 打开水珠素材，如图 11-213 所示。使用移动工具 ✛ 将其拖入图标文件中，设置混合模式为 "划分"、"不透明度" 为 75%。载入 "椭圆 1" 的选区，单击 "图层" 面板底部的 ▣ 按钮，基于选区创建蒙版，将多余的水珠图像隐藏，如图 11-214 和图 11-215 所示。

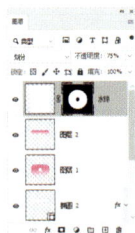

图 11-213　　　　　　图 11-214　　　　　　图 11-215

09 隐藏 "背景" 图层，按 Alt+Shift+Ctrl+E 快捷键，将图像盖印到新图层中，如图 11-216 和图 11-217 所示。执行 "编辑" | "变换" | "垂直翻转" 命令，再将其拖至图标底部，设置 "不透明度" 为 35%，使之成为倒影。将隐藏的图层都显示出来，效果如图 11-218 所示。图 11-219 所示为图标在手机界面上的效果。

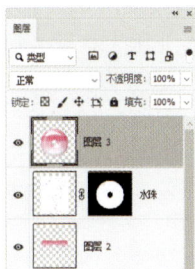
图11-216

图11-217

图11-218

图11-219

11.10 家居用品App界面设计

家居用品 App 界面多采用柔和的色调，突出舒适、温馨的氛围，让用户感到亲近和放松，如图 11-220 所示。简约美观的设计、清晰的导航和高效的功能模块，能为用户提供优质的体验，也能体现品牌的专业度，增强用户黏性和转化率。

图11-220

11.10.1 制作屏幕图形

01 按Ctrl+N快捷键，打开"新建文档"对话框，选择图11-221所示的预设，创建一个手机屏幕大小的文件。

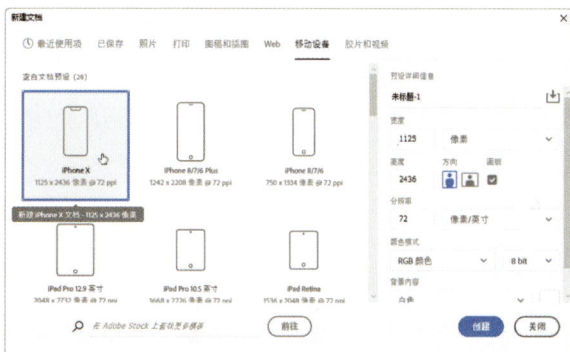
图11-221

02 在"颜色"面板中设置前景色，如图11-222所示，按Alt+Delete快捷键填色。选择矩形工具 及"形状"选项，设置填充颜色为白色，在画布上拖曳光标创建一个矩形，然后通过"属性"面板修改其大小，并调整为圆角矩形，如图11-223和图11-224所示。

图 11-222　　　　图 11-223　　　　　　　　图 11-224

03 双击该形状图层，打开"图层样式"对话框，添加"投影"效果，如图11-225和图11-226所示。

图 11-225　　　　　　　　　　　图 11-226

04 按Ctrl+J快捷键复制该形状图层。将效果图标 *fx.* 拖曳到 🗑 按钮上删除，如图11-227和图11-228所示。

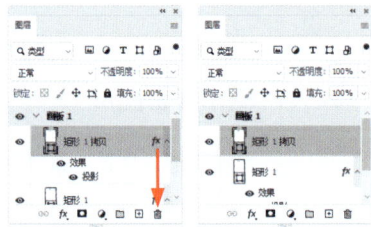

图 11-227　　　　图 11-228

05 在"属性"面板修改图形大小参数，如图11-229和图11-230所示。

图 11-229　　　　　图 11-230

11.10.2 添加素材和文字

01 执行"文件"|"置入嵌入图像"命令，置入家居素材，如图11-231所示。按Alt+Ctrl+G快捷键，将其与下方的圆角矩形创建剪贴蒙版，用圆角矩形限定其显示范围，如图11-232所示。

图 11-231　　　　图 11-232

02 按住Shift键单击底层图层，将所有图层选取，如图11-233所示，按Crrl+G快捷键，编入图层组中，如图11-234所示。单击"图层"面板底部的 ▢ 按钮，新建一个图层组（用于管理文字），如图11-235所示。

图 11-233　　　　图 11-234　　　　图 11-235

03 使用横排文字工具 **T** 输入文字（R91，G126，B119），如图11-236和图11-237所示。

图 11-236　　　　　　　图 11-237

04 再输入一行小字，如图11-238和图11-239所示。

图11-238　　　　图11-239

05 选择直线工具 ╱ 及"形状"选项，按住Shift键拖曳光标绘制横线（颜色与文字相同），如图11-240所示。

图11-240

06 使用横排文字工具 T 输入其他文字，如图11-241所示。

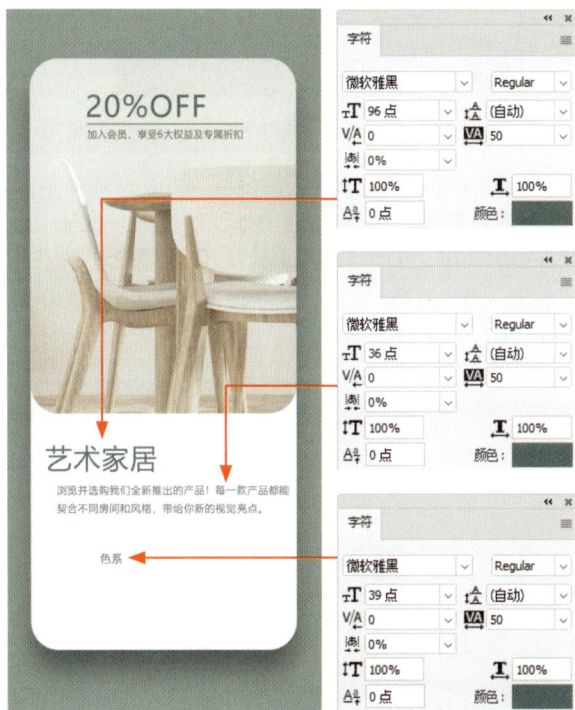

图11-241

07 按住Ctrl键单击这3组文字所在的图层，将它们选取，如图11-242所示，执行"图层"|"对齐"|"左边"命令，进行左对齐，如图11-243所示。

图11-242　　　　图11-243

08 将当前图层组关闭，如图11-244所示。新建图层组，如图11-245所示。

09 选择椭圆工具 ◯ 及"形状"选项，按住Shift键拖曳光标，创建一个橙色的圆形（R216，G146，B86），如图11-246所示。

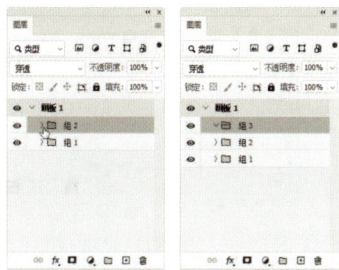

图11-244　　　　图11-245

图11-246

10 按Ctrl+J快捷键复制圆形，然后拖曳到椅子下方，如图11-247所示。按住Shift键拖曳控制点，将圆形调小，如图11-248所示。

图11-247　　　　图11-248

11 使用移动工具 ✛ 并按Shift+Alt快捷键进行拖曳，复制图形，如图11-249所示。重复此操作，继续复制，如图11-250所示。

191

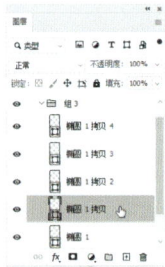
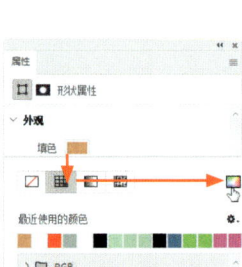

图 11-249　　　　　图 11-250

图11-260所示。

⑫ 单击最左侧圆形所在的形状图层，如图11-251所示，单击"属性"面板"填色"选项右侧的色板，打开下拉面板后，单击■按钮，如图11-252所示，打开"拾色器"对话框。

图 11-251　　　　　图 11-252

⑬ 将光标移动到文字上，如图11-253所示，单击，拾取颜色作为圆形的颜色，如图11-254所示。

图 11-259　　　　　图 11-260

⑰ 使用横排文字工具 T 输入文字，如图11-261和图11-262所示。

图 11-253　　　　　图 11-254

⑭ 按Ctrl+J快捷键复制圆形，拖曳到文字"色系"右侧。按住Shift键拖曳控制点，将圆形调大，如图11-255所示。使用移动工具 ✛ 并按Shift+Alt快捷键向右拖曳，复制图形，然后在"属性"面板中修改填充颜色，效果如图11-256所示。

图 11-261　　　　　图 11-262

⑱ 选择自定形状工具 ⚙ 及"形状"选项。打开"形状"面板菜单，执行"旧版形状及其他"命令，加载此形状库，然后选择"web"形状组中的放大镜和购物车创建图形，如图11-263和图11-264所示。

图 11-255　　　　　图 11-256

⑮ 再复制一个放在右下角，设置填充颜色为灰色，如图11-257所示。使用矩形工具 □ 创建一个矩形，填充颜色与文字相同，如图11-258所示。

图 11-257　　　　　图 11-258

⑯ 在"属性"面板中调整为圆角矩形，如图11-259和

图 11-263　　　　　图 11-264

11.11 电商首页设计

电商首页是吸引用户注意、展示品牌特色及引导用户浏览的关键部分，如图11-265所示。其中包含品牌形象、活动促销信息、产品展示等模块。适配移动端的界面布局更加注重简洁、直观，同时突出品牌价值与促销活动。

图 11-265

11.11.1 制作主图

01 按Ctrl+N快捷键打开"新建文档"对话框，创建900像素×2600像素、分辨率为72像素/英寸的RGB颜色模式文件，如图11-266所示。

图 11-266

02 执行"文件"|"置入嵌入对象"命令，将图11-267所示的主图置入当前文件中，放在画面顶部。

图 11-267

03 选择矩形工具 及"形状"选项，设置填充颜色为白色，在人像下方创建一个矩形。在"属性"面板中修改参数，如图11-268所示，将矩形调整为圆角，效果如图11-269所示。

图 11-268

图 11-269

04 选择横排文字工具 **T** ，将光标移动到人像上（远离矩形，否则可能创建路径文字），单击，然后输入文字，如图11-270和图11-271所示。

图11-270　　　　　　　图11-271

05 按Enter键换行，再输入一组文字，如图11-272所示。在第一组文字上拖曳光标，将其选取，如图11-273所示。设置"文字大小"为40点、"间距"为1000，如图11-274和图11-275所示。

图11-272　　　　　　　图11-273

图11-274　　　　　　　图11-275

06 单击工具选项栏中的 **✔** 按钮，结束文字编辑。在"字符"面板中重新调整段落间距，设置为40点，如图11-276和图11-277所示。

图11-276　　　　　　　图11-277

提示

如果上、下两组文字没有居中对齐，可单击"段落"面板中的 ≣ 按钮进行对齐。

11.11.2 制作商品详图

01 单击"图层"面板底部的 ▭ 按钮，新建一个图层组，如图11-278所示。执行"文件"|"置入嵌入对象"命令，置入图像，如图11-279所示。

图11-278　　　　　　　图11-279

02 选择图框工具 ⊠ ，单击工具选项栏中的 ⊗ 按钮，将光标移动到图像上方，按住Shift键并拖曳光标，创建圆形图框，如图11-280所示。

图11-280

03 选择移动工具 ⊕，按Shift+Alt快捷键并拖曳光标，复制图框，如图11-281所示。执行"文件"|"置入嵌入对象"命令，重新置入一幅图像用以替换当前图像，如图11-282所示。单击其他图框所在的图层，也重新置入图像，效果如图11-283所示。

图11-281

图11-282

图11-283

04 使用横排文字工具 T 输入文字，如图11-284和图11-285 所示。

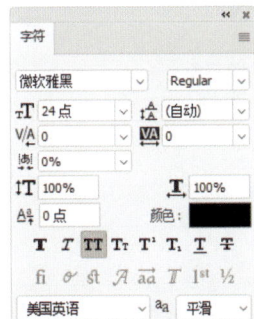

图11-284   图11-285

05 选择矩形工具 □，在工具选项栏中选择"形状"选项，填充颜色设置为粉色，创建一个矩形，如图11-286所示。按住Ctrl键单击文字图层，将其一同选取，如图11-287所示。

图11-286   图11-287

06 选择移动工具 ⊕，按Shift+Alt快捷键并拖曳光标，将文字和矩形复制到其他圆形图像下方，如图11-288所示。

图11-288

07 选择横排文字工具 T，在需要修改的文字上拖曳光标选取文字，如图11-289所示，重新输入内容，如图11-290所示。修改后的其他文字效果如图11-291所示。

图11-289   图11-290

图11-291

08 按住Ctrl键单击后3个矩形所在的图层，如图11-292所示，单击"色板"面板中的黑色色板，如图11-293所示，将这些图形修改为黑色，如图11-294所示。

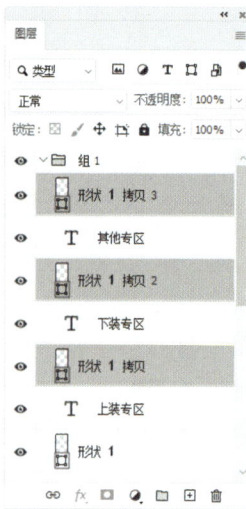

图 11-292

图 11-293

图 11-294

09 使用横排文字工具 **T** 输入相应文字，如图11-295和图11-296所示。

图 11-295

图 11-296

11.11.3 制作促销信息

01 单击组前方的∨按钮将组关闭，如图11-297所示，然后单击 □ 按钮，新建一个图层组，如图11-298所示。

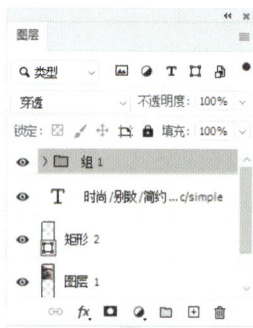

图 11-297

图 11-298

02 使用矩形工具 □ 创建矩形，填充渐变并设置为圆角，如图11-299~图11-301所示。

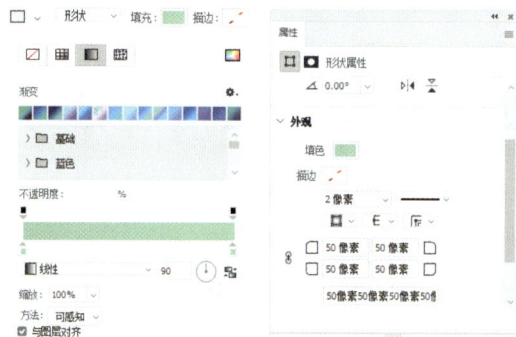

图 11-299   图 11-300

图 11-301

03 使用横排文字工具 **T** 和直排文字工具 **IT** 输入文字，如图11-302所示。

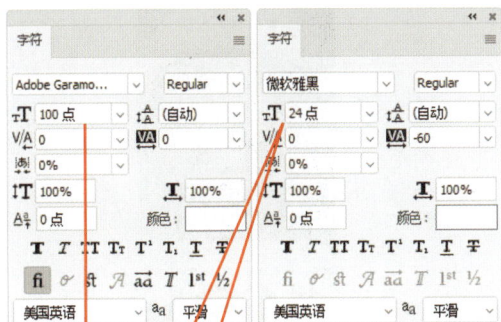

图 11-302

04 选择直线工具 ╱ ，按住Shift 键拖曳光标，绘制一条竖线，如图11-303所示。

图 11-303

05 通过按住Ctrl键单击的方法将当前图层组中除圆角矩形外的其他图层都选取，如图11-304所示。选择移动工具 ✛ ，按Alt+Shift快捷键进行拖曳，将它们复制到右侧，如图11-305所示。

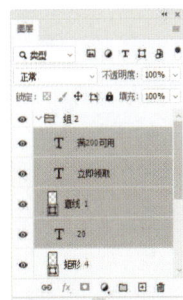

图 11-304

图 11-305

06 选择横排文字工具 **T** ，在数字"2"上拖曳光标，选取文字，如图11-306所示，修改为"5"，如图11-307

所示。

图 11-306　　　　　　　　图 11-307

11.11.4 制作爆款信息

01 关闭当前图层组，如图11-308所示。新建一个图层组，如图11-309所示。

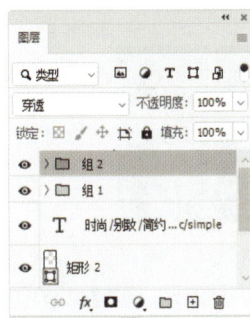 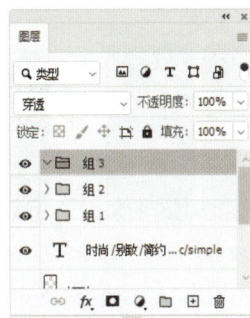

图 11-308　　　　　　　　图 11-309

02 创建一个矩形（填充颜色为任意颜色，无描边）并设置为圆角，如图11-310和图11-311所示。

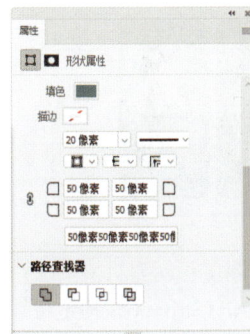

图 11-310　　　　　　　　图 11-311

03 使用移动工具 ✥ 按Shift+Alt快捷键并拖曳光标，进行复制，如图11-312所示。置入素材并移动到此矩形上方，如图11-313所示。

图 11-312　　　　图 11-313

04 按Alt+Shift+G快捷键创建剪贴蒙版，将素材的显示范围限定在圆角矩形内部，使其变为圆角效果，如图11-314和图11-315所示。

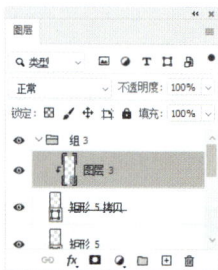

图 11-314　　　　图 11-315

05 再置入一幅素材，将其所在图层移动到另一个圆角矩形上方，如图11-316所示。按Alt+Shift+G快捷键将其创建为剪贴蒙版组，如图11-317所示。

图 11-316　　　　图 11-317

06 添加文字，如图11-318所示。

图 11-318

11.12 用人工智能生成动漫美少女

本案例使用Photoshop中的生成式人工智能制作动漫美少女，如图11-319所示。通过输入描述性文字（五官特征、发型、服饰、姿态等）来生成相应的画面，然后加载参考图片，让人工智能以此为参照生成新的图像。

图 11-319

01 新建一个文件。单击"工具"面板底部的 按钮，或执行"编辑"|"生成图像"命令，打开"生成图像"面板。在"提示灵感"列表中单击卡通女孩预设，Photoshop会自动添加其AI生成术语，如图11-320所示。

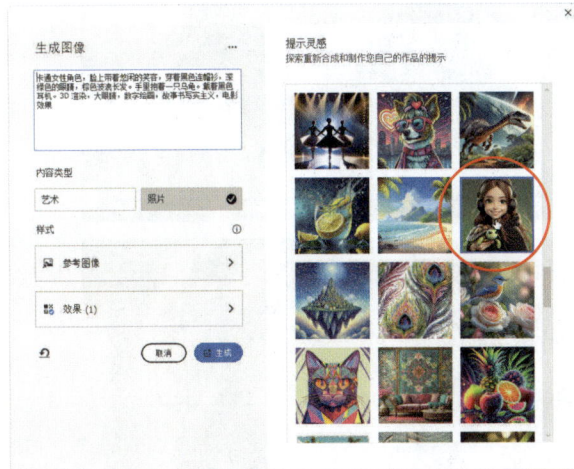

图 11-320

提示

此时会自动选取"照片"选项，以生成更接近真实效果的图像。如果想得到艺术图像，可以单击"内容"类型选项下方的"艺术"按钮。

02 用户也可以修改术语，例如，将"乌龟"改为"小

猫"，如图11-321所示。

图 11-321

03 如果想为生成的图像添加一些风格，以体现某些特色，可以单击"效果"按钮，然后在右侧的列表中进行选取，如图11-322所示。

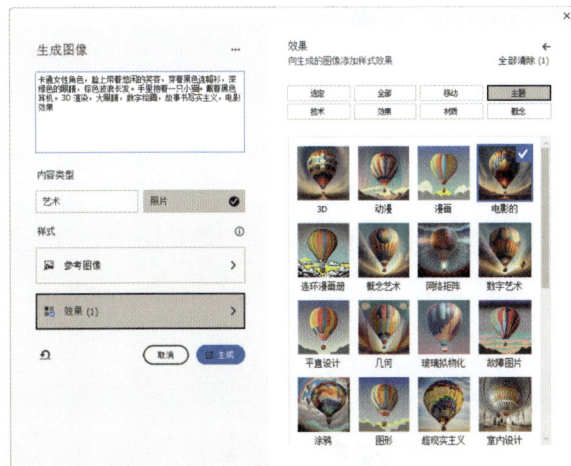

图 11-322

04 设置好之后，单击"生成"按钮，可以生成3幅图像，在"属性"面板可以选择，如图11-323和图11-324所示。如果这些图像效果不好，可以单击"属性"面板中的"生成"按钮，重新生成图像。

图 11-327

图 11-323　　　　　图 11-324

05 如果想以某幅图像为参考,让人工智能生成与之相似的图像,可以单击 🖼 按钮,打开下拉面板,单击"选择图像"按钮,如图11-325所示,在打开的对话框中选择图像,如图11-326所示,然后单击"生成"按钮,如图11-327所示。图11-328所示为采用此方法生成的图像,可以看到,颜色风格相同;卡通人有了飘逸的头发;画面各处,尤其是人物的细腻程度更好了,而且背景也基本上与原图一致。

图 11-325　　　　　图 11-326　　　　　图 11-328